电力工程地基及边坡处理典型实例

国网安徽众兴电力设计院有限公司　著

中国电力出版社
CHINA ELECTRIC POWER PRESS

内 容 提 要

电力工程因其自身的特殊性，其地基处理和边坡处理方法具有一定的行业特点，需结合规范的要求进行适当调整，形成适合于电力工程的设计方案。本书包括地基处理典型实例和边坡处理典型实例两部分，共分十五章，介绍近年来电力工程中使用的地基处理和边坡处治新技术，各类常用方法的原理、计算公式、设计方法和经验参数取值等勘察设计工作要点。

本书可作为电力工程地基处理和边坡处理方案设计的指导书，供建设管理单位、勘察、设计、监理和施工人员使用，亦可作为其他行业和岩土专业新入门工作者的参考书。

图书在版编目（CIP）数据

电力工程地基及边坡处理典型实例/国网安徽众兴电力设计院有限公司著．—北京：中国电力出版社，2022.11

ISBN 978-7-5198-6192-6

Ⅰ.①电…　Ⅱ.①国…　Ⅲ.①电力工程－地基处理－研究　②电力工程－边坡－工程施工－研究　Ⅳ.①TM7

中国版本图书馆CIP数据核字（2021）第242282号

出版发行：中国电力出版社
地　　址：北京市东城区北京站西街19号（邮政编码100005）
网　　址：http：//www.cepp.sgcc.com.cn
责任编辑：匡　野
责任校对：黄　蓓　李　楠
装帧设计：郝晓燕
责任印制：石　雷

印　　刷：河北鑫彩博图印刷有限公司
版　　次：2022年11月第一版
印　　次：2022年11月北京第一次印刷
开　　本：787毫米×1092毫米　16开本
印　　张：14
字　　数：271千字
印　　数：0001—1000册
定　　价：88.00元

编 委 会

前言

地基处理和边坡处理是岩土工程中的两个重要的研究方向，而岩土工程学科的实践性非常强，岩土工程的理论来源于实践，同时也指导实践，在岩土工程中时常出现工程实践超前于理论研究的情况。著名的岩土工程泰斗太沙基有句名言“Geotechnology is an art rather than a science.”，译为“岩土工程与其说是一门科学，不如说是一门艺术”。一个优秀的岩土工程处理方案就是一部艺术作品。

电力工程经过几十年的快速发展，取得了前所未有的成绩。伴随着电力工程建设，在地基处理和边坡处理方面积累了丰富的工程实践经验。本书将地基处理和边坡处理方面积累的宝贵经验进行总结和提升，针对电力工程特点进行深入剖析，形成一本适用于电力工程的地基处理和边坡处理典型工程实例专著，从而为同类工程提供重要的参考价值。

本书包括上、下两篇，上篇为地基处理工程典型实例，下篇为边坡处理工程典型实例。介绍近年来电力工程中使用的地基处理和边坡处治常用技术，各类技术的原理、计算公式、设计方法和经验参数取值等勘察设计工作要点。本书可作为电力工程地基处理和边坡处理方案设计的重要指导书，帮助设计人员选择更加合适的地基处理方法、边坡处理方案和设计参数，并能针对性地开展地基处理和边坡处理工程设计，提高设计成果质量和出图效率，节省工期和工程造价。并作为学习研究材料和参考指导书，供建设管理单位、勘察、设计、监理和施工人员使用，亦可作为其他行业和岩土专业新入门工作者的参考书。

由于水平所限，书中难免存在疏漏与不足之处，敬请各位读者批评指正。

编　者

2022年6月

前言

上篇　地基处理工程典型实例

第一章　换填垫层法 …… 2
1.1　概述 …… 2
1.2　基本原理 …… 2
1.3　设计方法 …… 2
1.3.1　垫层材料 …… 2
1.3.2　垫层厚度 …… 3
1.3.3　垫层宽度 …… 3
1.3.4　垫层压实系数要求 …… 3
1.3.5　换垫垫层地基质量检验 …… 4
1.4　工程实例 …… 4
1.4.1　工程概况 …… 4
1.4.2　换填垫层方案设计 …… 5
1.4.3　换填垫层试验 …… 5
1.4.4　处理效果评价 …… 7
第二章　水泥土搅拌桩法 …… 8
2.1　概述 …… 8
2.2　基本原理 …… 9
2.3　设计方法 …… 10
2.3.1　桩长 …… 10
2.3.2　复合地基承载力 …… 10
2.3.3　单桩承载力 …… 11
2.3.4　掺入比设计 …… 11

2.4 工程实例 …… 12
2.4.1 工程概况 …… 12
2.4.2 岩土工程条件 …… 12
2.4.3 水泥土搅拌桩方案设计 …… 13
2.4.4 水泥土搅拌桩试验 …… 14
2.4.5 试验结论 …… 19
2.4.6 处理效果评价 …… 19
第三章 强夯法 …… 20
3.1 概述 …… 20
3.2 基本原理 …… 20
3.3 设计方法 …… 21
3.3.1 强夯法地基承载力的确定方法 …… 21
3.3.2 强夯法主要设计参数 …… 21
3.3.3 强夯法对周边环境的影响及应对措施 …… 24
3.4 工程实例 …… 25
3.4.1 工程概况 …… 25
3.4.2 岩土工程条件 …… 25
3.4.3 强夯地基方案设计 …… 27
3.4.4 强夯试验设计 …… 28
3.4.5 处理效果评价 …… 35
第四章 预压法 …… 36
4.1 概述 …… 36
4.2 基本原理 …… 36
4.2.1 预压法增加地基土密度原理 …… 36
4.2.2 预压法排水固结原理 …… 37
4.3 设计方法 …… 38
4.4 工程实例 …… 40
4.4.1 工程概况 …… 40
4.4.2 工程地质条件 …… 40
4.4.3 预压法设计方案 …… 41
4.4.4 施工流程 …… 42
4.4.5 施工过程监测 …… 44

4.4.6　加固效果分析 …… 45
第五章　CFG 桩法 …… 48
5.1　概述 …… 48
5.2　基本原理 …… 48
5.2.1　褥垫层作用 …… 48
5.2.2　桩的作用 …… 49
5.2.3　桩间土的作用 …… 50
5.3　设计方法 …… 50
5.3.1　CFG 桩各参数确定 …… 50
5.3.2　估算 CFG 桩复合地基承载力 …… 50
5.3.3　验算地基持力层强度 …… 51
5.3.4　验算软弱下卧层强度 …… 52
5.4　工程实例 …… 52
5.4.1　工程概况 …… 52
5.4.2　岩土工程条件 …… 52
5.4.3　CFG 桩设计方案 …… 55
5.4.4　地基处理检测 …… 57
5.4.5　处理效果评价 …… 57
第六章　劲性复合桩法 …… 58
6.1　概述 …… 58
6.2　基本原理 …… 58
6.3　设计方法 …… 58
6.3.1　劲性复合桩的构造要求 …… 58
6.3.2　单桩承载力的设计计算 …… 59
6.3.3　复合地基承载力的设计计算 …… 62
6.4　工程实例 …… 63
6.4.1　工程概况 …… 63
6.4.2　岩土工程条件 …… 63
6.4.3　劲性复合桩方案设计 …… 64
6.4.4　劲性复合桩试验 …… 64
6.4.5　工程桩检测 …… 66
6.4.6　处理效果评价 …… 66

第七章　灰土挤密桩法 …… 67
7.1　概述 …… 67
7.2　基本原理 …… 67
7.3　设计方法 …… 68
7.3.1　处理地基的面积 …… 68
7.3.2　处理地基的深度 …… 68
7.3.3　桩孔直径 …… 68
7.3.4　桩间土的挤密系数 …… 68
7.3.5　桩孔的数量 …… 69
7.3.6　桩孔内的填料 …… 69
7.3.7　承载力和变形沉降 …… 69
7.4　工程实例 …… 69
7.4.1　工程概况 …… 69
7.4.2　岩土工程条件 …… 70
7.4.3　灰土挤密桩方案设计 …… 70
7.4.4　地基处理原体试验方案 …… 70
7.4.5　原体试验检测成果 …… 71
7.4.6　处理效果评价 …… 75
第八章　微型桩法 …… 76
8.1　概述 …… 76
8.2　基本原理 …… 76
8.2.1　微型桩按桩基础作用原理 …… 76
8.2.2　微型桩按复合地基作用原理 …… 77
8.3　设计方法 …… 77
8.3.1　桩基础设计 …… 77
8.3.2　复合地基设计 …… 77
8.4　工程实例 …… 78
8.4.1　工程概况 …… 78
8.4.2　岩土工程条件 …… 78
8.4.3　地基处理方案选型 …… 80
8.4.4　微型桩设计方案 …… 81
8.4.5　微型桩工艺性试桩 …… 83

8.4.6 工程桩检测 …… 83
8.4.7 处理效果评价 …… 84
第九章 注浆法 …… 85
9.1 概述 …… 85
9.2 基本原理 …… 85
9.3 设计方法 …… 86
9.3.1 注浆孔布置 …… 86
9.3.2 注浆压力 …… 86
9.3.3 水泥浆参数 …… 86
9.4 工程实例 …… 87
9.4.1 工程概况 …… 87
9.4.2 岩土工程条件 …… 87
9.4.3 地基基础加固方案选型 …… 89
9.4.4 注浆法方案设计 …… 89
9.4.5 地基处理效果评价 …… 90

下篇 边坡处理工程典型实例

第十章 坡率法 …… 94
10.1 概述 …… 94
10.2 基本原理 …… 94
10.3 设计方法 …… 94
10.4 工程实例 …… 97
10.4.1 安徽黄山歙县某变电站挖方边坡 …… 97
10.4.2 安徽黄山休宁某升压站挖方边坡 …… 102
第十一章 挡土墙 …… 106
11.1 概述 …… 106
11.2 基本原理 …… 106
11.2.1 土压力计算方法介绍 …… 106
11.2.2 挡土墙稳定性验算 …… 107
11.3 设计方法 …… 109
11.3.1 收集资料 …… 109
11.3.2 挡土墙结构形式选型 …… 109

11.3.3 平面和剖面布置 …… 110
11.4 工程实例 …… 111
11.4.1 重力式挡土墙实例 …… 111
11.4.2 衡重式挡土墙实例 …… 115
11.4.3 悬臂式挡土墙实例 …… 120
11.4.4 扶壁式挡土墙实例 …… 129
第十二章 锚杆 …… 140
12.1 概述 …… 140
12.2 基本原理 …… 140
12.3 设计方法 …… 141
12.3.1 锚杆（索）锚固设计荷载的确定 …… 141
12.3.2 锚杆（索）锚筋的设计 …… 142
12.3.3 锚杆（索）的锚固力计算与锚固体设计 …… 143
12.4 工程实例 …… 146
12.4.1 土质边坡锚杆支护实例 …… 146
12.4.2 岩质边坡锚杆支护实例 …… 150
第十三章 抗滑桩 …… 160
13.1 概述 …… 160
13.2 基本原理 …… 160
13.3 设计方法 …… 162
13.3.1 抗滑桩设计荷载的确定 …… 163
13.3.2 抗滑桩的计算方法 …… 166
13.4 工程实例 …… 167
13.4.1 工程概况 …… 167
13.4.2 地质环境条件 …… 168
13.4.3 滑坡稳定性分析评价 …… 168
13.4.4 滑坡对塔位安全的分析 …… 169
13.4.5 滑坡处理方案 …… 170
第十四章 加筋土边坡 …… 176
14.1 概述 …… 176
14.2 基本原理 …… 176
14.3 设计方法 …… 179

14.3.1 “0.3H法”设计理论 …… 179
14.3.2 “塑性区转移法”设计理论 …… 180
14.3.3 对比分析 …… 181
14.4 工程实例 …… 182
14.4.1 工程概况 …… 182
14.4.2 岩土工程条件 …… 182
14.4.3 加筋土坡方案设计 …… 184
14.4.4 整体稳定性验算 …… 185
14.4.5 内部稳定性验算 …… 187
14.4.6 内部抗滑计算 …… 189
14.4.7 工程效果述评 …… 190
第十五章 坡面防护 …… 191
15.1 概述 …… 191
15.2 基本原理 …… 191
15.2.1 工程防护 …… 191
15.2.2 植物防护 …… 193
15.2.3 工程与植物结合防护 …… 194
15.3 设计方法 …… 195
15.3.1 工程防护设计 …… 195
15.3.2 植物与绿化设计 …… 199
15.3.3 工程与植物结合防护设计 …… 200
15.4 工程实例 …… 202
15.4.1 挂网客土喷播防护实例 …… 202
15.4.2 预制实心砖坡面防护实例 …… 205

参考文献 …… 209

上篇　地基处理工程典型实例

第一章
换 填 垫 层 法

1.1 概述

当建筑物基础下的持力层比较软弱，不能满足上部荷载对地基的要求时，常采用换土回填的方法来处理。施工时先将基础以下一定深度、宽度范围的软土层挖去，然后回填压实砂、石或灰土等材料；此类方法可统称为换土垫层法。

换土垫层法地基处理，在我国古代早已使用，至今有千余年的历史，积累了极其丰富的经验。当地基换填厚度不大，且在当地取材不困难时，该法是一种最简单的地基处理方法，在降低工程造价，缩短施工工期上有其独特优势。目前该法在电力工程地基处理工程中同样得到了广泛的应用。

1.2 基本原理

换土垫层法通过将基础底面以下软弱土层挖除，回填质地坚硬、强度较高、性能稳定、具有抗侵蚀性的岩土材料，并同时以人工或机械方法分层压、夯、振动，使之达到要求的密实度，成为良好的人工地基。

经过换填处理的人工地基或垫层，可以把上部荷载扩散传至下卧层，以满足上部建筑物所需的地基承载力和减少沉降量的要求。当垫层下面有较软土层时，也可以加速软弱土层的排水固结和强度的提高。

换土垫层法适用于浅层软弱或不良地层的处理。当软弱或不良地层较厚，无法全部置换时，下卧层应满足强度和变形要求。

1.3 设计方法

1.3.1 垫层材料

常用的垫层材料有素土、灰土、砂或砂砾、碎石（卵石）、粉煤灰等。当地基存在排水固结作用时，宜采用排水垫层，但湿陷黄土和遇水软化地基不允许采用排水垫层。

当地下水腐蚀性时，宜采用不透水垫层。当存在地下水流速较大的因素时，应考虑垫层材料抵抗潜蚀和冲刷的能力。

(1) 素土垫层的厚度不宜大于 3m，用于素土垫层的细粒土料，不得混入耕植土、淤泥质土和冻土块。当含有碎石时，其粒径不宜大于 50mm，若不可避免应尽可能碎石均匀分布。回填土料含水量宜控制在最优含水量（100±2)%范围内。

(2) 灰土垫层适用于持力层上有较大荷载要求、减少沉降量、调整沉降差、消除或较低湿陷性等场合。灰土垫层中石灰与土料比例可选用体积配合比控制，宜采用 2∶8。土料较湿时可采用 3∶7。当所需承载力不高时，可采用 1∶9。

(3) 砂砾垫层适用于对地基承载力要求较高的场合，还可用做排水垫层，也可在软土或地下水以下的地层中用做置换地基。当垫层下地基土为湿陷性黄土地基时，不可选用砂砾等透水材料做垫层。砂砾料中不应含有耕植土、淤泥质土和其他杂物；有机质含量不应大于 4%，含盐量不应大于 0.5%。

(4) 粉煤灰及其他工业排渣（如矿渣和石渣），在具有化学性质稳定、级配较好及颗粒坚固等特性时，通过压密或掺入适量的人工胶结材料（如石灰、水泥），可当做垫层材料单独或混合使用。上述材料在大量使用时，应考虑对地下水及土壤的环境影响。粉煤灰垫层中的金属构件、管网宜采用适当的防腐措施。

1.3.2 垫层厚度

垫层的厚度应根据需被置换土层的厚度及下卧土层的承载力确定，当软土层较薄时，应予以全部挖除换填；当软土层较厚无法全部换填时，应进行换填层下午承载力验算确定换填厚度。

垫层底部下卧层承载力验算可按 GB 50007—2011《建筑地基基础设计规范》条文 5.2.7 执行。其中换填材料的压力扩散角可查询 JGJ 79—2012《建筑地基基础处理规范》表 4.2.2。

1.3.3 垫层宽度

垫层的顶面宽度宜超过基础边缘线 40cm 或满足从垫层底面向上开挖放坡的要求；垫层的底宽度应满足基础底面应力扩散的要求。对于湿陷性黄土场地和膨胀土场地，尚应符合现行国家有关标准的相应规定。

1.3.4 垫层压实系数要求

(1) 素土垫层压实系数取值标准应根据结构物类型和荷载大小确定，一般为 0.95～

0.97，最低不得小于0.94。在无实测数据的情况下，素土垫层的承载力特征值不宜超过180kPa。

（2）灰土垫层压实系数在使用轻型击实试验确定的最大干密度值的情况下，压实系数应不小于0.95；当使用重型击实试验时，压实系数应不小于0.94。在未进行平板载荷试验时，灰土垫层承载力特征值估算不宜超过250kPa。

（3）砂砾垫层的设计指标宜通过试验确定，其压实系数一般取0.94～0.97，在此条件下，当缺乏试验资料时，中粗砂垫层地基承载力特征值估算不宜大于200kPa，砂砾石垫层不宜大于300kPa。

（4）粉煤灰或粉煤灰素土、粉煤灰垫层的设计和压实要求，可参照素土、灰土或砂砾石垫层的有关规定。

1.3.5　换垫垫层地基质量检验

（1）对于素土垫层、灰土垫层、粉煤灰垫层及砂垫层，可采用环刀法、PANDA贯入仪、静力触探等检验垫层质量。对碎石、矿渣垫层可采用重型动力触探试验等进行检验。压实系数可采用灌砂法、灌水法或其他方法进行检验。

（2）对于经深度修正后的承载力特征值大于规范提供的垫层承载力经验值，或对于垫层规模较大的工程，应开展平板载荷试验。

1.4　工程实例

1.4.1　工程概况

安徽淮北某新建2×660MW超超临界燃煤发电机组厂区主要布置在淮北市平山北面较大的山头上。山体高程大部分在40～50m之间，主峰高程70m。山体四周及山脚缓坡有较多树木种植，山脚下地势平坦，为菜地和农田，平地部分自然地坪标高约29.5m。

本工程主厂房、冷却塔等对地基强度和变形要求较高的主要建（构）筑物均采用中等风化灰岩作为天然地基持力层，在场地平整过程中，地势低洼的附属建（构）筑物地段存在填土，填土的主要成分为挖方区的碎石土，填土厚度最大约6m。如采用桩基，根据地质条件需采用灌注桩，而灌注桩施工周期长、成本高，考虑到该场地挖方区碎石材料较多，填料性质较好，且场地周边较为空旷，具备施工条件，经综合技术经济比选，最终选择施工便捷、造价较低的换填垫层法进行地基处理，换填材料采用挖方区的碎石土，基础埋深以下换填垫层厚度最大约4m。

1.4.2 换填垫层方案设计

1.4.2.1 回填土料的选择

本工程回填土料采用就近原则，选用挖方区土石料。回填材料中的粗石料最大块石尺寸按不大于500mm控制，且不超过层厚的2/3，要求填料级配良好，颗粒级配的不均匀系数大于5。同一区域同一层使用同一种回填料，以保证回填地基的均匀性，避免因回填料的岩性不同产生工后不均匀沉降。

1.4.2.2 回填土施工方案

（1）回填压实要求不小于0.94，主要设备选用T160推土机、YZ18振动压路机。

（2）按照击实试验确定的含水量范围在料场进行含水量初控，当含水量超出范围时，则在料场进行处理，具体为洒水和晾晒。在回填场地时尽可能使含水量接近最优含水量。

（3）碾压分为初压、复压、终压等三个步骤进行。初压后采用静压方式，用轻型机械（推土机）低速行驶2～3遍，使铺筑层平面形成较稳定、平整的承载层，同时有利于填料颗粒很好地嵌入。复压是压实达到压实度的主要作业阶段，采用YZ18压路机以2km/h的速度行驶振动碾压，根据碾压试验确定的碾压遍数作业。终压是在复压之后，采用静压方式使表面收光平整。碾压采用从两侧逐渐压向中间，每次轮迹重叠15～20cm。同时配以装载机、人工填补局部坑洼处。在填筑下一层之前，表面太干燥时，进行洒水湿润后才能回填，保证上下层结合良好。

1.4.3 换填垫层试验

1.4.3.1 试验方案设计

正式回填前，进行了回填碾压试验，确定回填压实的各项参数，作为后续回填碾压工作中的控制依据。

试验采用的试验设备包括：压路机一台（20T），1.6m^3挖掘机一台，20t自卸汽车两辆，160HP推土机一台，洒水车一台。回填料为山体开挖的土石料，松铺厚度分别为50cm和80cm两种。该次试验达成的主要结论为：

（1）回填料最优含水率为17.4%，最大干密度为1.84g/cm^3。

（2）场地回填从场地最低处开始，分层填筑。碾压前用推土机低速行驶碾压2～3遍，使表面平实，而后用 20t 的振动碾进行碾压，振动碾压速度控制在 1.5～2.0km/h 间。

(3) 本工程的最大压实度最大为 95%，同样级配、同样含水量的回填料，在碾压 6 遍的情况下均能满足厂内场平工程设计压实度的要求。

1.4.3.2　质量检验

本次试验点一般布置在场地 4 区和 5 区，分别布置了 6 个动力触探试验点，3 个载荷试验点，6 个密度试验点。完成的工作量如表 1－1 所示。

表 1－1　　完成的检测工作量

序号	检测项目	完成的工作量
1	圆锥动力触探试验（超重型）	12 个，合计进尺 59.8m，动探次数共计 537 次
2	浅层平板载荷试验	6 个，最大加载量 720kN
3	密度试验	12 个

1. 圆锥动力触探试验（超重型）

试验孔的平均击数最大值为 19.6 击，最小值为 5.8 击，所有试验孔的平均击数为 10.2 击，离散性较大，说明回填土的质量在水平方向上不均匀。另外从触探试验曲线可以看出，大部分试验孔的动探击数在垂直方向的差别较大，说明回填土的质量在垂直方向上不均匀且无规律。

2. 平板载荷试验

回填区域的主要建筑物有厂前区、升压站等，根据设计意图，该区域回填土的承载力特征值需大于 150kPa。本次试验每级加载量均为 60kPa，最大加载量为 720kPa。本次 6 个试验点加载到最大加载量均未达到地基破坏，根据有关规定，承载力特征值应大于最大加载量的一半，即大于 360kPa。

3. 密度试验

为了检验回填土的密实程度，在现场进行密度试验。试验方法采用灌水法。

4 区试验点的最大密度为 $2.33g/cm^3$，最小值为 $1.88\ g/cm^3$，该区域的平均密度为 $2.20g/cm^3$。密度的差异性，说明在该区域回填土的质量在水平方向上不均匀，其中位于厂前区北侧的 M403 试验点的密度为 $1.88g/cm^3$，在该点处的回填质量较差。

5 区试验点的最大密度为 $2.37g/cm^3$，最小值为 $1.99g/cm^3$，该区域的平均密度为 $2.20g/cm^3$。密度的差异性，说明在该区域回填土的质量在水平方向上不均匀，其中位于升压站东西两侧的 M502 和 M504 试验点的密度分别为 $1.99g/cm^3$ 和 $2.08g/cm^3$，在

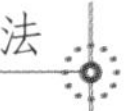

该几点处的回填质量较差。

4. 检验结论

(1) 从载荷试验成果来看，回填区域的承载力特征值均大于 360kPa，满足设计要求。

(2) 通过动力触探试验和密度试验数据说明本工程回填土压实程度存在水平和垂直方向上不均匀。其中动力触探试验孔的平均击数最大值为 19.6 击，最小值为 5.8 击，所有试验孔的平均击数为 10.2 击；4 区密度试验最大密度为 2.33g/cm^3，最小值为 1.88 g/cm^3，该区域的平均密度为 2.20g/cm^3。5 区试验点的最大密度为 2.37g/cm^3，最小值为 1.99g/cm^3，该区域的平均密度为 2.20g/cm^3。

(3) 根据本次检测结果，建议如下：应严格控制回填土的粒径，局部地段粒径过于悬殊造成级配不良，是影响回填土碾压质量的主要因素。在山体开挖后，建议根据不同土石料的粒径及风化特征进行分类筛选，按照不同分区的要求进行回填。

1.4.4 处理效果评价

该项目采用换填垫层法进行地基处理，于 2016 年竣工投运，自投运以来，地基处理区域的各类建（构）筑物均能安全稳定运行，沉降变形稳定，满足相关规范的要求，地基处理效果良好。

第二章
水泥土搅拌桩法

2.1 概述

水泥土搅拌桩（以下简称“搅拌桩”）始创于二次大战的美国，20 世纪 50 年代至 70 年代在日本不断发展，国内由原冶金部建筑研究总院地基所和交通部水运规划设计院于 1977 年 10 月开始进行深层搅拌法的室内试验和施工机械的研制工作。搅拌法具有施工工期短、效率高的特点。在施工过程中，无振动、无噪声、无地面隆起、不排污、不挤土、不污染环境以及施工机具简单、加固费用低廉等优点。经过几十年的发展，水泥土搅拌桩已在铁路、公路、市政工程、工业与民用建筑等多行业地基处理工程中得到广泛的应用。

水泥土搅拌桩是利用水泥作为固化剂的主剂，通过特制的深层搅拌机械，在地基中就地将软土和固化剂（浆液状或粉体状）强制搅拌，利用固化剂和软土之间所产生的一系列物理及化学反应，使软土硬结成具有整体性、水稳定性和一定强度的优质地基。搅拌桩从施工工艺上可分为湿法和干法两种。

湿法常称为浆喷搅拌法，将一定配比的水泥浆注人土中搅拌成桩。该工艺利用水泥浆作固化剂，通过特制的深层搅拌机械，在加固深度内就地将软土和水泥浆充分拌和，使软土硬结成具有整体性、水稳定性和足够强度的水泥土的一种地基处理方法。

干法常称为粉喷（体）搅拌法，该工艺利用压缩空气通过固化材料供给机的特殊装置，携带着粉体固化材料，经过高压软管和搅拌轴输送到搅拌叶片的喷嘴喷出，借助搅拌叶片旋转，在叶片的背面产生空隙，安装在叶片背面的喷嘴将压缩空气连同粉体固化材料一起喷出，喷出的混合气体在空隙中压力急剧降低，促使固化材料就地钻附在旋转产生空隙的土中，旋转到半周，另一搅拌叶片把土与粉体固化材料搅拌混合在一起，与此同时，这只叶片背后的喷嘴将混合气体喷出，这样周而复始地搅拌、喷射、提升，与固化材料分离后的串气传递到搅拌轴的周围，上升到地面释放。

2.2　基本原理

水泥土的强度机理主要有两个方面的作用，首先是水泥的骨架作用，水泥与饱和软黏土搅拌后，发生水泥的水解和水化反应，生成水泥水化物，形成凝胶体-氢氧化钙，将土颗粒或小土团凝结在一起，形成一种稳定的结构整体。其次是离子交换作用，水泥在水化过程中，生成的钙离子与土颗粒表面的钠离子（或钾离子）进行离子交换，生成稳定的钙离子，从而提高土体的强度。国内外大量的试验及研究表明，水泥与软土拌和后，将发生如下的物理化学反应：

1. 水泥的水解水化反应

减少了软土中的含水量，增加土粒间的黏结，水泥与土拌和后，水泥中的硅酸二钙、硅酸三钙、铝酸三钙以及铁铝四钙等矿物与土中水发生水解反应，在水中形成各种硅、铁、铝质的水溶胶，土中的 $CaSO_4$ 大量吸水，水解后形成针状结晶体。

2. 离子交换与团粒作用

水泥水解后，溶液中的 Ca^{2+} 含量增加，与土粒发生阳离子交换作用，等当量置换出 K^+、Na^+，形成较大的土团粒和水泥土的团粒结构，使水泥土的强度大为提高。

3. 硬凝反应

阳离子交换后，过剩的 Ca^{2+} 则在碱性环境中与 SiO_2^-、Al_2O_3 发生化学反应，形成水稳性的结晶水化物，增大了水泥土的强度。

4. 碳化反应

水泥土中的 $Ca(OH)_2$ 与土中或水中 CO_2 化合生成不溶于水的 $CaCO_3$，增加了水泥土的强度。

水泥与地基土拌和后经上述的化学反应形成坚硬桩体，同时桩间土强度也有不同程度提高，桩与土复合作用，可显著提高地基承载力，减少地基的沉降。

水泥土搅拌法最适用于加固各种成因的饱和软黏土。适用于处理正常固结的淤泥、淤泥质土、素填土、黏性土（软塑、可塑）、粉土（稍密、中密）、粉细砂（松散、中密）、中粗砂（松散、稍密）、饱和黄土等土层。

不适用于含大孤石或障碍物较多且不易清除的杂填土、欠固结的淤泥和淤泥质土、硬塑及坚硬的黏性土、密实的砂类土，以及地下水渗流影响成桩质量（地下水呈流动状态）的土层。当地基土的天然含水量小于30%（黄土含水量小于25%）时不宜采用粉体搅拌法。冬期施工时，应考虑负温对处理地基效果的影响。

水泥土搅拌桩用于处理泥炭土、有机质土、pH 值小于 4 的酸性土、塑性指数 I_p 大于 25 的黏土，或在腐蚀性环境中以及无工程经验的地区使用时，必须通过现场和室内试验确定其适用性。

2.3　设计方法

2.3.1　桩长

搅拌桩的长度，应根据上部结构对地基承载力和变形的要求确定，并应穿透软弱土层到达地基承载力相对较高的土层。某一场地的水泥土搅拌桩，其桩身强度是有一定限制的，也就是说，水泥土桩从承载力角度，存在有效桩长，单桩承载力在一定程度上并不随桩长的增加而增大。但对软土地区，地基处理的任务主要是解决地基的变形问题，即地基设计是在满足强度的基础上来变形控制的，因此，水泥土搅拌桩的桩长应通过变形计算来确定。实际工程中，湿法加固深度不宜大于 20m，干法加固深度不宜大于 15m。

当软弱土层较厚，从减少地基的变形量方面考虑，桩长应穿透软弱土层到达下卧强度较高之土层，在深厚淤泥及淤泥质土层中应避免采用“悬浮”桩型。实践证明，若水泥土搅拌桩能穿透软弱土层到达强度相对较高的持力层，则沉降量是很小的。

水泥土搅拌桩置换率大小的选值，主要是解决复合地基承载力问题，而桩长的选择是解决复合地基的变形问题。由于外界荷载的传递特征是，桩顶处为最大且沿着深度而逐渐减小，基于这样的荷载分布，采用长、短桩相结合方案是一个最佳的形式。这样，利用短桩提高复合地基的承载力，而通过长桩来减少地基的变形，使材料强度得到充分的利用和发挥。

为了保证桩体搅拌质量，桩体施工停浆（灰）面应高出桩顶设计标高 300～500mm。

2.3.2　复合地基承载力

复合地基的承载力特征值，应通过现场单桩或多桩复合地基静载荷试验确定。初步设计时可按公式（2-1）估算：

$$f_{spk}=\lambda m\frac{R_a}{A_p}+\beta(1-m)f_{sk} \tag{2-1}$$

式中　λ——单桩承载力发挥系数，可按 1.0 取值；

R_a——单桩竖向承载力特征值（kN）；

A_p——桩的截面积（m^2）；

β——桩间土承载力发挥系数，一般情况下，对淤泥、淤泥质土和流塑状软土等处理土层，可取 0.1～0.4，对其他土层可取 0.4～0.8；

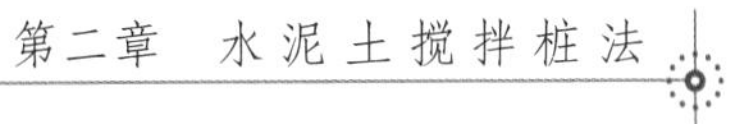

f_{sk}——处理后桩间土承载力特征值（kPa），可取天然地基承载力特征值。

2.3.3　单桩承载力

单桩承载力特征值，应通过现场静载荷试验确定，应使由桩身材料强度确定的单桩承载力不小于由桩周土和桩端土的抗力所提供的单桩承载力。初步设计时由桩周土和桩端土的抗力所提供的单桩承载力特征值可按公式（2－2）计算：

$$R_a = u_p \sum_{i=1}^{n} q_{si} l_{pi} + \alpha_p q_p A_p \tag{2-2}$$

式中：u_p——桩的周长（m）；

q_{si}——桩周第 i 层土的侧阻力特征值（kPa），对淤泥可取 4～7kPa，对淤泥质土可取 6～12kPa，对软塑状态黏性土可取 10～15kPa，对可塑状态的黏性土可取 12～18kPa；对有可靠地区经验的地区可按地区经验确定；

l_{pi}——桩长范围内第 i 层土的厚度（m）；

α_p——桩端端阻力发挥系数，可取 0.4～0.6；

q_p——桩端端阻力特征值（kPa），对于水泥搅拌桩应取未经修正的桩端地基土承载力特征值。

由桩身材料强度确定的单桩承载力特征值可按公式（2－3）计算：

$$R_a = \eta f_{cu} A_p \tag{2-3}$$

式中：f_{cu}——与搅拌桩桩身水泥土配比相同的室内加固土试块，边长为 70.7mm 的立方体在标准养护条件下 90d 龄期的立方体抗压强度平均值（kPa）；

η——桩身强度折减系数，干法可取 0.20～0.25；湿法可取 0.25。

2.3.4　掺入比设计

从搅拌桩桩身应力、桩侧摩擦阻力的分布规律可知，随着深度的增加，桩侧摩擦阻力的作用使桩身上的轴力（附加应力）逐渐减小；换而言之，桩在顶部的压缩量远远大于底部的压缩。因此，从理论上来说，采用水泥掺入量沿桩身逐渐减小（即桩身无侧限抗压强度值逐渐减小）的设计，才能使整根桩长范围内材料强度得到同一水平的发挥，桩的设计也更加经济和合理。在实践中，为实现桩体强度的这种变化，在近地表一定深度范围（一般为 6～8 倍桩径）进行重复喷浆（喷粉）、重复搅拌的施工工序，以增加顶部区域内的水泥掺入量和提高桩体强度。

规范要求桩长超过 10m 时，可采用固化剂变掺量设计。在桩身水泥总掺量不变的前提下，桩身上部 1/3 桩长范围内可适当增加水泥掺量及搅拌次数。

2.4　工程实例

2.4.1　工程概况

安徽芜湖某220kV变电站工程站址位于芜湖市江北产业集中区内，根据勘测资料，站址场地上部广泛分布有流塑的淤泥质粉质黏土和淤泥质粉土等软弱土层，其难以满足上部结构对地基土强度和变形的要求。

变电站内道路、电缆沟和电容器等地段荷载相对较小，考虑采用地基处理方案。对于沿江地区软土地基处理，常用的地基处理方案为水泥土搅拌桩、高压旋喷桩和预压法，高压旋喷桩造价较高，预压法施工周期长，结合当地工程建设经验，经综合技术经济比较，最终选择水泥土搅拌桩法（干法施工）进行地基处理。

2.4.2　岩土工程条件

2.4.2.1　地形地貌

工程场地在宏观地貌上属长江中下游冲积平原，微地貌为漫滩，目前站址区场平工作已经结束，地形平坦，地面高程在6.2～6.8m之间。

2.4.2.2　岩土工程条件

根据场地勘察资料，站址区地层自上而下为：

①层杂填土（Q_4^{ml}）：灰色，很湿，结构松散，主要成分为黏性土，混多量建筑垃圾。该层站址内一般均有分布，该层厚度一般0.40～1.40m，平均厚度约0.67m。

②层淤泥质粉质黏土（Q_4^{l}）：灰黄色，灰褐色，黑褐色，湿，软塑，局部夹薄层粉砂，该层层底一般粉质黏土与粉砂互层；层表含植物根系。该层站址内一般均有分布，该层厚度一般为0.80～4.00m，平均厚度约1.94m。

③层淤泥质粉质黏土（Q_4^{l}）：黑褐色，灰黑色，饱和，流塑，局部软塑，局部夹薄层-中厚层粉砂（土），含有机质及腐殖物。该层站址内一般均有分布，而且该层中间一般有夹层（③$_1$层淤泥质粉土）；该层层厚较厚，厚度一般为14.0～17.0m，平均厚度约15.8m。

③$_1$层淤泥质粉土（Q_4^{al+l}）：灰褐色，饱和，松散～稍密，局部夹薄层粉质黏土。该层站址内一般均有分布，该层一般夹于③层土中，厚度一般为1.50～3.40m，平均厚度约2.65m。

④$_1$ 层粉砂（Q_4^{al}）：青灰色，灰褐色，饱和，稍密状态，夹薄层粉质黏土，层理水平。该层主要分布于站址区的中南部，厚度一般为1.00～3.00m，平均厚度约2.12m。

④层粉质黏土（Q_4^{al}）：灰褐色，湿，软塑～可塑偏软状态，局部夹粉细砂薄层。该层站址内一般均有分布，该层厚度一般为2.70～10.70m，平均厚度约5.63m。

⑤层粉细砂（Q_4^{al}）：青灰色，灰褐色，饱和，中密状态，夹薄-中厚层层粉质黏土，局部粉质黏土与粉细砂互层，层理水平。该层站址内一般均有分布，本次勘探未揭穿该层，该层平均层顶高程为−20.68m，厚度一般大于8.00m。

站址地下水类型为孔隙性潜水，根据钻孔实测水位成果，地下水位埋深为0.50～0.70m，相应标高为5.54～6.60m。地下水对混凝土结构具有微腐蚀性，对钢筋混凝土结构中钢筋具微腐蚀性。

各土层主要物理力学指标见表2-1，桩基设计参数推荐见表2-2。

表2-1　　各土层的主要物理力学性质指标推荐值

地层岩性及编号	重力密度 γ (kN/m^3)	黏聚力 C (kPa)	内摩擦角 ϕ (°)	压缩模量 $E_{s_{1-2}}$ (MPa)	承载力特征值 f_{ak} (kPa)
①层杂填土	17.5	/	/	/	/
②层淤泥质粉质黏土	17.8	20	10	4.0	70
③层淤泥质粉质黏土	17.5	18	8	3.0	60
③$_1$ 层淤泥质粉土	18.0	8	10	3.6	70
④$_1$ 层粉砂	18.5	/	13	5.0	110
④层粉质黏土	18.4	25	11	4.5	100
⑤层粉细砂	18.8	/	15	6.5	150

表2-2　　复合地基设计参数估算表

地层编号	地基土名称	搅拌桩桩周摩阻力特征值	桩端承载力特征值
		q_{sik} (kPa)	q_p (kPa)
②	淤泥质粉质黏土	10	/
③	淤泥质粉质黏土	8	60
③$_1$	淤泥质粉土	10	70

2.4.3 水泥土搅拌桩方案设计

场地浅部地层主要为①填土、②淤泥质粉质黏土、③层淤泥质粉质黏土、③$_1$ 层淤泥质粉土，软弱土厚度大于20m。由于软弱层厚度较大，为此采用复合地基处理道路、电缆沟和电容器等地段基础，设计承载力分别为100kPa（电缆沟和站内道路）和120kPa（电容器）。

根据场地条件和以往工程经验，本次搅拌桩试验桩采用干法施工，加固土层为①填土、②淤泥质粉质黏土、③层淤泥质粉质黏土，桩端位于③层淤泥质粉质黏土中，桩径为600mm，桩间距1.2m×1.0m，固化剂采用强度等级42.5MPa的普通硅酸盐水泥，水泥掺入量采用15%。

试验场地整平高程为6.80m，水泥土搅拌桩停灰面高程按6.80m，试验桩桩顶高程6.40m，有效桩长7.4m，桩间土为②层淤泥质粉质黏土。

2.4.4　水泥土搅拌桩试验

2.4.4.1　试验方案设计

根据场地总平面布置，试验区域选在站内道路地段，试验桩作为后期工程桩使用，本次复合地基试验方案具体如下：

（1）水泥土搅拌桩采用干法施工，固化剂采用425号普通硅酸盐水泥，掺入比为15%。水泥土搅拌桩桩径600mm，施工桩长为7.8m，矩形布置，桩间距为1.2m×1.0m。

（2）现场试验分为两组，共布桩30根，试验桩顶高程为6.4m，有效桩长为7.4m，桩间土为②层淤泥质粉质黏土。

复合地基试验区位于站内道路区域，试验区桩位平面布置图见图2-1。

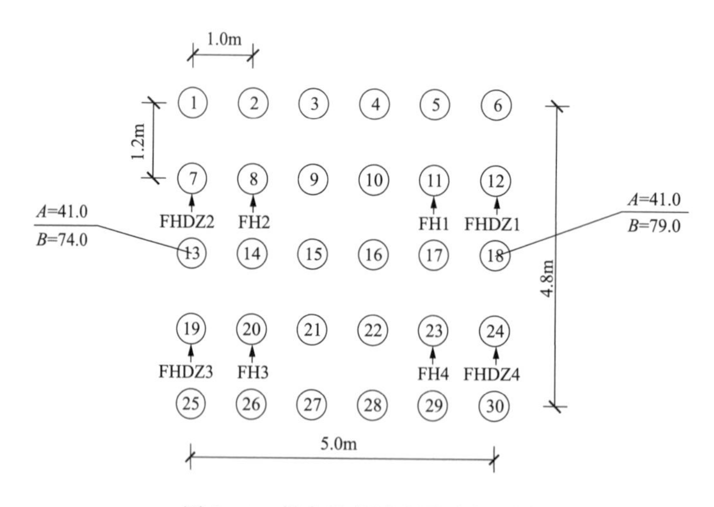

图2-1　复合地基试验平面布置图

根据选择试验区位置，水泥土搅拌桩停灰面标高按6.8m控制，桩顶标高为6.4m。预估水泥土搅拌桩单桩承载力特征值为100kN，预估复合地基承载力特征值为140kPa。水泥土搅拌桩承载力预估值见表2-3。

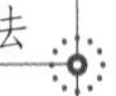

表 2－3　　水泥土搅拌桩承载力预估值

桩型	水泥掺入比（%）	单桩承载力特征值估算值（kN）	复合地基承载力特征值估算值（kPa）
粉喷桩	15	100	140

2.4.4.2　水泥土搅拌桩试桩施工

搅拌桩复合地基施工从 2015 年 11 月 30 日正式开始，12 月 1 日结束，历时 2 天，共完成水泥土搅拌桩（干法，即粉喷桩）30 根，施工机具型号为 PH－5A 型。其中作为静载试验用的水泥土搅拌桩施工情况见表 2－4。

表 2－4　　水泥土搅拌桩（干法）施工概况表

试验点编号	施工完成日期	停灰面高程（m）	施工桩长（m）	喷灰量（kg）	复搅深度（m）
FH1	2015.12.1	6.8	7.8	542	5.0
FH2	2015.12.1		7.8	537	5.0
FH3	2015.12.1		7.8	542	5.0
FH4	2015.12.1		7.8	521	5.0
FHDZ1	2015.12.1		7.8	535	5.0
FHDZ2	2015.12.1		7.8	521	5.0
FHDZ3	2015.12.1		7.8	545	5.0
FHDZ4	2015.12.1		7.8	534	5.0

水泥土搅拌桩采用一搅一喷＋桩顶复搅的施工工艺，复搅范围为停灰面以下 4.0m。单根水泥土搅拌桩（干法）的成桩作业时间为 8～9min。

2.4.4.3　试验结果

本次试验 1 组共 4 个，试验区桩间土为②层淤泥质粉质黏土，桩顶高程为 6.4m，桩长 7.4m。有关试验点概况如表 2－5 所示。

表 2－5　　单桩载荷试验点一览表

桩顶高程（m）	试验点	有效桩长（m）	成桩时间	测试时间	龄期（天）
6.4	FHDZ1	7.4	2015.11.30	2016.1.7	38
	FHDZ2		2015.11.30	2016.1.6	37
	FHDZ3		2015.11.30	2016.1.9	40
	FHDZ4		2015.11.30	2016.1.8	39

对单桩静载试验成果进行整理，分别绘制 $q-s$、$s-\lg t$ 及 $s-\lg q$ 曲线，并按有关要

求分析单桩极限承载力和承载力特征值，整理汇总见表 2-6。

表 2-6　　单桩载荷试验成果一览表

桩顶高程(m)	试验点	极限承载力试验值(kN)	极限承载力试验值对应沉降量(mm)	承载力特征值试验值(kN)	承载力特征值试验值对应沉降量(mm)	单桩极限承载力推荐值(kN)	单桩承载力特征推荐值(kN)
6.4	FHDZ1	168	11.62	84	3.14	195	95
	FHDZ2	192	26.10	96	7.56		
	FHDZ3	200	12.16	100	4.12		
	FHDZ4	220	22.12	110	9.30		

本次单桩复合地基静载试验共 1 组 4 个，试验区桩间土为②层淤泥质粉质黏土，桩顶高程为 6.4m，桩长 7.4m，有关试验点施工及试验概况如表 2-7 所示。

表 2-7　　单桩复合地基载荷试验点一览表

桩顶高程(m)	载荷点	有效桩长(m)	桩间土	成桩时间	测试时间	龄期(天)
6.4	FH1	7.4	②层淤泥质粉质黏土	2015.11.30	2016.1.6	37
	FH2			2015.11.30	2016.1.7	38
	FH3			2015.11.30	2016.1.8	39
	FH4			2015.11.30	2016.1.9	40

对单桩复合地基静载试验成果进行整理，分别绘制 $p-s$、$s-\lg t$ 及 $s-\lg p$ 曲线，并按有关要求分析单桩复合地基极限承载力和承载力特征值，整理汇总见表 2-8。

表 2-8　　单桩复合地基载荷试验成果一览表

桩顶高程(m)	试验点	极限承载力试验值(kPa)	极限承载力试验值对应沉降量(mm)	承载力特征值试验值(kPa)	承载力特征值试验值对应沉降量(mm)	极限承载力推荐值(kPa)	承载力特征值推荐值(kPa)
6.4	FH1	280	20.16	140	9.95	280	140
	FH2	280	26.56	140	10.44		
	FH3	280	43.25	140	9.38		
	FH4	280	26.12	140	8.41		

注　考虑到复合地基垫层密实度不足，且试验前未作预压，垫层压缩引起的初始沉降较大，复合地基承载力特征值试验值取值时，未按 6mm 沉降对应的荷载进行取值，而是按极限值的一半进行取值。

本次共进行了 4 组桩土应力比试验，其中 FH1 试验中，由于埋设问题，数据出现较明显异常，该试验结果不再参与统计分析。对其他 3 个试验结果进行统计整理，汇总情况见表 2-9～表 2-11 和图 2-2。

表 2-9　FH2 复合地基桩土应力比试验数据汇总表

工程名称：安徽芜湖某 220kV 变电站新建工程			试点编号：FH2	
桩径：600mm	桩长：7.4m	压板面积：1.2m^2	桩间土：②层淤泥质粉质黏土（软塑）	检测日期：2016-1-7
级数	荷载（kPa）	桩间土应力（kPa）	桩顶应力（kPa）	桩土应力比
1	56	61	39.7	0.65
2	84	65.5	144.0	2.20
3	112	74.5	233.7	3.14
4	140	76	347.7	4.58
5	168	83	443.9	5.35
6	196	95.5	522.2	5.47
7	224	106	607.0	5.73
8	252	116.5	691.8	5.94
9	280	127	776.6	6.12

表 2-10　FH3 复合地基桩土应力比试验数据汇总表

工程名称：安徽芜湖某 220kV 变电站新建工程			试点编号：FH3	
桩径：600mm	桩长：7.4m	压板面积：1.2m^2	桩间土：②层淤泥质粉质黏土（软塑）	检测日期：2016-1-8
级数	荷载（kPa）	桩间土应力（kPa）	桩顶应力（kPa）	桩土应力比
1	56	46	88.5	1.92
2	84	60	161.9	2.70
3	112	72	241.9	3.36
4	140	88	308.8	3.51
5	168	99.7	389.7	3.91
6	196	130	410.3	3.16
7	224	153.7	452.2	2.94
8	252	185	469.5	2.54
9	280	218	481.3	2.21

表 2-11　FH4 复合地基桩土应力比试验数据汇总表

工程名称：安徽芜湖某 220kV 变电站新建工程			试点编号：FH4	
桩径：600mm	桩长：7.4m	压板面积：1.2m^2	桩间土：②层淤泥质粉质黏土（软塑）	检测日期：2016-1-9
级数	荷载（kPa）	桩间土应力（kPa）	桩顶应力（kPa）	桩土应力比
1	56	57	52.8	0.93
2	84	66.5	140.8	2.12

续表

工程名称：安徽芜湖某220kV变电站新建工程			试点编号：FH4	
桩径：600mm	桩长：7.4m	压板面积：1.2m²	桩间土：②层淤泥质粉质黏土（软塑）	检测日期：2016-1-9
级数	荷载（kPa）	桩间土应力（kPa）	桩顶应力（kPa）	桩土应力比
3	112	78.5	220.8	2.81
4	140	85	318.5	3.75
5	168	97	398.5	4.11
6	196	110	475.2	4.32
7	224	123	551.9	4.49
8	252	136	628.6	4.62
9	280	149	705.3	4.73

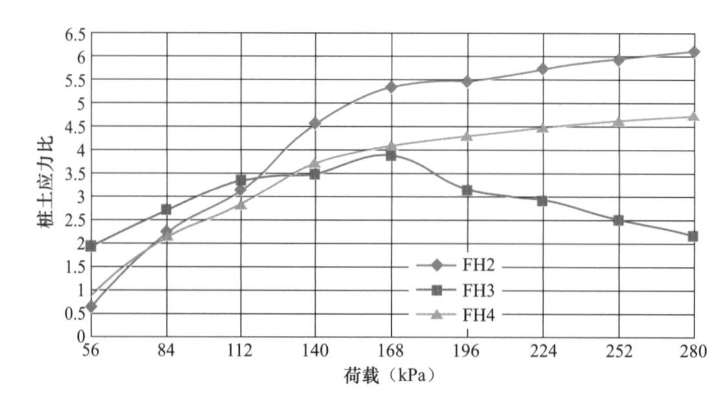

图2-2　单桩复合地基桩土应力比试验成果统计

从桩土应力比成果统计结果看，FH2和FH4的桩土应力比随着荷载的增加而不断增大，表现出随荷载增加搅拌桩体承担的应力增加，在复合地基承载中发挥的作用也不断增大。FH3桩土应力比呈现出随荷载增加先增加后减小的趋势，结合该单桩复合地基静载试验成果分析，该试验点搅拌桩桩头强度可能较低，在荷载达到168kPa以后，搅拌桩桩体发挥作用已经明显不足，桩间土需要承担更多荷载，随着荷载增加沉降也迅速增大。

本次复合地基设计要求承载力特征值为100kPa和120kPa，下面对该荷载水平下的桩土应力比试验成果进行分析统计，成果整理汇总见表2-12。

表2-12　　桩土应力比试验成果汇总表

试验点	设计荷载（kPa）	桩间土应力（kPa）	桩顶应力（kPa）	桩土应力比 λ	桩土应力比 λ 平均值
FH2	112	74.5	233.7	3.14	3.10
FH3	112	72	241.9	3.36	
FH4	112	78.5	220.8	2.81	

2.4.5　试验结论

1. 复合地基设计

根据单桩静载试验情况，单桩承载力有一定差异，通过试验后桩头开挖情况看，单桩破坏模式均为桩头强度不足产生的桩头开裂，故桩身强度决定了单桩承载力。

单桩复合地基试验成果显示，单桩复合地基的承载力均较高，分析其原因主要有：复合地基试验严格采用了厚约 250mm 的垫层，桩和桩间土的协同作用发挥较好，单桩承载力和桩间土的承载力发挥均较充分，同时桩间土②层淤泥质粉质黏土承载力特征值取值可适当提高，建议按 90kPa 考虑。

水泥土搅拌桩宜采用干法，水泥掺入比宜采用 15%。水泥土搅拌桩的地层适用性较好，后期地基处理可以使用，但为保证复合地基的承载力满足要求，应严格控制搅拌工艺和质量，并保证桩间土压实度。

对于承载力要求较高电容器地段采用 600mm 桩径，承载力要求较低的道路和电缆沟地段可采用 500mm 桩径，桩间距根据承载力要求确定。水泥土搅拌桩桩长可根据桩身强度提供的单桩承载力进行计算控制，需要考虑减沉时，适当加长水泥土桩长。

为使水泥土搅拌桩与桩间土组成复合地基共同发挥承载作用，并防止不均匀沉降，桩顶应设置褥垫层，褥垫层厚度宜 20～30cm，可采用中粗砂、粗砂、级配砂石等散体材料，最大粒径不宜大于 20mm，夯填度不应大于 0.9。

2. 复合地基施工

复合地基的加固效果与施工质量密切相关，应加强施工质量的控制和管理。水泥土搅拌桩采用一搅一喷＋桩顶复搅，复搅范围为停灰面以下 4m。为保证水泥与土充分搅拌，应控制提升速度和搅拌头搅拌速度，粉喷桩宜保证搅拌头搅拌一周时提升高度不超过 15mm。

工程桩施工前应清除桩位处可能影响成桩效果的杂物，在施工过程中，应定期检查搅拌头，保证搅拌头的尺寸符合设计要求，同时还应及时清洗搅拌头，防止搅拌头的喷粉口被土堵住。

考虑到桩头施工时往往由于上覆压力不足造成施工质量难以控制，建议工程桩施工时桩顶在施工地面以下 0.5m，同时在基础施工时上部 0.5m 桩头应予人工挖除。

2.4.6　处理效果评价

该项目于 2014 年竣工投运，自投运以来，地基处理区域的各类建构筑物均能安全稳定运行，沉降变形稳定，满足设计和规范要求，地基处理效果良好。

第三章 强 夯 法

3.1 概述

随着社会经济的快速持续发展，电力工程场地工程的选址与城乡规划、国土资源部门的矛盾日益突出。山区地段开山填谷，沿海地区围海造地多成为解决建设用地和农业用地之争的重要手段。特别是在低山丘陵地区，场地工程选址工作有很大困难，一般多为大挖大填地区，建构筑物基础和道路等地基处理难度大、费用高，如何充分利用场址区内有限的土石资源，做到既节约资源又保护环境，地基处理方案安全、经济、合理，一直以来都备受关注。

强夯（也称为夯实地基）是处理上述问题的有效方法之一，具有加固效果显著，使用土类广，设备简单，施工方便，节约材料和施工费用低等特点。我国于 20 世纪 70 年代初开始引进强夯加固技术。1978 年底交通部一航局科研所及其协作单位首先在工程中使用了该技术并取得较好的加固效果。强夯法经过了四十多年的发展，在建筑工程、水利工程、公路工程、电力工程中均得到了广泛的应用，积累了宝贵的经验，为强夯技术的不断改进和提高创造了有利条件。

3.2 基本原理

夯实地基根据加固机理的不同可分为强夯法和强夯置换法。

强夯法通过重锤自由下落，对地基产生极大的冲积和振动，使土层密实，可提高地基的强度，降低压缩性。该方法形成的夯坑回填通常采用夯坑附近的原土，处理后的地基独立发挥地基的作用。

强夯置换法是反复在夯坑中不断填入粗颗粒料，继续夯实，逐渐形成柱状或整体块状置换体，与周围的夯间土体形成复合地基，共同承担上部荷载。

强夯法适用于碎石土、砂土、非饱和细粒土、湿陷性黄土、素填土和杂填土等地基的处理，对含有良好透水性夹层的饱和细粒土地基应通过实验确定。对采用桩基的湿陷性黄土地基、可液化地基、填土地基、欠固结地基，可先用强夯法进行地基预处理，再进行桩基施工。

低饱和度的细粒土地基采用强夯法处理后的地基承载力特征值可达200～250kPa，最大可达280kPa，压缩模量可达13～187MPa，最大可达20MPa；粗颗粒的碎石土、砂土地基采用强夯处理后的地基承载力特征值可达250～300kPa，最大可达350kPa。

对于高饱和度粉土、软塑-流塑的黏性土、有软弱下卧层的填土地基可采用强夯置换处理，但必须通过现场试验确定其适用性和处理效果。

场地地下水位高，影响施工或强夯效果时，应采取降水或其他措施进行处理。

3.3　设计方法

3.3.1　强夯法地基承载力的确定方法

一般而言，岩土工程勘察用于评价地基土承载力的方法均可用来对强夯后的地基土承载力进行评价。但由于强夯处理的回填土料为非原状土，最为直接有效检测地基承载力的方法是载荷试验，其他方法如静力触探、动力触探、标准贯入等方法可作为辅助方法进行判断。

对于形成置换墩体的强夯地基而言，可采用单墩复合地基载荷试验方法确定，具体方法可参见JGJ 79—2012《建筑地基处理技术规范》附录B复合地基静载荷试验要点。对于具备单桩复合地基试验的工程而言，可使用复合地基承载力计算公式计算，如式（3-1）所示：

$$f_{spk}=mf_{pk}+(1-m)f_{sk} \tag{3-1}$$

式中：f_{spk}——强夯置换地基承载力特征值（kPa）；

f_{pk}——地基载荷试验确定的墩体承载力特征值（kPa）；

f_{sk}——地基载荷试验确定的墩体承载力特征值（kPa）。

3.3.2　强夯法主要设计参数

1. 有效加固深度

强夯地基的加固深度常用有效加固深度来表示。强夯有效加固深度内的土的工程特性指标应满足设计要求，该深度应根据现场原位测试或当地强夯经验确定。在缺少试验资料或经验时可依据修正的梅那（Menard）公式进行估算。

$$D=\alpha\sqrt{WH} \tag{3-2}$$

式中　D——强夯有效影响深度，m；

α——影响系数，一般取值范围为 0.28～0.66，对较硬地层 α 取较小值，对较软地层，α 取较大值；

W——夯锤重量，10kN；

H——夯锤落距离，m。

在最初的梅那公式中无影响系数（α），1980 年开始，国内和国外学者从不同理论出发，对上述公式提出了各种修正方法和建议，其中较多学者建议引入影响系数（α）；如 Leonards etal（1980 年）建议对砂土地基乘以 0.5 修正系数，Mayne etal（1984 年）建议修正系数为 0.33～1.0，王成华（1991 年）建议修正系数为 0.4～0.95 等。本文中采用的影响系数来源于 DL/T 5024—2005《电力工程地基处理技术规程》。

鉴于有效加固深度问题的复杂性，我国《建筑地基处理技术规范》规定强夯法有效加固深度应根据现场试夯或当地经验确定，同时提供了预估有效加固深度的表格，如表 3-1 所示。

表 3-1　　强夯的有效加固深度（m）

单击夯击能 E（kN·m）	碎石土、砂土等粗粒土	粉土、粉质黏土、湿陷性黄土等细粒土
1000	4.0～5.0	3.0～4.0
2000	5.0～6.0	4.0～5.0
3000	6.0～7.0	5.0～6.0
4000	7.0～8.0	6.0～7.0
5000	8.0～8.5	7.0～7.5
6000	8.5～9.0	7.5～8.0
8000	9.0～9.5	8.0～8.5
10000	9.5～10.0	8.5～9.0
12000	10.0～11.0	9.0～10.0

2. 夯击能

强夯的单击夯击能，应根据地基土类别、结构类型、荷载大小和要求处理的深度等综合考虑，主要参考依据为工程要求加固的深度。对于夯锤重量一般可选用 100～250kN，最大可采用 400kN。我国初期采用的单击夯击能大多为 1000kN·m，随着起重机械工业的发展，目前采用的最大夯击能可达到 15000kN·m。国际上曾经采用的最大单击能为 50000kN·m，设计加固深度大 40m。

3. 夯击次数

夯点的夯击次数是强夯设计中的一个重要参数。夯击次数一般通过现场试夯确定，常以夯坑的压缩量最大、夯坑周围隆起量最小为确定原则。目前常通过现场试夯得到的

夯击次数与夯沉量的关系曲线确定，且应同时满足下列条件：

（1）最后两击的平均夯击量不大于60mm，当单击夯击能较大时不大于100mm；

（2）不出现无效夯击（即夯坑周围地面不应发生显著的隆起与侧挤）；

（3）不因夯坑过深而发生起锤困难。

4. 夯击遍数

夯击遍数应根据地基土的性质确定。一般来说，由粗颗粒土组成的渗透性强的地基，夯击遍数可少些；由细粒土组成的渗透性低的地基，夯击遍数要求多些。根据我国的工程实践，对于大多数工程，采用点夯遍数2～3遍，最后再以低能量满夯1～2遍。

5. 夯击间隔时间

当进行多遍夯击时，每两遍夯击之间应有一定的时间间隔。间隔时间取决于土中超孔隙水压力的消散时间。当缺少实测资料时，可根据地基土的渗透性确定，对于渗透性较差的黏性土及饱和度较大的软土地基的间隔时间，应不少于3～4周；对于渗透性较好且饱和度较低的地基，可连续夯击。

6. 夯点布置

强夯夯点的布置可按三角形或正方形布置，夯击点位置的布置可按建筑物轴线、轮廓线或以基础中心线对称等形式布置，并应考虑各遍夯点间交叉对应关系。

夯点间距的确定，一般根据地基土的性质和要求加固的深度而定。对于细粒土，为便于超静孔隙水压力的消散，夯点间距不宜过小。根据国内经验，第一遍夯击点间距可取夯锤直径的2.5～3.5倍，每二遍夯击点可位于第一遍夯击点之间。以后各遍夯击点间距可适当减小。对要求加固深度较深，或单击夯击能较大的工程，第一遍夯击点间距适宜适当增大。

7. 填料的选择

对于山区工程，开挖山体往往会形成大直径块石，回填石料级配差。对于此类回填料若不进行处理，易在地基中留下大孔，在后续建筑物使用过程中细颗粒填料挤入孔隙中，会引起下沉增加。规范中对坚硬粗颗粒材料一般要求级配良好、粒径大于300mm的颗粒含量不宜超过全重的30%，根据安徽省内多个项目工程情况来看，当现场采用山体爆破开挖形成的碎石回填时，应严格控制碎石粒径大小在150mm以内为宜。对于较大粒径块石的回填土地区应谨慎使用强夯法，需采用技术措施避免不均匀沉降。

8. 强夯置换设计要点

（1）强夯置换墩的深度由土质条件确定，不宜超过7m。除厚层饱和粉土外，强夯置换墩宜穿透软土层，达到较硬土层上。

（2）单击夯击能应大于普遍强夯的加固能量，夯能不宜过小，特别要注意避免橡皮土的出现。

（3）夯击遍数。夯击时宜采用联系夯击挤淤，可采用2～3遍，也可一遍连续夯击挤淤一次性完成，最后再以低能满夯一遍，每遍1～2击完成。

（4）夯点间距。夯点间距一般取1.5～2.0倍夯锤底面直径，夯墩的计算直径可取夯锤直径1.1～1.2倍；与土层的强度呈正比，即土质差，间距小。

9. 强夯范围

强夯处理范围应大于建筑物基础范围，每边超出基础外缘宽度宜为基底下设计处理深度的1/2～2/3，且不应小于3m，对可液化地基不应小于5m，对于湿陷性黄土应满足相关规范要求。

3.3.3　强夯法对周边环境的影响及应对措施

强夯施工过程锤击产生的面波会引起地表的震动。当夯点周围一定范围内的地表震动强度达到一定数值时，会引起地表和建筑物不同程度的损伤和破坏，并产生振动和噪声公害。从城市建设的观点出发，人们关心的环境问题是在强夯点附近的地面振动是否对现有的建筑产生影响。1989年冶金工业部建筑研究总院建议将强夯振动划分为三个区域，各区特点如表3－2所示。

表3－2　　强夯振动影响分区表

分区名称	距夯点距离	地面振动特点	对建（构）筑影响
振动破坏区	≤10m	地面振动加速度大于0.5g，振动速度大于5cm/s，振幅大于1.0mm	对一般建（构）筑物会造成一定的破坏
振动损坏区	10～30m	地面振动加速度大于（0.1～0.5）g，振动速度大于1～5cm/s，振幅大于0.2～1.0mm	对一般单层房屋和临时建筑物不会产生破坏，但对正在施工的多层房屋或墙体砌体强度尚未达到设计要求的建（构）筑物可能有一定的损伤
相对安全区	＞30m	地面振动加速度小于0.1g，振动速度小于1cm/s，振幅小于0.2mm	对精密仪器、仪表、机械、电子计算机的房屋会有一定的影响，而对一般的建（构）筑物不会造成损坏

隔振沟是降低强夯振动影响的有效办法。在振源附近设置的隔振沟为主动隔振沟，主要起到减少从振源向外辐射的能量；在减振对象附近设置的隔振沟为被动隔振沟。

3.4 工程实例

3.4.1 工程概况

安徽安庆某500kV变电站位于安庆市怀宁县境内。站内220kV构架及电容器场地地形起伏较大，呈北高南低，内有1条岗间凹地（小型冲沟）并含有1个水塘和取土坑。场地标高在19.40～28.90m之间，其中岗间凹地段的标高在20.90～21.90m之间，水塘塘底标高在19.40～20.70m之间，取土坑地段的标高在21.50～22.70m之间。220kV构架场地设计场坪高程为25.85m。电容器场地及临近道路设计场坪高程为26.55m，电容器场地及临近道路填土层厚度在4.00～5.20m之间，220kV构架场地填土层厚度在4.00～6.45m之间。填土层下持力层为③层粉质黏土和④层粉质黏土层为主，少量为全风化基岩。

根据该变电站《地基处理专题报告》和初步设计审查纪要的要求，220kV构架及电容器场地冲沟地段采用强夯法进行地基处理，强夯地基承载力要求不小于150kPa。

3.4.2 岩土工程条件

变电站站址区地貌为江淮丘陵，微地貌为岗地和冲沟。高程采用1956年黄海高程系。

220kV构架及电容器场地地形起伏较大，呈东高西低，内有1条岗间凹地（小型冲沟）并含有1个水塘。场地标高在19.40～28.90m之间（设计场坪高程为25.85m）。

220kV构架场地岩土层由下伏基岩为侏罗系细砂岩和泥岩与上覆盖层为第四系上更新统残坡积、全新统残坡积和冲积层构成，零星分布填土，部分地段基岩出露。根据《安徽安庆500kV变电站工程施工图设计阶段岩土工程勘测报告》，强夯区地层结构为：

①层填土（Q_4^{ml}），灰褐色，灰黄色，棕黄色，稍密（软塑～可塑偏软状态），稍湿，该层在220kV构架场地内仅分布于水塘塘埂和田埂，一般层厚0.30～0.60m，塘埂处层厚为1.80～2.30m。

③层粉质黏土（Q_4^{el+pl}），灰褐色，褐黄色，棕黄色，局部为黏土，含少量氧化铁和铁锰锈斑，有光泽，干强度高，韧性高，无摇震反应，结构稍松散，稍湿，可塑局部可塑偏硬或可塑偏软状态，该层在220kV构架和电容器场地内大部分有分布，局部缺失，主要分布于Ⅱ区（冲沟）和Ⅰ区（岗地表层），层厚为0.50～2.80m，层底高程在18.64～28.15m之间，表层为0.30～0.50m为耕土。

④层粉质黏土（Q_3^{el+pl}），褐黄色，棕黄色，棕红色，局部为黏土，含少量氧化铁、铁锰锈斑（结核）及局部含少量高岭土团条，有光泽，干强度高，韧性高，无摇震反应，结构稍松散，稍湿，可塑偏硬～硬塑状态，该层在220kV构架和电容器场地内部分

分布，部分缺失，主要分布于Ⅱ区（冲沟）和Ⅰ区（岗地）有少量分布（岗地），层厚为0.80～4.90m，层底高程在16.24～23.73m之间。

⑤$_1$层细砂岩（J），灰黄色，褐黄色，局部与泥岩互层，全风化成中细砂混黏性土。部分出露，该层在220kV构架和电容器场地内大部分有分布，局部缺失，该层静探孔和探槽未揭穿。揭穿层厚为1.40～3.20m，层底高程在16.30～24.89m之间，部局表层为0.30～0.50m为耕土。

⑤$_2$层细砂岩（J），灰黄色，褐黄色，泥质结构，块状构造，与泥岩互层，节理和裂隙发育，RQD较差，强风化为主局部中等风化。局部出露，揭穿层厚为2.00～2.30m，层底高程在14.30～21.97m之间。

⑤$_3$层细砂岩（J），灰黄色，褐黄色，泥质结构，块状构造，与泥岩互层，节理和裂隙较发育，RQD较好，中等风化。该层未揭穿，揭示层厚为2.40～5.60m，层底高程在19.29～19.57m之间。

⑥$_1$层泥岩（J），褐色，褐黄色，与细砂岩互层，全风化成硬塑黏性土。该层静探孔未揭穿。揭穿层厚为0.80～4.40m，层底高程在12.34～22.89m之间。

⑥$_2$层泥岩（J），黄色，褐黄色，泥质结构，块状构造，与细砂岩互层，节理和裂隙较发育，RQD差，强风化。该层部分未揭穿，揭穿层厚约2.20m，层底高程在8.84～19.39m之间。

⑥$_3$层泥岩（J），黄色，褐黄色，泥质结构，块状构造，与细砂岩互层，节理和裂隙较发育，RQD较差，中等风化。该层未揭穿，揭穿层厚为2.20～3.70m，层底高程在12.10～16.83m之间。详见图3-1和图3-2。

220kV构架及电容器场地标高在19.40～28.90m之间。设计场坪高程为25.85m，需挖方和填方，填方区一般填土厚度在4.00～5.0m之间，最大填土厚度约6.50m，若填土质量不能满足设计要求，在雨水作用下易产生不均匀沉降，易导致位于填土层中的电缆沟、道路等建构筑物开裂下沉，因此填土需分层夯（压）实，除此无其他不良地质作用。

220kV构架及电容器场地部分为岗地（Ⅰ区），地下水埋藏深，基础埋置深度内未遇见地下水。仅冲沟（Ⅱ区）有浅层地下水，属上层滞水，含水层主要为③层粉质黏土，水量较小，地下水位埋深在1.50～2.20m之间，受到大气降水及地表水（水塘）渗入的影响；但当站区场地平整后，地下水主要为冲沟（含水塘）中填土层中雨水和③层粉质黏土中上层滞水，当填土层压实后起一定的隔水作用，且站区雨水排水系统良好，可不考虑地下水对基础的影响。另外雨季填土层中雨水水量较大，对施工有一定的影响，应有排水措施。

岩土层物理力学指标推荐值见表3-3。

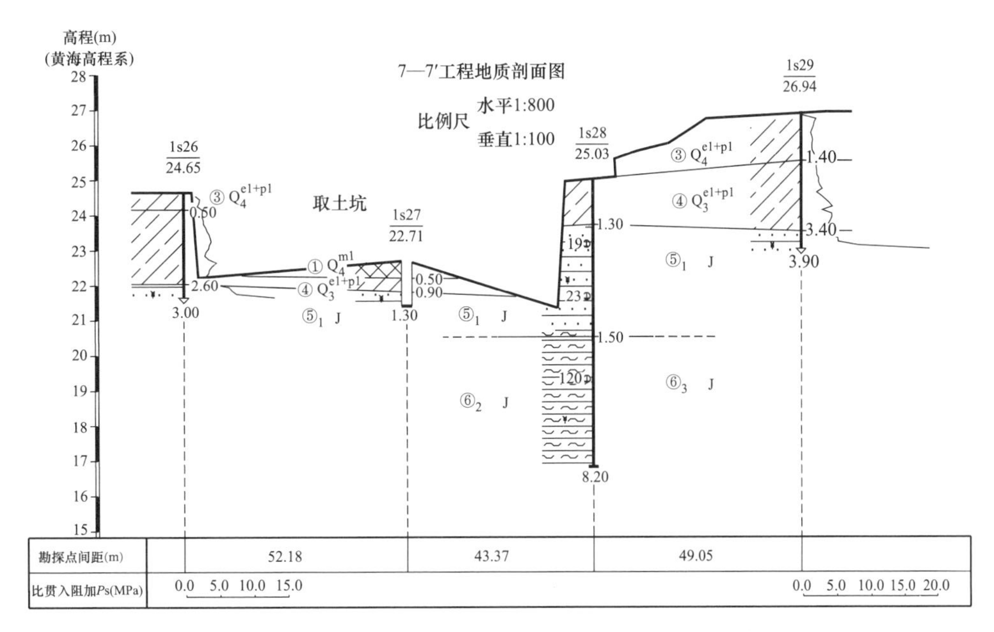

图 3-1 典型工程地质剖面（一）（建议补充场平标高线）

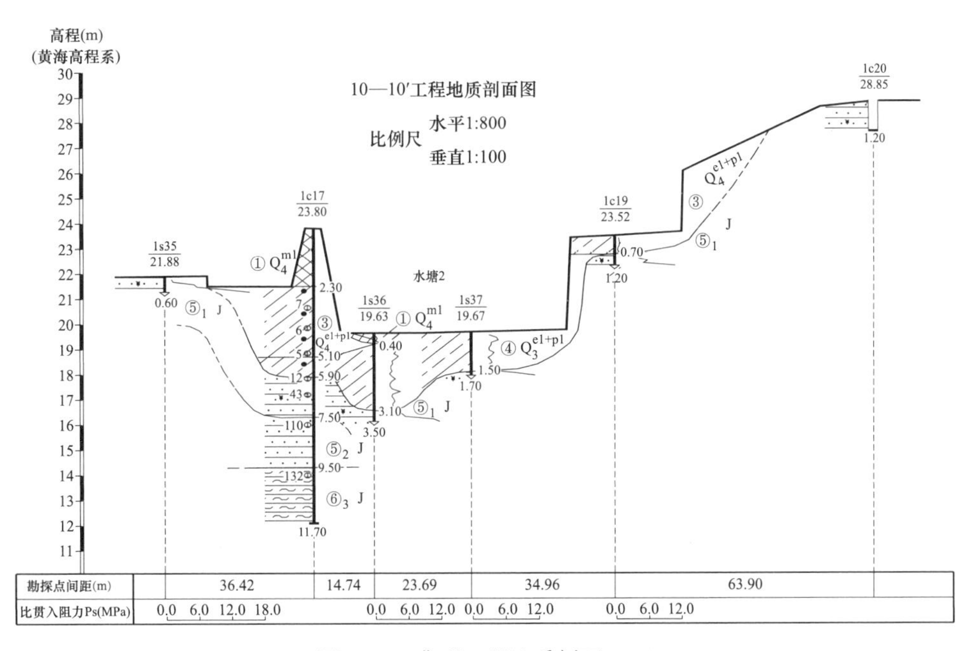

图 3-1 典型工程地质剖面（二）

3.4.3 强夯地基方案设计

本工程设计场坪高程为 25.85m，对于填方区一般填土厚度在 4.00～5.00m 之间，最大填土厚度约6.50m，强夯处理一般厚度在4.00～5.00m，最大处理厚度约6.50m。强夯处理后地基承载力特征值不小于150kPa。

表3-3　岩土层物理力学性质一览表

层号＼项目	重力密度 (kN/m^3)	天然含水量 W (%)	液性指数 I_1	压缩模量 $E_{s_{1-2}}$ (MPa)	黏聚力 C (kPa)	内摩擦角 φ (°)	承载力特征值 f_{ak} (kPa)
①层素填土	18.5						100
③层粉质黏土	19.0	25.5	0.55	7.0	40	12	140
④层粉质黏土	19.4	24.3	0.27	10.0	48	14	240
⑤$_1$层细砂岩	20.0						200
⑤$_2$层细砂岩	22.0						500
⑤$_5$层细砂岩	24.0						700
⑥$_1$层泥岩	20.0						250
⑥$_2$层泥岩	21.5						500
⑥$_3$层泥岩	22.5						600

试夯区回填土料为挖方区土石料，石料为细砂岩，强风化及以上细砂岩填料粒径应控制在200～500mm，粒径大于300mm的填料含量不宜超过全重的10%，粉粒（掺合的黏性土）含量宜小于全重的10%。回填前需清除填方区地表软土或耕土。

根据场区地层特点，回填土料性质，强夯处理深度以及处理后地基承载力要求，设计强夯参数如表3-4所示。

表3-4　强夯主要设计参数

强夯类型	锤重 W (kN)	锤底面直径 (m)	夯锤落距 (m)	影响系数	强夯有效影响深度 (m)	预估夯前填土厚度 (m)	夯点布置形式	点夯夯点间距 (m)
点夯	/	2.20	10	0.50～0.60	5.90～7.00	6.50	梅花形	4.00
满夯	/	2.20	6	0.50～0.60	4.53～5.44	6.50	锤印搭接	0.10～0.20

夯点布置如图3-3所示，检测点分布图如图3-4所示。

3.4.4　强夯试验设计

3.4.4.1　试验方案设计

研究强夯在本工程场地的适用性和设计施工参数，使强夯后的地基满足浅基础设计

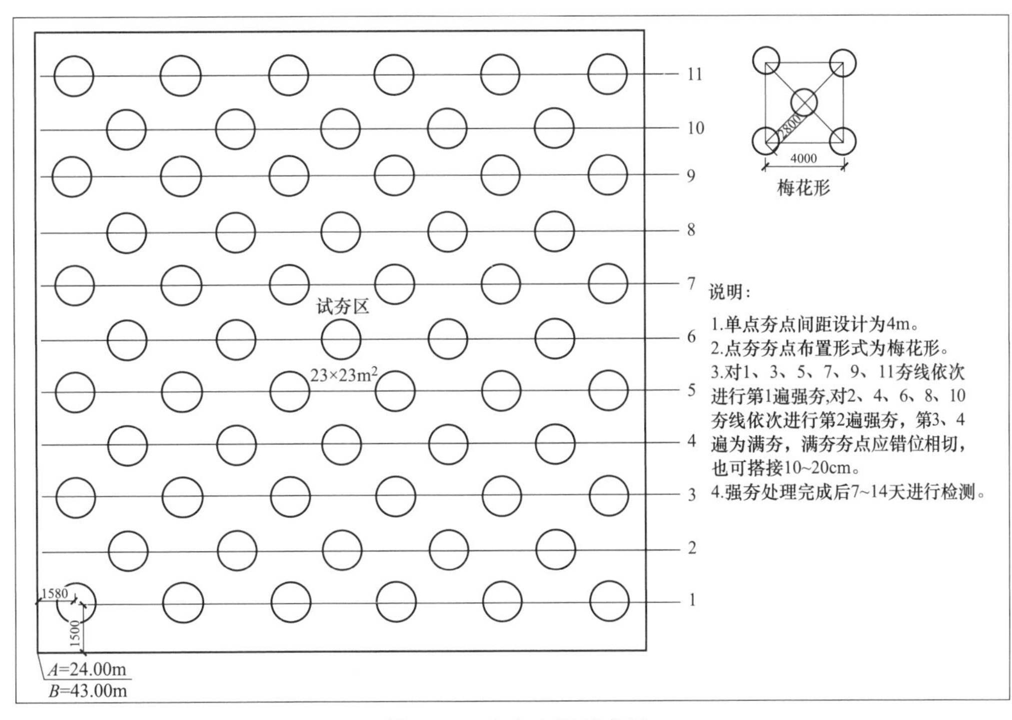

图 3－3　点夯布置示意图

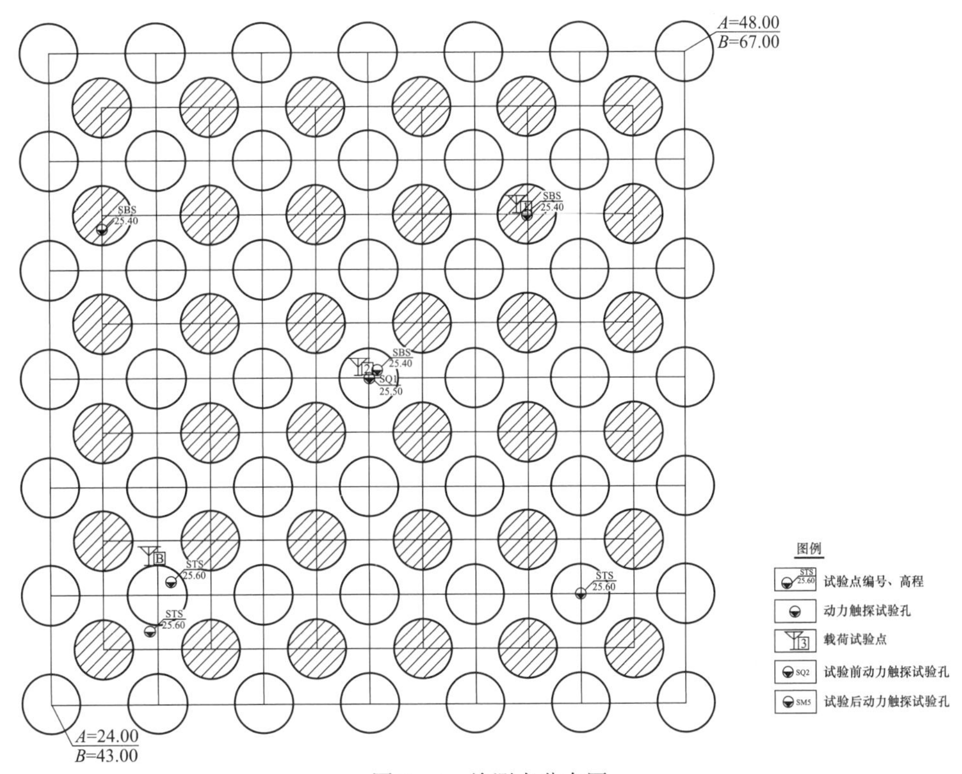

图 3－4　检测点分布图

要求，尽可能节省投资、降低造价、缩短施工周期，本工程进行了专项强夯试验工作。试验手段主要通过静载荷试验和动力触探试样两种方式进行。

（1）静载荷试验：根据 DL 5024—2005《电力工程地基处理技术规定》有关规定要求和强夯区岩土工程条件及上部建构筑物的特点综合考虑，强夯地基检测采用浅层静载荷试验，载荷试验数量按每 3000～6000m² 取 1 点，并根据不同建筑地段和岩土工程条件选取，实际共进行浅层平板载荷试验 3 个，实际最大加荷值为 360kPa，试验点的选取是根据填土层厚度和不同建筑地段，考虑到工期等因素，试夯区在强夯完成 15 天后进行试验检测，试验坑底标高按设计地面高程取不同深度进行试验；按设计要求，静载荷试验最大加载量为 360kPa，试验承压板采用以肋板加固的静载荷专用圆形刚性钢质承压板，压板面积为 0.5m²。有关试验点概况见表 3-5。

表 3-5　　强夯地基载荷试验点一览表

序号	建筑地段	载荷试验点编号	试坑底标高（m）	测试时间	龄期（天）
1	点夯位置	1	−1.00	2009.5.28	14
2	点夯位置	2	−1.50	2009.5.30	14
3	满夯位置	3	−0.50	2009.6.1	14

（2）重型动探检测：在试夯区夯前和夯后均布置一定的钻孔，进行重型动探测试，自 1m 以下连续测试至原状土层。重型动探检测工作量见表 3-6。

表 3-6　　重型动探检测工作量

序号	勘探点编号	勘探点类型	坐标		标高	孔深（m）	重型动探测试（段次）	检测区
			A（m）	*B*（m）				
1	SQ1	重型动探测试孔	36.00	55.00	25.50	6.30	53	试夯区
2	SQ2	重型动探测试孔	26.70	46.70	25.50	6.20	52	
3	SH1	重型动探测试孔	44.00	47.00	25.40	6.30	52	
4	SH2	重型动探测试孔	42.00	61.00	25.60	7.00	58	
5	SH3	重型动探测试孔	36.30	55.00	25.40	6.90	57	
6	SH4	重型动探测试孔	28.50	47.50	25.30	6.90	53	
7	SH5	重型动探测试孔	28.00	63.00	25.60	7.40	59	

3.4.4.2　强夯处理效果检测

1. 静载荷试验成果

本次为试夯施工检测，在实际试验时加荷至期望荷载值的 2 倍（360kPa）时沉降仍趋于稳定，因此强夯地基承载力极限值取最大加荷值。由于强夯地基为人工回填土，回填土料为挖方区土石料，回填土料具有不均性，点夯虽达到收锤标准，其强度和密实度也存在差异，静载荷试验 $p-s$，$s-\lg t$ 曲线上没有明显的拐点，$s-\lg p$ 曲线上没有明显的第二拐点，因此在 $p-s$ 曲线上按 $s/d=0.01$ 取值，取沉降量为 8.00mm 对应的 p 值，进行整理计算，见表 3-7。

表 3-7　　静载荷试验成果一览表

试验点编号	试验点性质	承载力特征值试验值（kPa）	承载力特征值试验值对应沉降量（mm）	变形模量 E_0（MPa）
1	点夯位置	200	8.00	13.43
2	点夯位置	153	8.00	9.40
3	夯间位置	185	8.00	12.42
平均值		179	8.00	11.75

2. 重型动力触探测试成果

重型动探检测试验设备为工程勘察钻机，本次钻机型号为 GY-50 型，探头为圆锥型，长 30cm。圆锥型探头直接连于钻杆，置于钻孔预定深度，在 63.5kg 的重锤、落距为 76cm 的自由落体作用下，记录探头进入土体 10cm 的锤击数。

按设计地面高程 25.85m 起算，自 24.85m 起向下连续进行重型动探测试，至进入原状土层不小于 20cm，当遇到碎块石重型动探测试击数较大时，停止重型动探测试，进行钻探取芯鉴定填料性质；当重型动探测试段较长时，停止重型动探测试，进行钻探取芯鉴定填料性质。

夯后 SH1（左），SH2（右）$N_{63.5}$ 击数曲线、夯后 SH5 $N_{63.5}$ 击数曲线、SQ1+SH3（上）和 SQ2+SH4（下）试夯前后 $N_{63.5}$ 击数曲线对比图如图 3-5～图 3-7 所示。

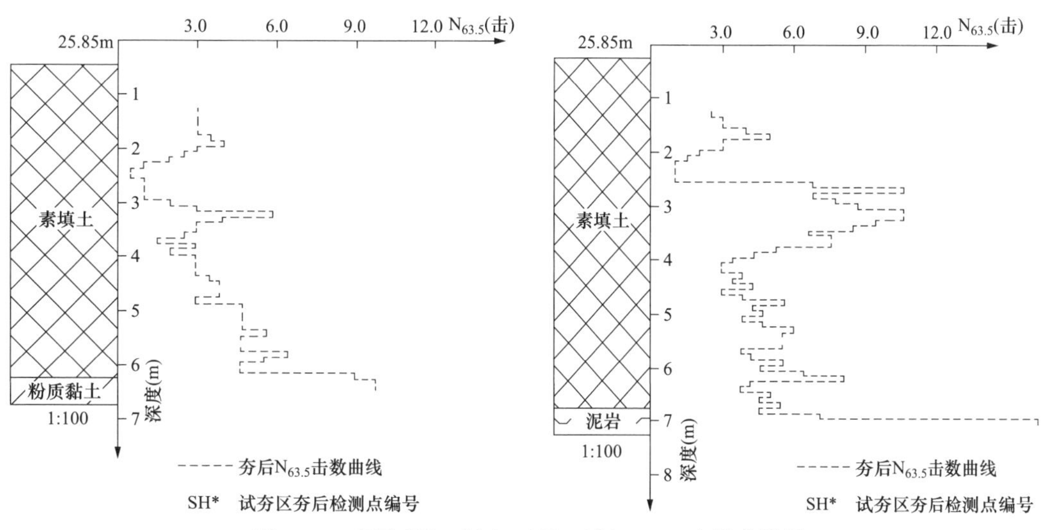

图 3-5　夯后 SH1（左），SH2（右）$N_{63.5}$ 击数曲线图

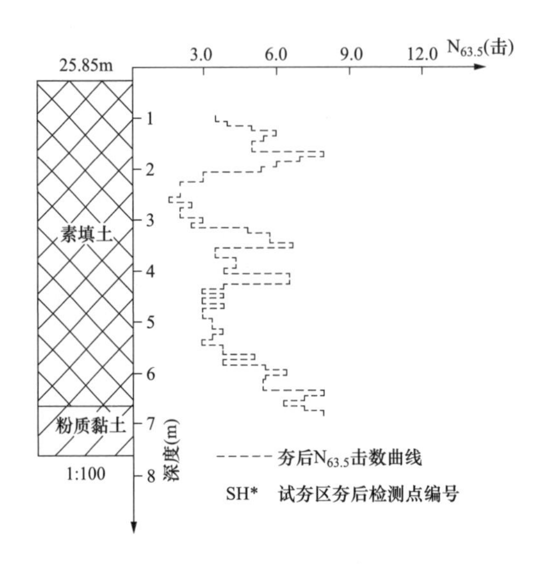

图 3-6　夯后 SH5 $N_{63.5}$ 击数曲线图

在间歇期为 15 天时，通过重型动探 $N_{63.5}$ 试夯区夯前夯后测试击数及对比，并通过钻探取芯鉴定，填料主要为粉质黏土的，夯前动探击数一般在 0.5～1.5 击之间，少量达 2 击，填料主要为全～强风化岩石的，一般击数在 3～5 击，少量大于 5 击；夯后填料主要为粉质黏土的，动探击数一般在 3～5 击，部分大于 5 击，个别最小值为 2 击，填料主要为风化岩的，一般在 6～10 击，部分大于 10 击或更高。填料主要为粉质黏土的，夯后击数比夯前击数总体提高 4～6 倍，局部提高更多；填料主要为全～强风化岩石的，

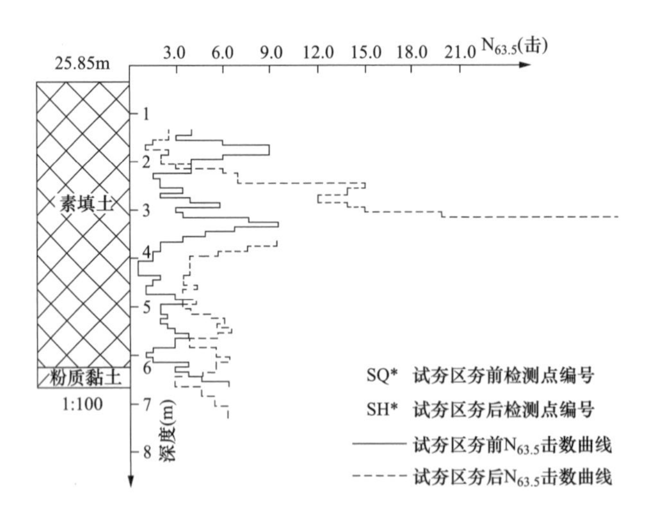

图 3-7　SQ1+SH3（上）和 SQ2+SH4（下）试夯前后 $N_{63.5}$ 击数曲线对比图（一）

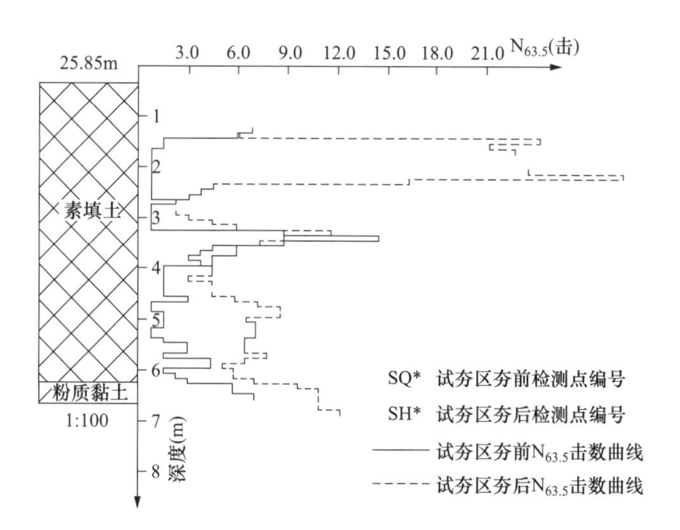

图 3－7 SQ1＋SH3（上）和 SQ2＋SH4（下）试夯前后 $N_{63.5}$ 击数曲线对比图（二）

夯后比夯前击数总体提高 2～3 倍，碎石层较厚处提高更大。风化岩在夯击时部分被挤密进入粉质黏土层中，部分为夯碎挤密。

3. 分析结论

通过夯前和夯后动探击数对比和钻探取芯鉴定及浅层静载荷试验，在圆形底面直径 2.2m，重量 13.7t，落距 10m，夯击能为 1370kN·m 的夯击作用下，夯点间距为 4m，2 遍点夯，2 遍满夯，间歇期为 15 天时，强夯有效影响深度达到 6.5m，填土密实度提高了 2～6 倍，强夯地基承载力特征值达到 160kPa，对应沉降量不大于 8mm，满足浅基础设计要求。

3.4.4.3 强夯环境影响分析

强夯施工点夯锤重量 13.7t，圆形底面直径 2.2m，落距 10m，夯击能为 1370kN·m，满夯锤重量 13.7t，圆形底面直径 2.2m，落距 6m，夯击能为 820kN·m。强夯施工所产生的振动，对临近建筑物或设备产生有害的影响，测试点位置示意图、测试点声波测试结果如图 3－8、表 3－8 所示。可见，应采取防振或隔振措施。本强夯场地临近建筑物为居民民房，主要为 2～3 层楼房，少量土坯房，强夯场地边界距民房最近距离为 110～150m。

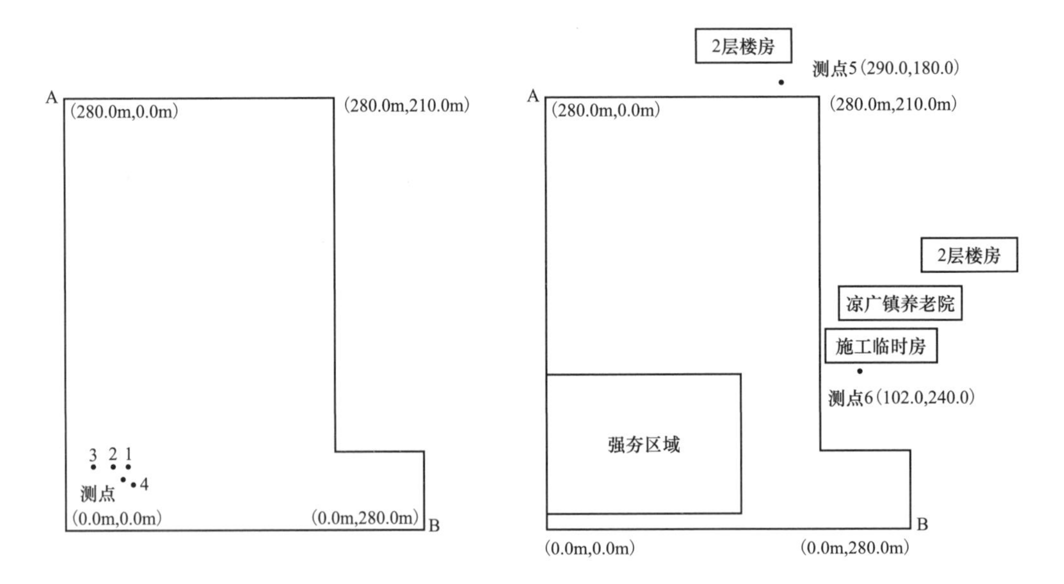

图 3-8　测试点位置示意图（左图：测点 1～4，右图：测点 5～6）

表 3-8　　测点声波测试结果统计表

测试组号	1ch 垂直			2ch 水平			3ch 水平			重复次数
	A	A _ dB	V	A	A _ dB	V	A	A _ dB	V	
1	3.2	108.6	31.1	2.5	110.7	73.6	1.0	98.7	162.3	4
2	0.5	95.5	7.6	1.1	102.9	28.1	0.4	95.3	105.3	5
3	0.4	95.2	6.5	0.5	94.9	9.7	0.3	94.2	7.3	4
4	4.5	110.2	71.0	2.8	108.6	48.6	1.6	103.5	26.0	4
5	0.003	53.8	0.02	0.002	50.0	0.04	0.002	49.8	0.02	6
6	0.006	59.7	0.05	0.007	55.4	0.09	0.010	57.6	0.06	10

注　A—振动加速度，m/S^2（单峰值 p）；A _ dB—振动加速度有效值振级（0dB 参考值 10^{-6}m/S^2）；V—振动速度，mm/S（单峰值 p）。

（1）根据中华人民共和国国家标准 GB 6722—2003《爆破安全规程》6.2.2，一般砖房、非抗震的大型砌块建筑物安全允许振动速度为：＜10Hz，2.0～2.5cm/s；10～50Hz，2.3～2.8cm/s；50～100Hz；2.7～3.0cm/s”。本次试验根据实测振动频谱频率都小于 20Hz，因此安全振动速度应选为 23～28mm/s。测点 5 振动速度分别为垂直 0.02mm/s、水平 0.04mm/s、水平 0.02mm/s；测点 6 振动速度分别为垂直 0.05mm/s、水平 0.09mm/s、水平 0.06mm/s。实测振动速度远小于安全评估规定。

（2）根据中华人民共和国国家标准 GB 10070—88《城市区域环境振动标准》3.1.1，居民、文教区域铅垂向 Z 振级标准为：昼间 70dB；夜间 67dB。实测结果：测点 5 振动加速度级分别为垂直 53.8dB、水平 50.0dB、水平 49.8dB；测点 6 振动加速度级分别为

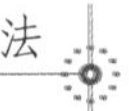

垂直 59.7dB、水平 55.4dB、水平 57.6dB。实测振动加速度级远小于安全评估规定。

（3）根据《爆破安全规程》及《城市区域环境振动标准》，从振动速度和振动加速度级两种评定方法考核，安庆变电站强夯施工造成的冲击振动因离被测点位置距离较远，对所测居民住宅和工房没有影响。

3.4.5 处理效果评价

该项目采用强夯进行地基处理，工程于 2009 年竣工投运，自投运以来，地基处理区域的各类建构筑物均能安全稳定运行，沉降变形稳定，满足设计和规范要求，地基处理效果良好。

第四章

预　压　法

4.1 概述

预压法是在天然地基中设置砂井等竖向排水体，然后在建筑物建造之前，在场地先行加载预压，或利用建筑物本身重量分级逐渐加载，使土体中砂的孔隙水排出，逐渐固结，地基发生沉降，压缩性逐渐降低，强度逐渐提高的方法。待预压期间的沉降达到设计要求后，移去预压荷载再建造建筑物。应用排水系统来加速排水固结，可加速地基土压缩性的降低和抗剪强度的增长，缩短地基处理的工期。如路堤、土坝等，则可利用其本身的重量分级逐渐施加，使地基土强度的提高适应上部荷载的增加，最后达到设计荷载。

预压法可以有效解决以下问题：

(1) 沉降问题：使地基处理的沉降在加载预压期间大部分或基本完成，使建筑物在使用期间不致发生不利的沉降和沉降差。

(2) 稳定问题：提高地基土的抗剪强度，从而提高地基的承载力和稳定性。

场地面积较大且对沉降要求较高的建筑物，如机场跑道、高速公路、冷藏库等，常采用预压法处理地基。

依据地基处理的基本原理，预压法也称为排水固结法。当建筑物构筑在软黏土地基上时，我们常采用排水固结法处理地基。此法可使土体中的孔隙水得到排除，土体慢慢固结，达到减少沉降和提高承载力的目的。预压法是通过排水系统和加压系统两个系统来完成的。根据排水系统和加压系统的不同，排水固结法分为堆载顶压法、沙井堆载预压法、真空预压法、降低地下水位法和电渗法。

4.2 基本原理

4.2.1 预压法增加地基土密度原理

饱和软土地基在压力作用下，孔隙水缓慢排出，孔隙体积慢慢减小，地基土产生固

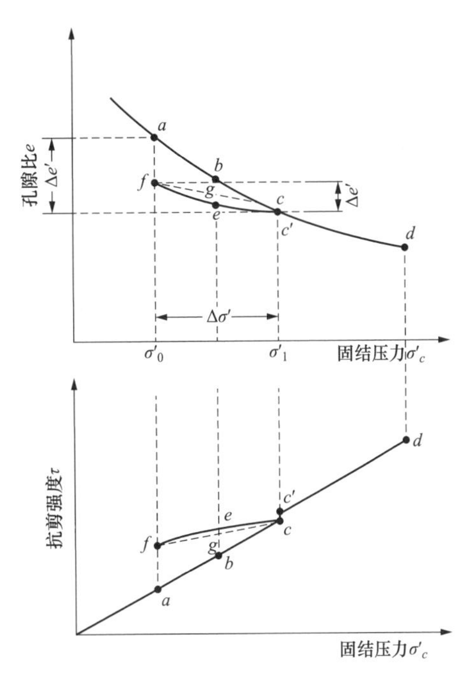

图 4-1 排水固结法增大地基土密度的原理

结变形，同时，随着超静孔隙水压力（以下简称为孔隙水压力或孔压）逐渐消散，有效应力逐渐增大，地基土的强度逐渐提高。现以图 4-1 作一说明。当土样的天然固结压力为 σ_0'时，其孔隙比为 e_0，在 $e\sim\sigma_c'$曲线中相应的点为 a 点，当压力增加 $\Delta\sigma'$，固结终了时，变为 c 点，孔隙比减小 Δe，曲线 abc 称为压缩曲线。与此同时，抗剪强度与固结压力成比例地由 a 点提高到 c 点。如从 c 点卸除压力 $\Delta\sigma'$，则土样发生变形回弹，图中为 cef 卸载回弹曲线（或膨胀曲线），如从 f 点再加压 $\Delta\sigma'$，土样发生再压缩，沿虚线变化到 c'点，其相应的强度包线如图 4-1 所示。再压缩曲线可清楚地看出，固结压力σ_0'同样增加 $\Delta\sigma'$，孔隙比减小值为 $\Delta e'$，$\Delta e'$比 Δe 小得多。这说明，如果在建筑场地预先加一个和上部结构物相同的压力进行预压，使土层固结（相当于压缩曲线上从 a 点变化到 c 点），然后卸除压力（相当于在回弹曲线上由 c 点变化到 a 点），再建造建筑物（相当于再压缩曲线上从 f 点变化到 c'点），这样，建筑物所引起的沉降即可大大减小。

4.2.2 预压法排水固结原理

受压地基土层排水固结的效果与其排水边界条件密切相关。如图 4-2 所示的排水边界条件，即地基土层厚度相对荷载宽度（或直径）来说比较小，这时土层中的孔隙水向上下面透水层排出而使土层发生固结，这称为竖向排水固结。根据固结理论，黏性土固

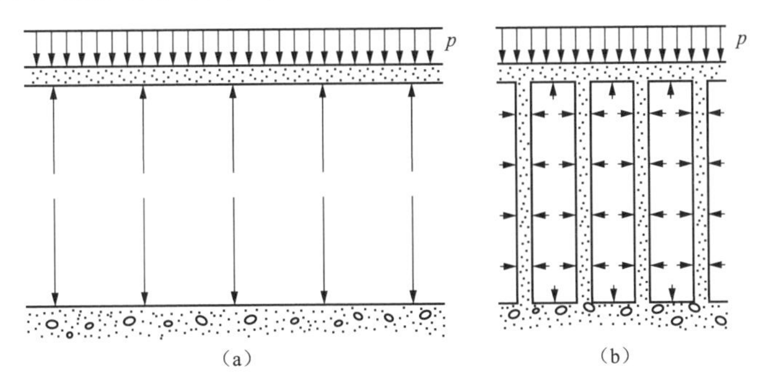

图 4-2 排水法原理

(a) 竖向排水情况；(b) 砂井地基排水情况

结所需的时间和排水距离的平方成正比，也即土层越厚，固结延续的时间越长。为了加速土层的固结，最有效的方法是增加土层的排水途径，在地基土层中设置砂井、塑料排水板等竖向排水体，大大缩短排水距离。这时土层中的孔隙水主要从水平向的砂井或塑料排水板排出，少部分从竖向排出。竖向排水体缩短了排水距离，因而大大加速了地基的固结速率（或沉降速率），这一点无论从理论上还是工程上都得到了证实。

在荷载作用下，土层的固结过程就是孔隙水压力消散和有效应力增加的过程。假设地基土内某点的总应力为σ，有效应力为，孔隙水压力为u，则三者有以下关系：

$$\sigma' = \sigma - u \tag{4-1}$$

用填土等外加荷载对地基进行预压处理地基的方法，就是通过增加总应力σ（即增加孔隙水压力u），并使孔隙水压力u消散来排出地基土中的孔隙水，由此最后增加地基土的有效应力σ'，从而达到预先减小土层的压缩性和提高土层的抗剪强度的方法。降低地下水位法和电渗排水法则是在总应力不变的情况下，通过减小孔隙水压力来排出地基土中的孔隙水，从而增加有效应力的方法。真空预压法是通过覆盖于地面的密封膜下抽真空使膜内外形成气压差，使黏土层产生固结压力。由此可见，预压法实质上就是预先对地基土预先施加荷载压力或减小孔隙水压力而达到处理地基的方法。即是在建筑物建造以前，在建筑场地进行加载预压，使地基的固结沉降基本完成和提高地基土强度的方法。

真空预压法、降低地下水位法和电渗排水法由于不会增加剪应力，地基不会产生剪切破坏，所以更能适用于很软弱的黏性土地基。真空预压法具有许多一般软基加固法所没有的特点。首先，它是利用大气压作为固结荷载来加压的，这样就省去了许多堆载的材料；其次，这种荷载可以很快加上去，而且不会引起土体失稳的问题。因此，它往往比较经济和快捷。据统计，一般情况下，可以缩短工期好几个月，造价可以省30%左右。

4.3　设计方法

在设计与计算之前，应进行详细的场地岩土工程勘察和土工试验，以取得必要的设计资料，以下的项目资料应特别加以重视。

（1）土层条件。通过适量的钻孔绘制地基土层剖面，采取足够数量的试样确定土层的类型和厚度、土的成层程度、土的透水性及透水层的埋藏条件、地下水位的埋深。

（2）固结试验结果。固结压力与孔隙比的关系（$e-p$及$e-\lg p$关系曲线），固结系数。

（3）地基土的抗剪强度及其沿深度的变化。

(4) 砂井及砂垫层所用砂料的粒度分布、含泥量等。

下面以真空预压法为例，真空预压法软基处理的基本原理是通过安装一定的抽真空设备和利用一定的密封材料在加固区土体范围内形成一个负压水头，同时加载增加了土体内部孔隙水力，使影响土体工程性质的气、液相体沿着最佳设计路径尽快排出，从而达到加固土体的目的（可简称为内压外吸法）。

当真空泵工作时，在砂垫层中可以获得 70kPa 至 90kPa 的真空度，同时膜下的软土中水压力也逐渐地降低，其降低的值

$$\Delta P = P_a - P_n \tag{4-2}$$

式中，P_a 为大气压；P_n 为膜下压力；ΔP 称为真空压力或地面压差。

在真空的作用下软弱土中的孔隙水压力逐渐降低，亦即在软弱土中产生负的孔隙水压力。这种负孔隙水压力值随土层深度的增加有逐渐减小趋势，从而形成了压力梯度，导致土中水的排出，土的含水量降低，土层产生固结，但不同深度处的沉降量通常会随深度增大而逐渐减小。

在真空预压中，最大的可能地面压差一般在 80kPa 左右，最大也不会超过 100kPa，因此若对于处理要求较高的软基，应结合其他地基处理方法联合运用，最常用的联合堆载预压法。

(1) 真空预压荷载量确定。当采用真空预压时，荷载不需要分级，可一次加足预压荷载。根据工程实践经验，真空预压所能达到的真空压力（真空膜内外的压力差）一般可达 0.09MPa 以上。

(2) 抽真空系统设计。真空预压要分区进行，每分区面积视加固面积大小而定，一般为 10000～50000m^2，国内最大可达 100000m^2。

抽真空系统由以下几部分组成：铺于排水砂垫层中间的抽真空滤管、干管、管路出膜器、止回阀、射流式抽真空泵（包括离心式水泵）、密封薄膜、黏土密封沟，每一台（套）射流式抽真空泵系统可处理 1000～1500m^2，每分区可设若干台（套）射流式抽真空泵系统。

抽真空滤管通常用 3in（7.6cm）钢管或塑料管制成，管上开许多小孔，外绕细钢丝包无纺布滤膜，铺于排水砂垫层中间，并与 4in（10.2cm）的干管相连，通过管路出膜器与密封膜外的抽真空管路连接到射流真空泵上。

对真空预压法排水系统中吸水主、支滤管的平面布置要认真考虑，原则上要求均匀。滤管的间距视软基处理深度可在 4～8m 范围内选择，深度较大时取较小值。以往工程实践表明，吸水滤管采用单泵羽状的布置方式较难保证加固区内不同地段膜下真空度的均匀性，造成加固区内不同地段固结程度不一，工后沉降不均匀，不宜采用。联泵型

的布置方式不仅能保证膜下真空度的均一性，而且可以降低工程造价。饱和淤泥黏土地层中存在透水性（$K \geqslant 1 \times 10^{-5}$cm/S）夹层或地表存在较厚（≥3m）的透水层时，设计中应该采取密封措施。

4.4　工程实例

4.4.1　工程概况

泰州某2×1000MW电厂位于江苏省泰州市，属于长江三角洲冲积平原的河漫滩地，地形平坦，地貌单一，地面标高约2.5m。

本工程煤场距长江老大堤约100m，煤场浅部地层为饱和软黏性土，主要为淤泥质土，土层抗剪强度低、压缩性高。根据设计要求，一期煤场的设计堆煤高度为12m，将对地基土产生约120kPa的附加应力，但土层的承载力仅60kPa，平均厚度达7m，在12m高煤载作用下会产生较大的沉降变形，造成底脚煤浪费，地基甚至会滑动破坏，使斗轮机、干煤棚基础产生变形，对桩基产生负摩擦力，影响煤场的正常运行，需对煤场进行地基处理。

4.4.2　工程地质条件

根据该项目的勘测报告，煤场区主要地层为：

①填土：黄色，主要为吹填砂，下部褐黄色～杂色，粉质黏土为主，软塑～可塑，含少量植物根茎，局部以砖块碎石为主，直径为3～8cm。层厚为0.40～5.40m，一般为1.77m。

$②_1$黏土：褐黄色～黄色，软塑～可塑，很湿，含少量铁锰质及贝壳，局部夹粉质黏土，表层约0.5m为耕植土，部分缺失。双桥静力触探锥尖阻力q_c为0.60MPa，侧壁阻力f_s为20.1kPa，标贯击数为3.4击。层厚为0.50～5.30m，一般为1.48m。

$②_2$粉质黏土与粉土互层：灰色，流塑～软塑，饱和，粉土为灰色，稍密，很湿，含云母，局部为粉土，夹粉砂，大部分缺失。双桥静力触探锥尖阻力q_c为0.87MPa，侧壁阻力f_s为15.7kPa，标贯击数为5.2击。层厚为0.70～9.10m，一般为2.97m。

③淤泥质粉质黏土：灰～黄灰色，流塑，饱和，局部夹粉质黏土、粉土及粉砂，呈千层饼状，局部缺失。双桥静力触探锥尖阻力q_c为0.42MPa，侧壁阻力f_s为9.0kPa，标贯击数为2击。层厚为1.00～12.50m，一般为7.00m。

$④_1$粉砂：灰色，松散，饱和，含云母及少量黏性土，大部分缺失。双桥静力触探

锥尖阻力 q_c 为 2.27MPa，侧壁阻力 f_s 为 21.4kPa，标贯击数为 7.6 击。层厚为 2.00～14.00m，一般为 5.27m。

④$_2$ 粉质黏土与粉土互层：灰色，软塑～流塑，很湿，粉土为灰色，稍密，很湿，含云母，局部夹粉砂，部分地方为粉质黏土夹粉砂或粉质黏土与粉砂互层，局部缺失。双桥静力触探锥尖阻力 q_c 为 1.97MPa，侧壁阻力 f_s 为 29.7kPa，标贯击数为 5.0 击。层厚为 1.10～17.10m，一般为 6.15m。

④$_3$ 粉土：灰色，稍密，很湿，含云母，局部夹粉质黏土及粉砂，大部分缺失。双桥静力触探锥尖阻力 q_c 为 3.45MPa，侧壁阻力 f_s 为 33.5kPa，标贯击数为 7.0 击。层厚为 0.90～14.40m，一般为 5.78m。

⑤粉砂：灰色，稍密～中密，局部上部为松散，饱和，含云母，夹粉质黏土薄层，局部为粉细砂。双桥静力触探锥尖阻力 q_c 为 5.04MPa，侧壁阻力 f_s 为 49.4kPa，标贯击数为 12.9 击。层厚为 1.10～22.90m，一般为 8.87m。

⑥$_1$ 粉质黏土：灰色，软塑～可塑，很湿，含少量云母及贝壳，含有机质，局部夹淤泥质粉质黏土、黏土、粉土及粉砂，局部缺失。双桥静力触探锥尖阻力 q_c 为 1.29MPa，侧壁阻力 f_s 为 27.6kPa，标贯击数为 8.2 击。层厚为 0.90～20.10m，一般为 8.89m。

⑥$_2$ 粉质黏土夹粉砂：灰色，软塑～可塑，很湿，粉砂为灰色，稍密～中密，饱和，大部分缺失。双桥静力触探锥尖阻力 q_c 为 3.05MPa，侧壁阻力 f_s 为 57.4kPa。层厚为 0.90～12.60m，一般为 4.99m。

⑥$_3$ 粉土：灰色，密实，湿，夹薄层粉砂，为一透镜体。层厚为 2.30～5.40m，一般为 3.70m。

4.4.3　预压法设计方案

本工程实际处理面积为 150m×140m，上部设置 400mm 厚的砂垫层，塑料排水板施插深度为 15m，间距为 1.1m，采用正三角形满堂布置。设计加载方式为抽真空达到 80kPa 后再堆载 60kPa，利用真空联合堆载预压，使土体中产生水压力差，从而使土体中的孔隙水通过塑料排水板排出地表而逐渐固结，可以逐步提高地基土的强度，减少工后沉降。

计划真空预压荷载为 80kPa，抽真空 7～10 天后开始堆载，堆土荷载为 60kPa，高度为 3.5m，总荷载约 140kPa，超载 16.7%，加荷速率小于 8kPa/天。真空联合堆载预压计划加载进度见图 4-3。

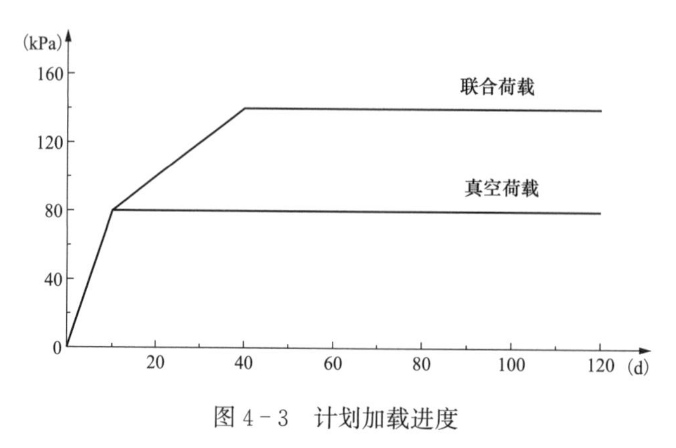

图 4-3　计划加载进度

4.4.4　施工流程

整个工程的施工工艺流程：

施工准备工作—测量定位放线—平整场地—打塑料排水板—埋设监测仪器—回填中粗砂—布置真空管—场地摊平—埋设仪器—开挖密封沟—铺土工布，真空膜—抽真空—堆载预压—监测—卸载—资料整理—竣工验收。

1. 施打排水板

2005 年 8 月 19 日人员设备开始进场并做相关准备工作，8 月 27 日正式开始施打排水板，排水板的施工严格按照 JTJ/T 256—1996《塑料排水板施工规程》的有关规定执行，开始只有一台履带式插板机施打排水板，后又增加两台振动式插板机，由于前期插板机数量不够，至 9 月 11 日才结束塑料排水板的施打工作，同时完成了部分监测设备元件的埋设工作。通过现场跟踪测量，在打板阶段，加固场地平均沉降 117mm。采用标准型塑料排水板：B 型，塑料排水板采用新材料制成的芯板，塑料带的纵向通水量不小于 $25cm^3/s$；滤膜的渗透系数不小于 $5\times10^{-4}cm/s$；复合体的抗拉强度不小于 1.3kN/10cm；滤膜的抗拉强度，干态时不小于 25N/cm，湿态时不小于 20N/cm（插入土中较短时用小值，较大时用大值）。根据塑料排水板检测报告可知所用塑料排水板各项指标均符合设计要求，所采用塑料排水板设计指标和检测指标对比情况见表 4-1。

表 4-1　　采用塑料排水板设计指标和检测指标对比表

塑料排水板指标项目	设计指标	检测指标
纵向通水量	不小于 $25cm^3/s$	$34cm^3/s$
滤膜的渗透系数	不小于 $5\times10^{-4}cm/s$	$5\times10^{-3}cm/s$
复合体的抗拉强度	不小于 1.3kN/10cm	2.2kN/10cm
滤膜的抗拉强度（干态）	不小于 25N/cm	35N/cm
滤膜的抗拉强度（湿态）	不小于 20N/cm	30N/cm

2. 铺设砂垫层

砂垫层铺设工作自 9 月 14 日陆续展开，膜下砂垫层为 40cm 中粗砂，用推土机按一定方向摊铺，然后人工修整作业面，并用轻型推土机压实，使砂垫层平整度、铺筑厚度、密实度均达到要求。由于受外部因素影响，且供砂不稳定，于 10 月 3 日才完成中粗砂的铺设工作，直接导致工期延误半个月左右，至此同步完成了全部监测设备元件的埋设工作，并取得相应初值。通过现场跟踪测量，铺设砂垫层阶段，加固场地平均沉降 53mm。

3. 埋设真空管

抽真空水平向分布滤管采用 PVC 塑料管，主管壁厚大于 2.3mm，支滤管厚大于 2mm，以适应地基的变化差，且能承受足够的径向压力而不出现径向变形，滤管外包土工布滤膜渗透系数与排水垫层的渗透系数相当，滤水管埋在砂垫层中部，埋入砂垫层中厚大于 100～200mm。

10 月 5 日开始埋设真空管，10 月 7 日埋设结束。

4. 开挖密封沟

密封沟布置在加固区的周围，在真空预压施工中它主要起周边密封的作用，密封沟采用人工配合挖土机开挖，将膜体四周沿密封沟内壁埋入密封沟底泥内，密封沟深度均在 1.5m 以上，密封沟内用黏土回填，并在沟内覆水，以确保膜周边的密封。10 月 6 日开始开挖密封沟，10 月 9 日结束。

5. 铺设土工布、真空膜

10 月 6 日开始铺设第一层土工布，10 月 7 日铺设完毕；10 月 7 日开始铺设真空膜，10 月 9 日铺设完毕。密封膜采用密封性好，抗老化能力强，韧性好，抗穿刺能力强的专用土工膜，密封膜采用两层，按先后顺序铺设，铺好一层后，及时粘补膜面破损部位，确保膜面密封。

6. 抽真空及注射黏土浆

10 月 10 日开始试抽真空，在抽真空过程前期，由于密封沟局部较大范围存在沟、塘，其中的回填砂厚度较厚（最大厚度达 4～5m），导致密封效果欠佳，真空度上升至 50kPa 后就停滞不前。后根据 10 月 15 日专家协调会，采用高压注射黏土浆的处理方式对密封沟进行密封处理，泥浆原材料为优质黏土掺拌水泥、陶土，其中水、黏土、水泥与陶土之间的重量比为 2∶1∶0.1∶0.1，采用连续（间距约 10cm）注浆工艺，注浆压力为 320kPa，枪头直径 150mm，注浆深度到达黏土层顶部 30～50cm 左右，枪头到达黏土层后四周摇晃以增加处理半径，枪头提升速度控制在 0.3m/min 左右。注浆成槽后马上组织人员将真空膜垂直插入沟槽当中，并用泥浆覆盖密封。在一次注浆后又在密封沟靠外面一侧进行二次注浆，从而在密封沟处形成两道黏土密封墙作为止水帷幕，密封墙渗透系数≤10^{-6}cm/s，后经实践证明效果比较理想。在注浆的同时将真空泵数量由原来的18台增加至36台，每个主真空管连接一套水气分离系统，该系统有一台擅长抽水的射流泵和一台擅长抽气的水环泵组成，有效地解决了因出水量大而抽真空效果不理想的问题，10月28日膜下真空度达到70kPa，11月14日膜下真空度达到设计要求80kPa，此后至2006年1月23日真空度一直稳定在80kPa左右。后根据2006年1月23日中间成果验收评审会议精神，于2006年1月23日停止抽真空。

7. 土方堆载

2005年10月22日正式开始堆土，并于11月25日基本结束土方堆载，由于场地土源丰富，实际堆土高度约4m，即堆土荷载达到70kPa，总荷载达到150kPa，超载25%。整个场地土方堆载高度差异很小，堆土荷载在整个处理区域分布比较均匀。

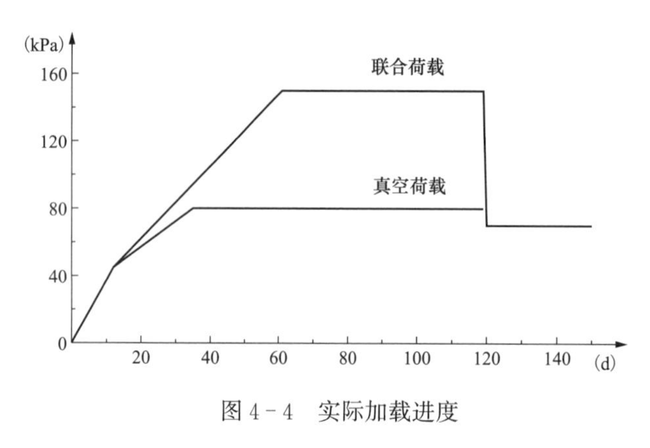

图4-4　实际加载进度

真空联合堆载预压实际加载情况见图4-4。

实际加载进程与处理方案要求差异较大，但延长预压期限后，经过现场监测、勘察和原位试验，地基土平均固结度超过了85%，地基土加固效果达到了预期目标。

4.4.5　施工过程监测

1. 分层沉降观测

根据处理区域边缘的分层沉降观测结果，压缩主要集中在7.5～15m之间的③淤泥质粉质黏土，达到117.8mm；而2.5～7.5m以及15～19m之间土层也有较大压缩量，分别为72.2mm和66.23mm；19m以下土层压缩量则很小，仅为14.87mm，在塑料排水板施打深度15m以下土体仍然有一定的压缩量，说明预压加固影响深度较深。

2006年1月23日停抽真空前，分层沉降曲线逐渐平缓，各层土压缩变形速率趋于稳定，直至结束监测工作前，分层压缩都十分稳定。

2. 地面边桩位移

各边桩在抽真空初期位移变化幅度较大，仅在抽真空初期有部分边桩发生向外侧的挤出位移，此后各边桩都是向处理区域内侧位移，随后呈收敛趋势变化；随着土方逐渐堆载，各边桩则表现为相对前次量测向处理区域外侧位移，但累计位移始终还是向处理区域内侧的。堆载结束后各点累计位移比较稳定，向内侧位移速度变慢，逐渐趋于稳定。停止抽真空后所有边桩均发生相对前次观测向外侧的侧向位移，但整体幅度不大，最大不超过 5mm，可见经过真空联合堆载预压后，深层土体侧向位移已经趋于稳定，直至结束监测工作前，各边桩的侧向位移均已十分稳定。

3. 地面沉降标

地表沉降是固结程度、加固效果和地基强度的重要判别依据。在抽真空及堆载初期曲线较陡，地表沉降速率较大，最大为 54mm/d，而最后趋于平缓，随时间的延长，沉降速率逐渐变缓，说明土体主固结变化速率是一个渐变收敛的过程。沉降标最后 10 天一般沉降仅 2～3mm，最大一个点沉降为 7mm，沉降速率均很小，平均小于 1mm/d，沉降已经基本稳定，具备停抽真空条件。

西侧两个沉降标所测得的最终沉降量比东侧及中部的沉降标沉降量明显偏低，出现这个现象主要是因为西侧堆土时间比较迟，在真空预压阶段土体已经得到了较好的加固，产生了一定的固结，故最终沉降量必然没有先堆载的东侧和中部大。

4.4.6　加固效果分析

本次加固采用真空联合堆载预压方法进行，加固作用机理比较复杂，设计提出的加固要求是平均固结度达到 85%，判定场地土加固效果主要是判定地基土物理力学性质指标的变化、地基土强度的增长和场地土层达到的固结度三方面。

（1）加固前后土层物理、力学性质对比。为检验地基土加固处理效果，在处理区域分别布置了 6 个对比钻探孔，并对所取土样进行室内土工试验，以对比地基处理前后地基土物理、力学性质变化情况。土工试验结果表明，加固后干煤棚地基土的物理力学性质均有较大程度的提高，其中②$_2$ 号土含水量从 35.0%下降到 31.3%，孔隙比从 0.990 下降到 0.883；③号土含水量从 36.6%下降到 32.1%，孔隙比从 1.029 下降到 0.864；④$_1$ 号土含水量从 29.6%下降到 22.2%，孔隙比从 0.841 下降到 0.64。主要物理力学指标对比情况见表 4－2。

表 4－2　　处理前后地基土物理力学指标对比表

土层状态		含水量 W (%)	重度 γ (kN/m^3)	孔隙比 e	液性指数 I_L	压缩模量 $E_{s_{0.1-0.2}}$ (MPa)	压缩系数 $a_{v_{0.1-0.2}}$ (MPa^{-1})	直接剪切试验 凝聚力 C_u	直接剪切试验 摩擦角 Φ_u
②$_2$ 粉质黏土与粉土互层	加固前	35.0	18.4	0.990	1.21	5.0	0.497	1.0	28.2
	加固后	31.3	18.9	0.883	1.12	7.54	0.30	7.2	30.2
③淤泥质粉质黏土	加固前	36.6	18.3	1.029	1.34	3.9	0.570	5.9	21.9
	加固后	32.1	18.7	0.864	1.08	5.8	0.467	8.9	25.6

续表

土层状态		含水量 W (%)	重度 γ (kN/m^3)	孔隙比 e	液性指数 I_L	压缩模量 $E_{s_{0.1-0.2}}$ (MPa)	压缩系数 $a_{v_{0.1-0.2}}$ (MPa^{-1})	直接剪切试验	
								凝聚力 C_u	摩擦角 Φ_u
④$_1$ 粉砂	加固前	29.6	19.0	0.841		11.2	0.174		
	加固后	22.2	20.0	0.64		17.24	0.092		

（2）加固后地基土的强度增长情况。为检验地基土加固处理效果，在处理区域分别布置了静探及十字板剪切试验，以对比地基处理前后地基土强度增长情况。静探及十字板剪切试验结果显示，浅层土土体强度增长比深层明显，特别是②$_2$ 号土及③号土层强度增长较大。其中②$_2$ 号土静探试验的锥尖阻力平均提高达到 256%，侧壁摩阻力平均提高达到 193%，地基承载力标准值也从原来的 80kPa 提高到 140kPa；③号土静探试验的锥尖阻力平均提高达到 206.4%，侧壁摩阻力平均提高达到 196.2%，十字板抗剪强度平均提高达到 143.7%，地基承载力标准值也从原来的 65kPa 提高到 130kPa；④$_1$ 号土的锥尖阻力和侧壁摩阻力也均有不同程度的提高。静探、十字板试验数据对比情况见表 4-3 和表 4-4，地基土承载力对比情况见表 4-5。

表 4-3　　处理前后地基土静力触探原位试验对比表

试验编号	②$_2$ 粉质黏土与粉土互层					③淤泥质粉质黏土				
	加载预压前		加载预压后		强度增加率	加载预压前		加载预压后		强度增加率
	q_c (MPa)	f_s (kPa)	q_c (MPa)	f_s (kPa)	%	q_c (MPa)	f_s (kPa)	q_c (MPa)	f_s (kPa)	%
J1	0.77	16.26	—	—	314.3 /235.3	0.52	13.80	—	—	192.3 /194.9
J1′	—	—	3.19	54.52		—	—	1.52	40.69	
J2	0.62	16.93	—	—	269.4 /207.4	0.59	12.51	—	—	178.0 /198.5
J2′	—	—	2.29	52.05		—	—	1.64	37.34	
J3	0.84	17.11	—	—	184.5 /136.4	0.41	10.43	—	—	248.8 /195.1
J3′	—	—	2.39	40.44				1.43	30.78	

表 4-4　　③淤泥质粉质黏土处理前后地基土十字板原位试验对比表

十字板原位测试		
加载预压前	加载预压后	强度增加率
C_u (kPa)	C_u' (kPa)	%
15.1	36.8	143.7

表 4-5　　地基土处理前后承载力对比表

地基土承载力（kPa）			强度增加率 %
土层编号	加载预压前	加载预压后	
②$_2$	80	140	75
③	65	130	100

以③号土层为例计算地基土抗剪强度增长值，一般计算强度增长常用公式为式(4-3)：

$$\tau_t = \eta(\tau_0 + \Delta\tau_c) = \eta(\tau_0 + KU_t\Delta\sigma_1) \tag{4-3}$$

式中：τ_t——地基中某一时间的抗剪强度；

τ_0——地基土原抗剪强度，取十字板强度 15.1kPa；

η——考虑剪切变形及其他因素对强度影响的综合性折减系数，一般 $\eta=0.75\sim0.90$，本处取 0.75；

$\Delta\tau_c$——由于固结而增长的抗剪强度增量；

K——摩擦角函数，$K=(\sin\varphi'\cdot\cos\varphi')/(1+\sin\varphi')$，$\varphi'$为有效摩擦角，取 24°；

U_t——地基平均固结度，本处按 90.9%计算；

$\Delta\sigma_1$——荷载引起地基中某一点的最大主应力增量，本处的③号土层平均附加应力为 149kPa。

计算结果表明，目前地基土固结度按 90.9%考虑，③号土层十字板抗剪强度为 38.8kPa，加固预压结束后原位测试结果表明，实测十字板抗剪强度为 36.8kPa，比加固前的 15.1kPa 提高了 143.7%，理论计算强度增长与实测结果比较接近。

地基加固前该土层不排水抗剪强度仅为 15.1kPa，加固后强度达到 36.8kPa，可见干煤棚采用塑料排水板加固后地基土强度提高十分明显。

利用地基土目前抗剪强度可计算加固后地基土容许堆煤高度，对长条形基础，根据 Fellenius 公式估算地基土容许荷载 P。

$$P = \frac{1}{K} \cdot 5.52 \cdot C_u \tag{4-4}$$

式中：K——安全系数，一般采用 1.1～1.5，本处采用 1.4；

C_u——地基土的不排水抗剪强度（kPa），本处取加固后③号土层综合不排水抗剪强度 36.8kPa。

经计算，地基容许荷载为 145kPa，故地基土加固后容许堆煤高度为 14.5m，建议堆煤高度 12m。

第五章
CFG 桩法

5.1 概述

CFG（Cement Flyash Gravel pile），意即水泥粉煤灰碎石桩，由碎石、石屑、砂、粉煤灰掺适量水泥加水拌合，用各种成桩机械制成的可变强度桩，简称 CFG 桩，桩体强度等级为 C5～C25。

适用工程：CFG 桩适用于厂地软弱层厚度较均匀、层底平缓（坡度<5%），无液化土层，建筑平面较规则，非室点设防的工程。

适用的基础形式：就其上部的基础形式来看，CFG 复合地基适用于以承受竖向荷载为主的条形基础（有地梁）、独立基础、筏形基础、箱形基础等。

适用的土质：就其处理的地基土本身而言，CFG 桩复合地基适用于处理黏性土、粉土、砂土、人工填土、淤泥质土及非自重湿陷性黄土地基。可以用来挤密效果好的土，也可以用来挤密效果差的土。

5.2 基本原理

CFG 桩复合地基由桩、桩间土及褥垫层构成。简言之，褥垫层将上部基础传来的基底压力（或水平力）通过适当的变形以一定的比例分配给桩及桩间土，使二者共同受力。同时土由于桩的挤密作用（指用沉管方法成桩时）而提高了承载力，而桩又由于其周围土的侧应力的增加而改善了受力性能，二者共同工作，形成了一个复合地基的受力整体，共同承担上部基础传来的荷载。下面，详细论述各构成要素的主要作用。

5.2.1 褥垫层作用

(1) 保证桩与土共同承担荷载。在 CFG 桩复合地基中，基础通过一定厚度的褥垫层与桩和桩间土相联系。CFG 桩复合地基工作原理如图 5 - 1 所示。基础传来的荷载，先传给褥垫层，通过褥垫层传给桩与桩间土。若基础与桩之间不设褥垫层，当桩端落在坚硬土层上时（端承桩），基础承受荷载后，桩顶沉降变形很小，绝大部分荷载由桩承担，桩间土承载力很难发挥。当桩端落在一般黏土层上时（摩擦桩），基础承受荷载后，开始时绝大部分荷载仍由桩承担。随着时间的增加，荷载逐渐向土体转移。基础和桩之间设置了一定厚度的褥垫层后，在上部荷载作用下，桩间土的抗压刚度远小于桩的抗压刚度，桩顶出现应力集中，由于级配砂石组成的褥垫层在受压时具有塑性，当桩顶压应力超过褥垫层的局部抗压强度时，褥垫层局部（与桩接触部分）会产生压缩量 Δ，基础和褥垫层整体也会产生向下的位移 Δ，压缩桩间土。桩间土承载力开始发挥作用，并产生沉降，直至应力平衡。可见，设置褥垫层后，可以保证基础始终通过褥垫层的塑性调节作用把一部分荷载传到桩间土上，从而达到桩土共同承担荷载的目的。

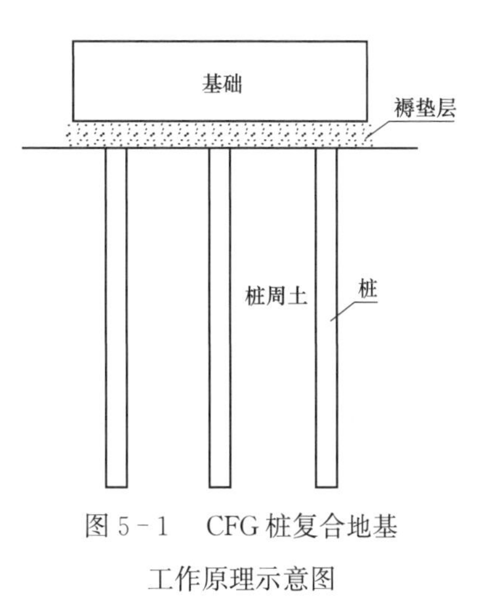

图 5－1　CFG 桩复合地基工作原理示意图

（2）调整桩与桩间土之间竖向荷载及水平荷载的分担比例。

1）调整竖向荷载在桩与桩间土之间的分配比例。

若其他条件不变，当增加褥垫层的厚度时，根据前述原理，在桩顶应力不变的情况下，可以使褥垫层与桩顶接触的局部产生更大的压缩，基础和褥垫层整体向下的位移量 Δ 会加大，桩间土压缩量便会加大，从而提高了桩间土的竖向荷载分担比例。反之，减小褥垫层的厚度时，会提高桩的竖向荷载分担比例。

2）调整水平荷载在桩与土之间的分担比例。

当褥垫层厚 $H=0$ 时，水平传力方式为接触传力，基底水平荷载几乎全部由桩承担；而当褥垫层厚度 $H>0$ 时，水平传力方式改为摩擦传力，且有极限状态时。

设计时应适当调整垫层厚度，以控制 CFG 桩（包括素混凝土桩）承担的水平荷载，以保证无筋桩在水平荷载作用下的安全工作。

（3）减少基础底面的应力集中。

当褥垫层厚度 $H=0$ 时，桩对基础底板的应力集中很显著。基础设计时需考虑桩对基础底板冲切破坏。随着 H 的增加，这种应力集中越来越不明显，当 H 增大到一定程度，基底反力即为天然地基的反力分布。

5.2.2　桩的作用

（1）承担基础传来的竖向、水平荷载。

试验研究表明，在 CFG 桩复合地基中，只要保证桩身材料有一定的强度（设计时需验算），不配筋的 CFG 桩（包括水泥粉煤灰碎石桩和素混凝土桩，下同）仍能完全发挥其竖向承载能力。另外，桩土间设置了一定厚度的褥垫层后，使桩间土承担了一部分水平荷载，减小了桩承担的水平荷载。对于一般以承受竖向荷载为主的基础，CFG 桩在水平荷载作用下完全可以安全工作。

（2）对地基土产生一定的挤密作用。

CFG 桩一般采用振动沉管成孔，由于桩管振动和侧向挤压作用使桩间土孔隙比减小，降低了压缩性。这一方面可以提高桩间土的承载力，另一方面，当桩间土为软土或湿陷性黄土时，可以达到改善软土性能及消除一定湿陷性的目的。

（3）在处理饱和土时，桩体有排水作用。

在处理饱和粉土、砂土时，CFG 桩本身即可通过挤压排出饱和土中的部分水。在处理饱和粉土时，可以将 CFG 与碎石桩联合应用，以碎石桩作为排水通道，将土中水排出，减少土的含水量。

5.2.3 桩间土的作用

（1）承担竖向、水平荷载。

（2）对桩体进行约束，以保证桩体能很好地工作。

5.3 设计方法

5.3.1 CFG 桩各参数确定

水泥粉煤灰碎石桩可只在基础范围内布置，桩径宜取 350～600mm。

桩距应根据设计要求的复合地基承载力、土性、施工工艺等确定，宜取 3～5 倍桩径。

桩顶和基础之间应设置褥垫层，褥垫层厚度宜取 150～300mm，当桩径大或桩距大时褥垫层厚度宜取高值。

褥垫层材料宜用中砂、粗砂、级配砂石或碎石等，最大粒径不宜大于 20mm。

5.3.2 估算 CFG 桩复合地基承载力

CFG 桩复合地基承载力的确定有如下要求：

（1）水泥粉煤灰碎石桩复合地基承载力特征值，应通过现场复合地基载荷试验确定，初步设计时也可按下式估算：

$$f_{spk}=m\frac{R_a}{A_p}+\beta(1-m)f_{sk} \tag{5-1}$$

式中，f_{spk} 为复合地基收载力特征值（kPa）；m 为面积置换率；R_a 为单桩竖向承载力特征值（kN）：A_p 为桩的截面积（m^2）；β 为桩间土承载力折减系数，宜按地区经验取值，如无经验时可取 0.75～0.95，天然地基承载力较高时取大值；f_{sk} 为处理后桩间土承载力特征值（kPa），宜按当地经验取值，如无经验时，可取天然地基承载力特征值。

（2）单桩竖向承载力特征值 R_a 的取值，应符合下列规定：

1）当采用单桩载荷试验时，应将单桩竖向极限承载力除以安全系数 2；

2）当无单桩载荷试验资料时，可按下式估算：

$$R_a=u_p\sum_{i=1}^{n}q_{si}l_i+q_pA_p \tag{5-2}$$

式中，u_p 为桩的周长（m）；n 为桩长范围内所划分的土层数；q_{si}、q_p 为桩周第 i 层土的侧阻力、桩端端阻力特征值（kPa），可按有关规定确定；l_i 为第 i 层土的厚度（m）。

（3）桩体试块抗压强度平均值应满足下式要求：

$$f_{cu}\geqslant 3\frac{R_a}{A_p} \tag{5-3}$$

式中，f_{cu} 为桩体混合料试块（边长 150mm 立方体）标准养护 28d 立方体抗压强度平均值（kPa）。

（4）按 CFG 桩复合地基估算承载力，估算基础底面积，进而初定桩的直径、桩长、桩间距、初根数。桩的直径一般为 300～400mm，桩长应贯穿基础主要受力层，对于条基，桩长应不小于 $3b$（b 为基础底面宽度），对于独立基础应不小于 $1.5b$，对于片筏基础应不小于 1.0～$2.0b$，且不小于 5m。桩间距不小于 $3d$（d 为桩径），不大于 $6d$。

5.3.3　验算地基持力层强度

初定桩的直径、桩长、桩间距、根数后，即可按下列公式计算复合地基强度

$$R_c=\frac{nR_k}{A}+\frac{R_sA_s}{A} \tag{5-4}$$

式中，R_c 为 CFG 桩复合地基承载力（kPa）；n 为基础下桩根数；R_k 为单桩承载力（kN）；R_s 为天然地基承载力（kPa），由地质勘察资料提供；A_s 为桩间土面积（m^2），由最外围桩中心线围成的面积；A 为基础面积（m^2）。

条件许可时，最好能通过荷载试验确定复合地基承载力，然后按规范：$P<f$ 和 $P_{max}<1.2f$ 验算持力层的强度。

如不满足，可增加桩的根数（即缩小桩阻），或加大桩长，再行验算，直至满足强度要求为止。

5.3.4 验算软弱下卧层强度

CFG 桩一般都不很长，不一定能穿透整个软弱层，载荷试验时的影响深度较小，它只能反映持力层土的承载力，而软弱下卧层的承载力仍需验算。

对于 CFG 桩复合地基，当荷载接近极限时，逐渐具有实体基础的变形特性，因而复合地基软弱下卧层的强度可按下列公式验算：

$$\frac{N+G-\left(\sum_{i=1}^{n}Uf_{i}/K\right)}{F}\leqslant R \tag{5-5}$$

式中，G 为实体基础自重（kN）；F 为实体基础底面积（m^2），注意：不是基础底面积，而是最外边桩外缘所围成的面积；U 为按土层分段的实体基础侧表面积（m^2）；f_i 为不同土层的极限摩擦力，可由地质勘察资料提供，对黏性土也可取 $q_u/2$，q_u 为土的无侧限抗压强度；R 为软弱下卧层承载力，考虑深度和宽度修正；K 为安全系数，一般取 3。

如强度不能满足，须增加桩长。对于片筏基础满足这一条件需要有一定的桩长（往往成为设计中的控制桩长），对于独立基础一般容易满足。

5.4 工程实例

5.4.1 工程概况

河南省驻马店某火电厂煤场封闭改造工程项目位于河南省驻马店市遂平县境内，项目主要包括三部分：干煤棚的封闭工程；卸煤沟的封闭工程；厂址东南侧抑尘网的建设。场地内基本已经场平，场平标高约 70.9m（1985 国家高程基准）。所有构筑物地基均采用 CFG 桩复合地基处理。

5.4.2 岩土工程条件

拟建场地地貌上处于伏牛山东南麓的山前缓倾斜冲洪积平原地带，地势开阔，地貌单一，地形较为平坦，呈极缓坡状起伏，总体地势西南高东北低，原始地面标高一般在 68.70～70.63m 间（采用 1985 年国家高程基准）。现因电厂的修建，基本已经场平。干

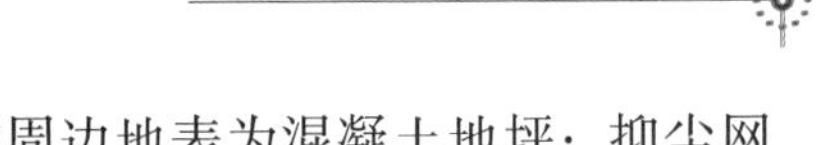

煤棚区域主要为人工素填土，地表为草坪；卸煤沟区域周边地表为混凝土地坪；抑尘网位于电厂围墙外侧，基本保持原始地貌。

根据勘探成果资料，场址区的地层自上而下为：

①层人工填土（Q_4^{ml}）：灰黄、杂色，主要为素填土，局部有少量碎石，煤矸石等。其中干煤棚区域地表为草坪，局部为煤堆；卸煤沟区域地表主要为混凝土路面，厚度40～50cm；抑尘网区域靠近围墙的部分地表多为杂填。

②层粉质黏土（Q_4^{al}）：灰黄、灰褐色，可塑，局部可塑偏硬，稍湿，含少量铁锰结核，切面有光泽，韧性一般，干强度较高，无摇振反应，场地区域内局部缺失。

②$_1$ 层粉质黏土（Q_4^{al}）：灰黄、青灰色，软塑，局部可塑偏软，很湿～湿，切面有光泽，韧性低，干强度较低，无摇振反应，场地区域内局部缺失。

③层粉质黏土（Q_4^{al}）：灰黄、灰褐色，可塑偏软～可塑状态，稍湿，含少量铁锰结核，切面有光泽，韧性一般，干强度较高，无摇振反应，局部有透镜体夹层，场地区域内均有分布。

③$_1$ 层粉质黏土（Q_4^{al}）：灰黄、灰褐色，软塑，局部可塑偏软，很湿～湿，切面有光泽，韧性低，干强度较低，无摇振反应，场地区域内局部分布。

④层黏土（Q_3^{al}）：灰黄色、黄褐色、棕黄色，稍湿，硬塑，含钙质结核（粒径1～4cm，局部富集），混铁锰质结核，有高岭土条带状富集，等级高，切面有光泽，韧性高，干强度高，无摇振反应，站址内均有分布。

⑤层黏土（Q_3^{al}）：灰黄色、黄褐色、棕黄色，稍湿，硬塑～坚硬状，含钙质结核（粒径1～4cm，局部富集），混铁锰质结核，有高岭土条带状富集，等级高，切面有光泽，韧性高，干强度高，无摇振反应，站址内均有分布。

⑥层层黏土（Q_3^{al}）：灰黄色、黄褐色、棕黄色，稍湿，可塑偏硬，局部硬塑～坚硬，含钙质结核（粒径1～4cm，局部富集），混铁锰质结核，有高岭土条带状富集，等级高，切面有光泽，韧性高，干强度高，无摇振反应，站址内均有分布。本次勘测未揭穿。

拟建场区地下水类型主要为上层滞水和孔隙潜水。上层滞水主要有大气降水、场地区域的绿植灌溉喷淋水，以及现场环卫洒水和管道渗漏水，水量不同区域差异较大，主要赋存与①层填土层，②层粉质黏土，②$_1$ 层粉质黏土中。孔隙潜水主要②$_1$ 层粉质黏土，③层粉质黏土，③$_1$ 层粉质黏土中。下层黏土为微透水地层，为相对不透水层。场地区域内综合水位埋深为3.9～5.8m，变幅约±1.0m。原始水力梯度呈西南高东北低，地下水自西南向东北方向径流 ，水力坡度0.6%左右，径流缓慢。

根据电厂施工图阶段地质报告，结合现场条件，并结合上部地基土为弱透水层的特性，判定地下水对混凝土结构具微腐蚀性，对钢筋混凝土中的钢筋具有微腐蚀性。

场地地层主要可分为填土，粉质黏土层和黏土层。填土层主要位于地表，其中干煤棚区域近地表主要为0.4～0.5m的混凝土路面层，其他区域填土以素填土为主；煤场区域局部区域有煤堆，最高煤厚可达5m。填土稳定性较差，不能作为地基土使用；基坑开挖，周边的堆载应先移除，防止堆载造成基坑坍塌。粉质黏土局部存在软弱层，其承载力较差。场地管线较多，部分管线与施工场地距离较近。对于地下管线，施工前宜先查明具体位置，建议不同部门对其所属管线进行指认，对于地上管线可通过加固隔离措施防止施工对其影响。场地位于生产中的电厂内部，有重型载货卡车往复，其震动及载荷对基坑影响较大，建议施工设置安全隔离区域。

根据GB 50011—2010《建筑抗震设计规范》和GB 18306—2015《中国地震动参数区划图》，拟选站址区所在地驻马店遂平县在Ⅱ类场地条件下的基本地震动峰值加速度为0.05g（相当于地震基本烈度Ⅵ度），基本地震动特征周期为0.35s。站址地形平坦，地势开阔，但局部存在软弱土，属建筑抗震一般地段。

场地地形平坦开阔，站址内的地基土主要为中软土，厚度为68m（大于50m），根据GB 50011—2010《建筑抗震设计规范》（2016年版）4.1.6条的规定，判定场地建筑场地类别为Ⅲ类。

各层土的主要物理力学指标推荐值见表5-1，CFG桩复合地基参数见表5-2。

表5-1　　各层土的主要物理力学指标推荐值

地层编号及名称	重力密度 γ (kN/m^3)	黏聚力 C (cq) (kPa)	摩擦角 ϕ (cq) (°)	压缩模量 $E_{s_{1-2}}$ (MPa)	承载力特征值 f_{ak} (kPa)
①填土	18.0	/	/	/	/
②粉质黏土	19.8	28	9.5	6.0	145
②$_1$ 粉质黏土	19.3	30	6.0	4.0	90
③粉质黏土	19.6	35	8.0	6.0	130
③$_1$ 粉质黏土	19.3	30	6.0	4.0	90
④黏土	20.0	50	12.0	11	200
⑤黏土	20.2	60	13.0	13	220
⑥黏土	20.0	45	12.5	10	190

表5-2　　CFG桩复合地基参数推荐表

地层编号及名称	复合地基（CFG桩）参数推荐值	
	CFG桩承载力侧阻力特征值 q_{si} (kPa)	CFG桩承载力端阻力特征值 q_p (kPa)
①填土	10	/
②粉质黏土	27	/
②$_1$ 粉质黏土	20	/

续表

地层编号及名称	复合地基（CFG桩）参数推荐值	
	CFG桩承载力侧阻力特征值 q_{si}（kPa）	CFG桩承载力端阻力特征值 q_p（kPa）
③粉质黏土	25	/
③$_1$ 粉质黏土	20	/
④黏土	45	500
⑤黏土	50	600
⑥黏土	40	600

5.4.3　CFG桩设计方案

卸煤沟封闭工程柱下基础地基处理，采用CFG桩复合地基处理工艺。CFG桩桩径400mm，桩间距1.5m，有效桩长约14.0m，桩端进入⑤层黏土不小于3m，采用长螺旋钻中心压灌注成桩。水泥标号不小于32.5级普通硅酸盐水泥，粉煤灰根据地区情况采用Ⅱ或Ⅲ级细灰，每方混合料中粉煤灰掺量可为70～90kg，坍落度控制在160～200mm。

桩顶和基础之间设置褥垫层，褥垫层厚度250mm，每边须超出基础边缘不小于350mm。采用材料为级配砂石，最大粒径不大于30mm。褥垫层铺设采用静力压实法，夯填度（夯实后的褥垫层厚度与虚铺厚度的比值）不得大于0.9。

成桩施工在钻至设计深度后，应准确掌握提拔钻杆时间，泵送量应与拔管速度相配合，不得停泵待料，不得先提钻后灌料。待检验完毕，根据检测报告所提供的数据，经设计院确认复合地基承载力能满足设计要求后，方可进行下一步施工。

冬期施工时，应采取措施避免混合料在初凝前受冻，保证混合料入孔温度大于5℃；其次加热砂和石混合料，但应避免混合料假凝无法正常泵送；泵送管路也应采用保温措施。待施工完清理保护土层和桩头后，应立即对桩间土和桩头采用草帘等保温材料进行覆盖，防止桩间土冻胀而造成桩体拉断。

本工程基坑开挖深度内存在地下水，应采取必要措施，以避免因基坑开挖、降低地下水位而影响周围临近建筑物、构筑物及地下设施等的正常使用和安全，确保施工安全及施工环境。

根据原热电厂所做原体试验施工和检测结果均表明，CFG桩部分桩身出现缩径，应采取相应的保证成桩质量的措施。施工时出现下部桩身连通、窜孔，建议桩施工时可采用隔排隔桩跳打方法，且在向孔内压送混凝土时，螺旋钻应慢速提升，避免螺旋钻与灌入的混凝土顶面之间形成过大的空隙，造成孔内负压。

复合地基承载力检验值须经设计单位确认后方可进行后续施工。

桩基施工、检测等要严格遵守JGJ 79—2012《建筑地基处理技术规范》、JGJ 94—2008《建筑桩基技术规范》、GB 5007—2011《建筑地基基础设计规范》、JGJ 106—2014

《建筑基桩检测技术规范》及有关的施工质量验收规范、规程。

本工程设计 CFG 总数为 1937 根，设计平面布置和详图示意见图 5－2 和图 5－3。

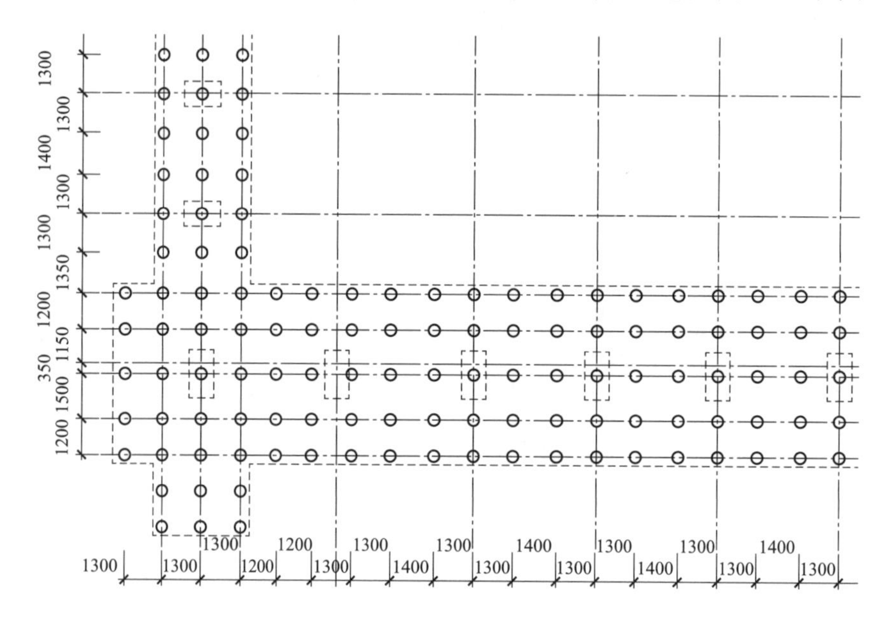

图 5－2　CFG 桩设计排布

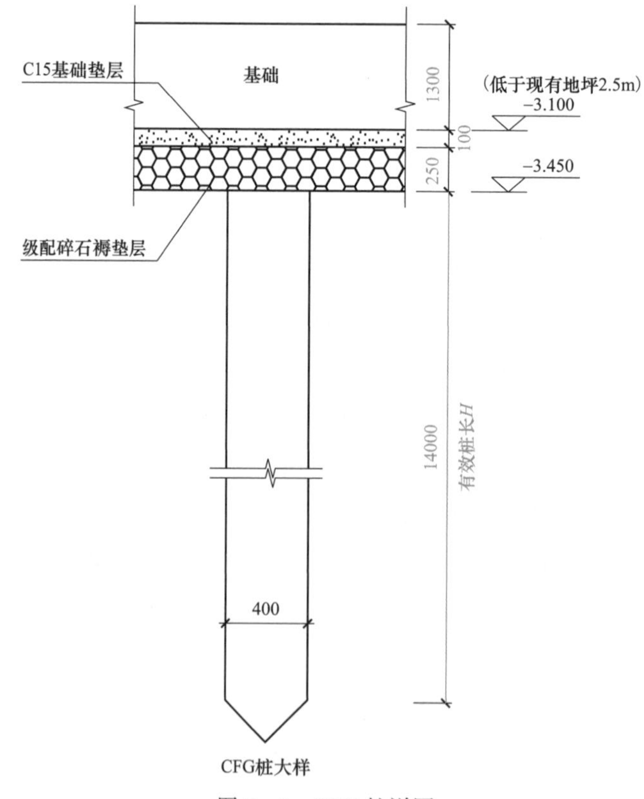

图 5－3　CFG 桩详图

5.4.4　地基处理检测

1. 低应变测试

本工程共施工 CFG 桩 1937 根，低应变法检测 289 根，检测比例为 14.92%。其中Ⅰ类桩 285，约占被检测桩总数的 98.62%，Ⅰ类桩桩身混凝土波速在 3050～3830m/s 之间，平均波速 3646m/s；Ⅱ类桩 4 根，约占 1.38%。

2. 单桩竖向抗压静载试验

本工程总施工桩数为 1937 根，随机抽检 10 根工程桩进行了单桩竖向抗压静载试验，检测比例为 0.51%。根据 JGJ 106—2014《建筑基桩检测技术规范》第 4.1.3 条，加载量不应小于设计要求的单桩承载力特征值的 2.0 倍。通过静载试验，单桩竖向抗压承载力均能满足设计要求。

3. 单桩复合地基竖向抗压静载试验

本工程施工工程桩 1937 根，随机抽检 10 根工程桩进行了单桩复合地基载荷试验，检测比例为 0.51%。单桩复合地基载荷试验的载荷板面积应与单桩实际处理的地基面积相等。该工程 CFG 桩主要采用正形布置，桩中心间距为 1300mm，单桩处理面积为 1.69m^2，本次载荷试验应使用边长为 1.3mm 的正方形压板，压板面积为：1.69m^2。采用堆载平台堆重物反力法。

通过静载试验，单桩复合地基承载力均能满足设计要求。

5.4.5　处理效果评价

本工程于 2019 年竣工投运，自投运以来，建筑物的沉降变形均为规范允许范围内，地基处理效果良好。

第六章

劲性复合桩法

6.1 概述

随着复合地基的快速发展，复合地基加固体的类型呈现多样化，出现了复合加固体，即同一加固体由不同材料、不同工艺完成，形成具有多功能的加固体。

劲性复合桩就是指散体桩、柔性桩、刚性桩经复合施工形成的具有互补增强作用的桩。在桩基工程实践中，单一桩型往往有一定的局限性。例如：砂石桩等散体材料桩对软弱地基处理后承载力提高幅度不大；水泥土类桩的桩身强度受土质、施工工艺影响较大；管桩在软土中单桩承载力较低等。自 20 世纪 90 年代至今，逐步发展了刚性桩、柔性桩及散体桩相互复合的桩型，并在工程中广泛应用。劲性复合桩作为一种复合加固体，已被工程实践证明在地基处理中具有很强的适用性。

6.2 基本原理

劲性复合桩适用于淤泥、淤泥质土、黏性土、粉土、砂土以及人工填土等地基，按芯桩与水泥土桩的长度关系劲性复合桩可分为短芯桩、等芯桩和长芯桩，其中短芯桩较为经济实用。

劲性复合管桩是一种近年来在水泥土桩的基础上发展而来的地基加固技术，主要工作原理是将原单一桩基改造为组合桩基，在水泥土搅拌桩成桩后规定时间内插入高强度预应力管桩，形成一种预应力混凝土芯桩与水泥土共同工作、承受荷载的新桩型。属于柔刚复合桩。劲性复合管桩能够结合水泥土搅拌桩及管桩的优点，可大幅度提高复合桩的承载能力，减小基础变形，控制沉降。

6.3 设计方法

6.3.1 劲性复合桩的构造要求

劲性复合桩根据桩体构造不同，可以分为 SM 桩、MC 桩和 SMC 桩等。S 桩为散体桩，桩身为碎石、砂、砖瓦碎块、钢渣、矿渣等散体材料，多采用振动沉管、锤击沉管、柱锤冲扩、振动水冲等方法成桩。M桩为半刚性桩，桩身多为水泥土，也可采用粉煤灰、石灰、化学浆液或混合料与土混合形成，多采用深层搅拌法成桩，也可采用高压旋喷、旋搅、注浆、夯实水泥土等方法成桩。C桩一般为混凝土灌注桩或预制桩等刚性桩。MC桩和SMC桩的构造简图详见图6-1和图6-2。

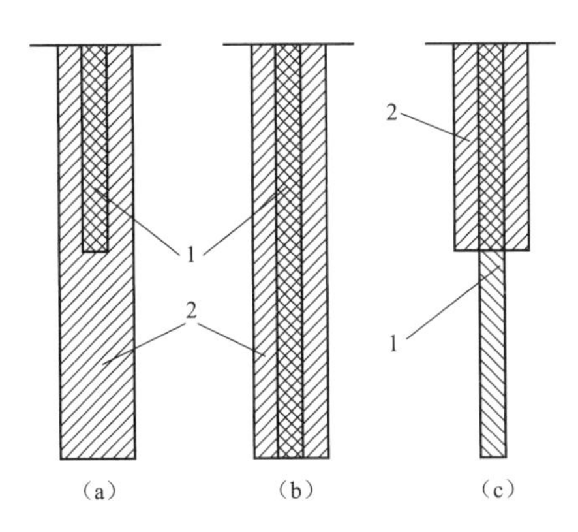

图6-1 MC桩构造（1-C桩，2-M桩）
（a）短芯MC桩；（b）等芯MC桩；（c）长芯MC桩

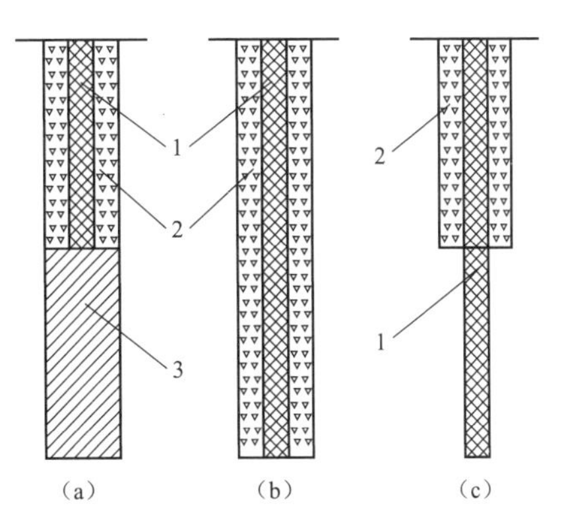

图6-2 SMC桩构造（1-C桩，2-SM桩，3-M桩）
（a）短芯MC桩；（b）等芯MC桩；（c）长芯MC桩

6.3.2 单桩承载力的设计计算

（1）根据JGJ/T 327—2014《劲性复合桩技术规程》中4.3.2～4.3.5条，劲性复合桩单桩竖向抗压承载力设计应符合下列规定：劲性复合桩单桩竖向抗压承载力特征值应根据单桩竖向抗压载荷试验确定；初步设计时，对散刚复合桩可按公式（6-1）和公式（6-2）估算，对柔刚复合桩和三元复合桩可按公式（6-1）～公式（6-4）估算并取其中的小值：

1）劲性复合桩桩侧破坏面位于内、外芯界面时基桩竖向抗压承载力特征值可按下列公式估算：

长芯桩：
$$R_a = u^c q_{sa}^c l_c + u^c \sum q_{sja}^c l_j + q_{pa}^c A_p^c \tag{6-1}$$

短芯桩和等芯桩：
$$R_a = u^c q_{sa}^c l_c + q_{pa}^c A_p^c \tag{6-2}$$

式中：R_a——劲性复合桩单桩竖向抗压承载力特征值（kN）。

u^c——劲性复合桩内芯桩身周长（m）。

l_c、l_j——分别为劲性复合桩复合段长度和非复合段在第j土层厚度（m）。

A_p^c——劲性复合桩内芯桩身截面积（m^2）。

q_{sa}^{c}——劲性复合桩复合段内芯侧阻力特征值（kPa），宜按地区经验取值。无地区经验时宜取室内相同配比水泥土试块在标准条件下 90d 龄期的立方体（边长 70.7mm）无侧限抗压强度的（0.04～0.08）倍，当内芯为预制混凝土类桩或外芯水泥土桩采用干法施工时宜取较高值。对散体复合桩可取 30～50kPa。

q_{sja}^{c}——劲性复合桩非复合段内芯第 j 土层侧阻力特征值（kPa），可按地区经验取值。也可根据内芯桩型按现行行业标准 JGJ 94—2008《建筑桩基技术规范》取值。

q_{pa}^{c}——劲性复合桩内芯桩端土的端阻力特征值（kPa），宜按地区经验取值。对长芯桩与等芯桩也可根据内芯桩型按现行行业标准《建筑桩基技术规范》JGJ 94 取值；对短芯散刚复合桩可取 1200～1500kPa，对短芯柔刚复合桩和短芯三元复合桩可取 2000～3000kPa。

2）劲性复合桩桩侧破坏面位于外芯和桩周土的界面时，基桩竖向抗压承载力特征值可按下列公式估算：

长芯桩：
$$R_a=u\sum\xi_{si}q_{sia}l_i+u^c\sum q_{sja}^{c}l_j+q_{pa}^{c}A_p^c \tag{6-3}$$

短芯桩和等芯桩：
$$R_a=u\sum\xi_{si}q_{sia}l_i+\alpha\xi_p q_{pa}A_p \tag{6-4}$$

式中：u——劲性复合桩复合段桩身周长（m）；

l_i——劲性复合桩复合段第 i 土层厚度（m）；

A_p——劲性复合桩内芯桩身截面积（m^2），对散刚复合桩应取刚性桩桩身截面积；对柔刚复合桩和三元复合桩，当刚性桩桩长大于柔性桩或散柔复合桩桩长时，应取刚性桩桩身截面积；

q_{sia}——劲性复合桩复合段外芯第 i 土层侧阻力特征值（kPa），宜按地区经验取值。无经验时，可按表 6－1 取值；

q_{pa}——劲性复合桩端阻力特征值（kPa），宜按地区经验取值。也可取桩端地基土未经修正的承载力特征值；

α——劲性复合桩桩端天然地基土承载力折减系数，对柔刚复合桩可取 0.70～0.90，对三元复合桩可取 0.80～1.00；

ξ_{si}、ξ_p——分别为劲性复合桩复合段外芯第 i 土层侧阻力调整系数、端阻力调整系数，宜按地区经验取值。无经验时，可按表 6－2 取值；非复合段侧阻力调整系数、端阻力调整系数均取 1.0。

3）散柔复合桩可按下列公式估算，并应取计算结果的小值：

$$R_a=u\sum\xi_{si}q_{sia}l_i+u\sum q_{sja}l_j+a\xi_p q_{pa}A_p \tag{6-5}$$

$$R_a = \eta f_{cu} A_p \tag{6-6}$$

式中：η——桩身强度折减系数，可取0.25～0.35；

f_{cu}——与散柔复合桩桩身材料配比相同的室内加固土边长为70.7mm或50.0mm的立方体试块，在标准养护条件下90d龄期的立方体抗压强度平均值（kPa）。

表6-1　劲性复合桩外芯侧阻力特征值 q_{sa}

土的名称	土的状态		侧阻力特征值 q_{sa} (kPa)
人工填土	稍密～中密		10～18
淤泥	/		6～9
淤泥质土	/		10～14
黏性土	流塑	$I_L>1$	12～19
	软塑	$0.75<I_L\leqslant 1$	19～25
	软可塑	$0.5<I_L\leqslant 0.75$	25～34
	硬可塑	$0.25<I_L\leqslant 0.5$	34～42
	硬塑	$0<I_L\leqslant 0.25$	42～48
	坚硬	$I_L\leqslant 0$	48～51
粉土	稍密	$0.9<e$	12～22
	中密	$0.75<e\leqslant 0.9$	22～32
	密实	$e\leqslant 0.75$	32～42
粉砂	稍密	$10<N\leqslant 15$	11～23
	中密	$15<N\leqslant 30$	23～32
	密实	$30<N$	32～43
细砂	稍密	$10<N\leqslant 15$	13～25
	中密	$15<N\leqslant 30$	25～34
	密实	$30<N$	34～45

表6-2　劲性复合桩复合段外芯侧阻力调整系数 ξ_{si}、端阻力调整系数 ξ_p

调整系数	土的类别				
	淤泥	黏性土	粉土	粉砂	细砂
ξ_{si}	1.30～1.60	1.50～1.80	1.50～1.90	1.70～2.10	1.80～2.30
ξ_p	/	2.00～2.20	2.00～2.40	2.30～2.70	2.50～2.90

4）在表6-1、表6-2中，当劲性复合桩外芯为干法搅拌桩时，取高值；外芯为湿法搅拌桩和旋喷桩时，取低值；内芯为预制桩时，取高值；内芯为现浇混凝土桩时，取低值；内外芯截面积比值大时，取高值；三元复合桩取高值。

（2）劲性复合桩用于抗拔桩时，应采用长芯或等芯复合桩。单桩竖向抗拔承载力特征值的确定应符合下列规定：劲性复合桩单桩竖向抗拔承载力特征值应根据单桩竖向抗拔载荷试验确定；初步设计时，可按式（6－7）～式（6－9）估算，并取其中的小值：

1）群桩呈非整体破坏，且破坏面位于内、外芯界面时，单桩竖向抗拔承载力特征值可按下式估算：

$$T_{ua}=u^c\lambda^c q_{sa}^c l^c+u^c\sum\lambda_j q_{sja}^c l_j \tag{6-7}$$

式中：T_{ua}——群桩呈非整体破坏时劲性复合桩单桩竖向抗拔承载力特征值（kN）；

λ^c——劲性复合桩复合段内芯抗拔系数，宜按地区经验取值。无地区经验时，可取0.70～0.90；

λ_j——非复合段内芯第j土层抗拔系数，宜按地区经验取值。无地区经验时可根据土的类别按表6－3取值。

2）群桩呈非整体破坏，且破坏面位于外芯和桩周土的界面时，单桩竖向抗拔承载力特征值可按下式估算：

$$T_{ua}=u\sum\lambda\xi_{si}q_{sia}l_i+u^c\sum\lambda_j q_{sja}l_j \tag{6-8}$$

式中：λ——劲性复合桩复合段外芯抗拔系数，宜按地区经验取值，无地区经验时可根据图的类别按表6－3取值。

3）群桩呈整体破坏时，单桩竖向抗拔承载力特征值可按下式估算：

$$T_{ga}=(U\sum\lambda\xi_{si}q_{sia}l_i+U^c\sum\lambda_j q_{sja}^c l_j)/n \tag{6-9}$$

式中：T_{ga}——群桩呈整体破坏时劲性复合桩单桩竖向抗拔承载力特征值（kN）；

U、U^c——分别为桩群复合段外芯外围周长h和桩群复合段内芯外围周长（m）；

n——群桩的桩数。

表6－3　　抗　拔　系　数

土的类别	λ_j	λ
砂土	0.50～0.70	0.60～0.80
黏性土、粉土	0.70～0.80	0.75～0.85

6.3.3　复合地基承载力的设计计算

根据JGJ/T 327—2014《劲性复合桩技术规程》中4.4.3条，劲性复合桩复合地基承载力特征值确定应符合下列规定：复合地基承载力特征值应根据单桩复合地基或多桩复合地基载荷试验确定；初步设计时，复合地基承载力特征值可按式（6－10）估算：

$$f_{spk}=\lambda m\frac{R_a}{A_p}+\beta(1-m)f_{sk} \tag{6-10}$$

式中：λ——单桩承载力发挥系数，应按地区经验取值，无经验时可取0.95～1.0；

m——面积置换率；

R_a——单桩竖向抗压承载力特征值（kN）；

A_p——桩的截面积（m^2）；

β——桩间土承载力发挥系数，应按地区经验取值，无经验时可取0.8～1.0；

f_{sk}——处理后桩间土承载力特征值（kPa），应按地区经验确定；无试验资料时可取天然地基承载力特征值。

6.4 工程实例

6.4.1 工程概况

安徽铜陵某110kV变电站位于铜陵市枞阳县，主要包括主变压器、配电装置室、电容器、GIS、二次设备室、进站道路等。场地现为水田，地面高程8.5～9.6m（1985国家高程基准）。站址场地设计标高11.10m（1985国家高程基准）。

根据设计要求，电容器基础、事故油池、室内设备基础等次要构筑物采用水泥搅拌桩法对地基进行处理；建筑物基础、构架基础、主变压器基础、GIS设备基础等重要建构筑物采用劲性复合桩（外芯为水泥搅拌桩，内芯为预制管桩劲性体）法对地基进行处理。

6.4.2 岩土工程条件

本工程站址区地貌单元属长江冲积平原，微地貌为平地，本次勘测期间，站址范围内地貌为农田，现荒弃，由于场地较低洼，勘测期间全场地均积水，积水深度0.1～0.3m。目前场地已经回填至9.2～9.8m。

本次在勘察深度范围内，主要揭露地层为淤泥质粉质黏土、粉质黏土夹粉土，按岩土工程特性自上至下分述：

①层淤泥质粉质黏土（Q_4^{al+l}）：灰黑色、深灰色，流塑～软塑，湿～饱和，局部分布薄层松散－稍密状态粉土透镜体，含少量铁锰结核，干强度、韧性低。

②层粉质黏土夹粉土（Q_4^{al+l}）：灰色、灰褐色，湿，以粉质黏土为主，粉土薄层间断分布。粉质黏土呈可塑偏软状态，局部可塑状态，粉土呈松散－稍密状态，干强度、韧性一般，局部夹淤泥质土。

场地浅层地下水类型为潜水，水位埋深可按照0.0m。地下水对混凝土结构具微腐蚀性，对钢筋混凝土结构中的钢筋具微腐蚀性。

各土层主要物理力学指标见表6－4，有关土层详细分布情况参见施工图阶段岩土工程勘测报告。

表 6-4　　各土层的主要物理力学性质指标推荐值

地层岩性	重力密度 r (kN/m^3)	黏聚力 C (kPa)	内摩擦角 ϕ (°)	压缩模量 E_{s1-2} (MPa)	承载力特征值 f_{ak} (kPa)	水泥土搅拌法 桩的侧阻力特征值 q_{sk} (kPa)
①层淤泥质粉质黏土	17.5	15	7	4	70	8
②层粉质黏土夹粉土	18.5	30	10	10	130	12

6.4.3　劲性复合桩方案设计

（1）复合地基处理方法的选择。场地浅部地层主要为回填素填土、①层淤泥质粉质黏土、②层可塑偏软粉质黏土，软弱土厚度一般大于 20m。由于软弱层厚度较大，主要建筑物设计采用劲性复合桩加固，外芯采用水泥土搅拌桩，桩径 600mm，采用湿法，水泥掺入比为 15%；内芯采用管桩劲性体，桩身强度 C60，规格为 PST-CF-300-55-12。加固土体主要为①层淤泥质粉质黏土，桩端位于①层，局部地段位于②层，采用正三角形布置，桩间距 1.0m。水泥土搅拌桩固化剂采用 42.5 号普通硅酸盐水泥，外掺剂为 0.2% 水泥用量的木质素磺酸钙。考虑成桩的可能性和难度，劲性体沉桩可采用锤击法。

（2）施工要求。

1）本次工程桩施工采用锤击法，使用的锤重不小于 6t，管桩桩身的混凝土必须达到 100%设计强度及龄期后方可沉桩。

2）本工程为等芯复合桩，沉桩停压控制原则：桩长应满足设计桩长及桩端进入持力层深度的双控制要求。

3）水泥搅拌桩与预制劲性体管桩施工过程应注意衔接。管桩应在水泥搅拌桩初凝前且在成桩后 6h 内插入。

4）劲性体管桩施工前应清除水泥搅拌桩周边泥土，露出水泥搅拌桩的轮廓，以便管桩插入时的中心位置对准。管桩施工前应复测桩位，确定管桩的桩位偏差小于 20mm。劲性体应在水泥土初凝前插入。插入前应校正位置，设立导向装置，以保证垂直度小于 1%，插入过程中，必须吊直劲性体，尽量靠自重压沉。若压沉无法到位，再开启锤击沉桩下沉至标高。桩插入时的偏差不得超过 0.5%。

6.4.4　劲性复合桩试验

6.4.4.1　试验方案设计

根据施工图总平面布置图，综合技术经济性，本次复合地基试验布置集中布置在道路上，复合地基增强体桩端均位于①层淤泥质粉质黏土中，具体位置见图 6-3 试桩位置布置图，其中劲性复合桩采用正三角形布置，桩间距 1000mm。预估劲性复合桩单桩承载力特征值为 200kN，预估复合地基承载力特征值为 230kPa。

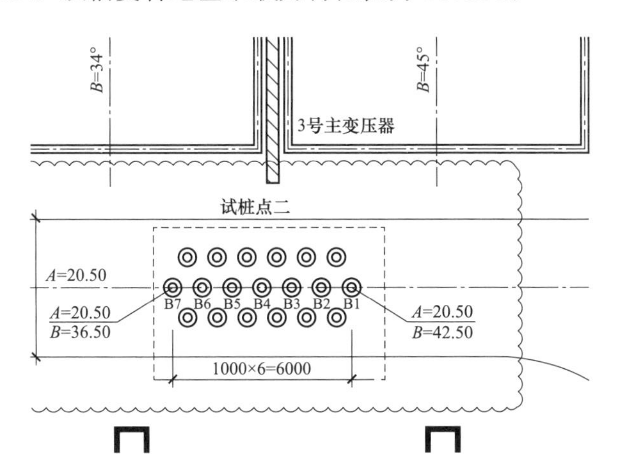

图 6-3 试桩位置布置图

劲性复合桩内芯采用 PST-CF-300-55-12，复合地基规格见表 6-5。劲性复合桩成桩示意图见图 6-4。

表 6-5 复合地基规格表

编号	规格	工艺	桩径(mm)	桩顶标高(m)	停灰面高程(m)	有效桩长(m)	入土深度(m)	桩端土层	备注
B1-B7	劲性复合桩	湿法锤击	外芯 600mm 内芯 300mm	8.70	9.20	12.0	12.5	①	内芯为 PST-CF-300-55-12

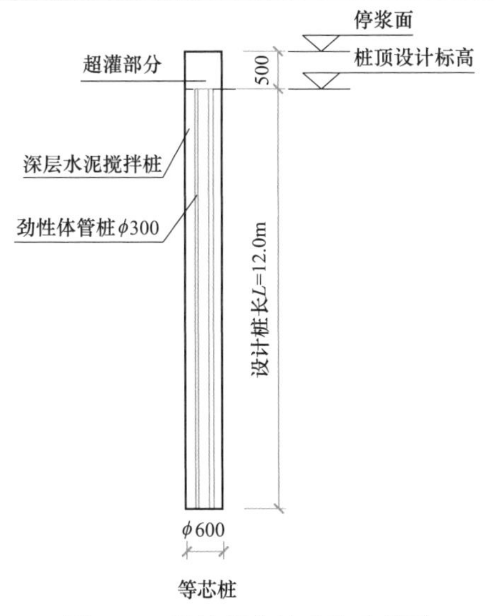

图 6-4 劲性复合桩成桩示意图

6.4.4.2 劲性复合桩静载试验

1. 增强体单桩竖向抗压静载荷试验

增强体单桩竖向抗压静载荷试验采用堆载反力法，载荷板下铺设 50～150mm 厚的粗砂或中砂垫层。

增强体竖向抗压静载荷试验在成桩 25 天后进行，参照 GB 50007—2011《建筑地基基础设计规范》、JGJ 79—2012《建筑地基处理技术规范》、JGJ 340—2015《建筑地基检测技术规范》规定执行，具体如下：

试验采用慢速维持荷载法逐级加载，每级加载为最大加载量的 1/15～1/12，其中第一级可取分级荷载的 2 倍，劲性桩最大加载量按 660kN，分级荷载 44kN。

2. 增强体单桩复合地基竖向抗压静载荷试验

成桩 28d 后进行复合地基静载荷试验，荷载板面积按实际加固面积。劲性桩试验荷载板面积采用 0.867m^2。

增强体单桩复合地基静载荷试验按 JGJ 79—2012《建筑地基处理技术规范》、DL/T 5024—2005《电力工程地基处理技术规程》规定执行。

每级加载量为最大加载量的 1/15，其中第一级可取分级荷载的 2 倍，劲性桩最大加载量按 660kPa，分级荷载 44kPa；第一级荷载可按 2 倍分级荷载加荷。

6.4.4.3 试验结论

根据静载试验结果，劲性桩的单桩竖向抗压极限承载力可取 660kN；单桩复合地基承载力特征值均取 375kPa。满足设计要求。

6.4.5 工程桩检测

根据本工程桩基检测报告，劲性桩的单桩竖向抗压极限承载力为 660kN，竖向抗压承载力特征值为 330kN；单桩复合地基承载力特征值均为 375kPa，满足设计要求。

6.4.6 处理效果评价

本工程于 2021 年 12 月投运，自投运以来，建筑物的沉降变形均为规范允许范围内，地基处理效果良好。

第七章
灰土挤密桩法

7.1 概述

灰土挤密桩法是利用沉管、冲击或爆扩等方法在地基中挤土成桩，迫使桩孔内土体侧向挤出，从而使桩周土得到加密；随后向孔内分层夯填廉价的素土或灰土成桩（夯填素土时称为土挤密桩法），由桩体和桩间挤密土共同组成复合地基，共同承担上部荷载。

灰土挤密桩法适用于处理地下水位以上的湿陷性黄土、素填土和杂填土等地基，可处理地基的深度为5～15m，如采用冲击法成孔与夯填或钻孔夯扩法施工时，处理深度可增大到20m以上。当以消除地基土的湿陷性为主要目的时，宜选用土挤密桩法。当以提高地基土的承载力或增强其水稳性为主要目的时，宜选用灰土挤密桩法。当地基土的含水量大于24%、饱和度大于65%时，不宜选用灰土挤密桩法或土挤密桩法。对重要工程或在缺乏经验的地区，施工前应按设计要求，在现场进行试验。如土性基本相同，试验可在一处进行，如土性差异明显，应在不同地段分别进行试验。

7.2 基本原理

黄土在我国分布范围很广，其中西北地区的黄土厚度较大、特征典型。湿陷性黄土作为一种特殊性土，其特殊性更突出地表现在它的结构性、欠压密性和湿陷性。湿陷性黄土在沉积过程中的物理及化学作用下形成了具有一定强度的骨架结构，从而使其具有一定的结构性。在其结构未遭破坏时，湿陷性黄土具有相对较高的强度。在水的浸泡作用以及压力或重力作用下，湿陷性黄土的结构遭受破坏，强度丧失，大孔隙被压密，从而产生黄土湿陷性。湿陷性黄土在浸水湿陷过程中变形迅速，强度急剧下降，变形量也较大，其产生的不均匀沉降以及剪切破坏是建筑物产生破坏的重要原因。

灰土挤密桩法用于处理湿陷性黄土地基，可有效地消除土的湿陷性，并提高地基承载力。灰土挤密桩法或土挤密桩法通过原位深层挤压成孔，使桩间土得到加密，并与分层夯实不同填料的桩体构成承载力较高的人工复合地基。当用灰土挤密桩法加固湿陷性黄土地基时，通过试验研究和工程实践证明，灰土挤密桩法可使黄土的干密度增加、孔隙比减少，从而可以消除其湿陷性。

7.3 设计方法

7.3.1 处理地基的面积

灰土挤密桩和土挤密桩处理地基的面积，应大于基础或建筑物底层平面的面积，并应符合下列规定：

（1）当采用局部处理时，应该超出基础底面的宽度。对非自重湿陷性黄土、素填土和杂填土等地基，每边不应小于基底宽度的 0.25 倍，并不应小于 0.50m；对自重湿陷性黄土地基，每边不应小于基底宽度的 0.75 倍，并不应小于 1.00m。

（2）当采用整片处理时，超出建筑物外墙基础底面外缘的宽度，每边不宜小于处理土层厚度的 1/2，并不应小于 2m。

7.3.2 处理地基的深度

灰土挤密桩和土挤密桩处理地基的深度，应根据建筑场地的土质情况、工程要求和成孔及夯实设备等综合因素确定。对湿陷性黄土地基，应符合现行国家标准 GB 50025—2018《湿陷性黄土地区建筑标准》的有关规定。

7.3.3 桩孔直径

桩孔直径宜为 300～450mm，并可根据所选用的成孔设备或成孔方法确定。桩孔宜按等边三角形布置，桩孔之间的中心距离，可为桩孔直径的 2.0～2.5 倍，也可按式（7－1）估算：

$$s=0.95d=\sqrt{\frac{\bar{\eta}_c p_{dmax}}{\bar{\eta}_c p_{dmax}-\bar{p}_d}} \tag{7-1}$$

式中，s 为桩孔之间的中心距离（m）；d 为桩孔直径（m）；p_{max} 为桩间土的最大干密度（t/m^3）；$\bar{p}_d$ 为地基处理前土的平均干密度（t/m^3）；$\bar{\eta}_c$为桩间土经成孔挤密后的平均挤密系数，对重要工程不宜小于 0.93，对一般工程不应小于 0.90。

7.3.4 桩间土的挤密系数

桩间土的平均挤密系数 $\bar{\eta}_c$ ，应按下式计算：

$$\bar{\eta}_c=\frac{\bar{p}_{dl}}{p_{dmax}} \tag{7-2}$$

式中，$\bar{\rho}_{d1}$ 为在成孔挤密深度内，桩间土的平均干密度（t/m³），平均试样数不应少于6组。

7.3.5 桩孔的数量

桩孔的数量可按下式估算：

$$n=\frac{A}{A_e} \tag{7-3}$$

式中，n 为桩孔的数量；A 为拟处理地基的面积（m²）；A_e为一根土或灰土挤密桩所承担的处理地基面积（m²），即$=\pi d_e^2/4$；d_e 为一根桩分担的处理地基面积的等效圆直径（m），桩孔按等边三角形布置：$d_e=1.05s$；桩孔按正方形布置：$d_e=1.13s$。

7.3.6 桩孔内的填料

桩孔内的填料，应根据工程要求或处理地基的目的确定，桩体的夯实质量宜用平均压实系数控制。当桩孔内用灰土或素土分层回填、分层夯实时，桩体内的平均压实系数值，均不应小于0.96；消石灰与土的体积配合比，宜为2∶8或3∶7。

桩顶标高以上应设置300～500mm厚的2∶8灰土垫层，其压实系数不应小于0.95。

7.3.7 承载力和变形沉降

灰土挤密桩和土挤密桩复合地基承载力特征值，应通过现场单桩或多桩复合地基载荷试验确定。初步设计当无试验资料时，可按当地经验确定，但对灰土挤密桩复合地基的承载力特征值，不宜大于处理前的2.0倍，并不宜大于250kPa；对土挤密桩复合地基的承载力特征值，不宜大于处理前的1.4倍，并不宜大于180kPa。

灰土挤密桩和土挤密桩复合地基的变形计算，应符合现行国家标准GB 50007—2011《建筑地基基础设计规范》的有关规定，其中复合土层的压缩模量，可采用载荷试验的变形模量代替。

7.4 工程实例

7.4.1 工程概况

青海西宁某电厂位于西宁市湟中县境内，建设规模2×350MW超临界空冷供热机组。该项目场地内存在湿陷性黄土，需对湿陷性黄土进行地基处理，电厂的附属建构筑物荷载相对较小，考虑采用地基处理方式，根据当地工程经验，湿陷性黄土地区可采用灰土挤密桩法进行地基处理。

7.4.2　岩土工程条件

工程场地位于湟水河南岸，地貌单元属山前斜坡地与湟水河高阶地过渡地带；原始地形总体趋势为东高西低、南高北低，局部略有起伏，呈阶梯状田地，原始地面高程在2339.12～2360.22m之间，最大高差约21.10m。

本工程勘测揭露地层主要为第四系全新统冲洪积层（Q_4^{al+pl}）、第四系上更新统冲洪积层（Q_3^{al+pl}）。岩性为黄土状粉土、卵石；下伏基岩地层第三系（N）沉积岩，岩性为泥质砂岩、泥岩。

工程场地内勘探深度范围内地下水类型主要为第四系孔隙潜水，赋存于第四系卵石层中，地下水稳定水位位于卵石层顶标高以下。

拟建场地内①黄土状粉土在场地内表层广泛分布，属湿陷性黄土，湿陷性黄土的湿陷程度为中等～强烈，湿陷类型属自重湿陷性黄土，湿陷等级为Ⅱ级（中等）～Ⅲ（严重）。在各级试验压力（200、300、400、500kPa）下，①黄土状粉土均具湿陷性，湿陷起始压力范围值为7～452kPa，平均值为105kPa。最大自重湿陷深度及最大湿陷深度均至①黄土状粉土层底。

7.4.3　灰土挤密桩方案设计

根据拟建建筑物基底下湿陷性黄土厚度以及工程性质，对附属建（构）筑物拟采用灰土挤密桩地基处理方案。灰土挤密桩的处理深度须穿透①黄土状粉土层，到达②卵石层顶面。依据岩土工程勘测报告以及场平后地形图，确定灰土挤密桩桩身长度约7～10m。

桩间距分别为1.10m和1.30m，通过原体试验确定合适的桩间距，桩径为Φ500mm，均按等边三角形布桩，桩体材料为三七灰土，处理深度至①层黄土状粉土层底。

7.4.4　地基处理原体试验方案

1. 方案设计

根据设计要求，按照桩间距不同原体试验分为两个试验片区，桩间距分别为1.10m（试验区一）和1.30m（试验区二）。

2. 施工工艺及参数

（1）试验所选消石灰中（CaO＋MgO）含量69.12％～70.09％，均大于60％，满足规范要求；

（2）地基土天然含水量为11.5％～16.8％，平均值为14.8％，接近最优含水量

13.8%，且不小于12%。

(3) 试验采用锤击沉管方式成孔，成孔设备采用DD35型导杆柴油打桩机，沉管底口封闭，底部管箍外径450mm；夯实设备采用电动自行式卷扬夯实机，夯锤重1.5t，夯锤直径300mm，高3.0m，锤底凸出呈锥形。

(4) 成孔采用锤击成孔方式，为防止桩孔周围地面隆起以及成孔困难，试验每个试验区均采用三遍成孔方式。

(5) 每遍成孔完毕立即进行回填夯实，单层填料量0.10～0.15m³（虚填厚度约50～80cm），夯锤落距2.0～5.0m，每层锤击次数7～10击。

7.4.5 原体试验检测成果

1. 桩体密实度及桩间土挤密效果检测

(1) 试验区一桩体密实度数据如表7-1所示。

表7-1 试验区一桩体密实度检测数据统计表

取样探井	干密度平均值（g/cm³）			平均压实系数		
	桩边缘	桩中心	平均值	桩边缘	桩中心	平均值
J4	1.60	1.64	1.62	0.96	0.98	0.97
J5	1.61	1.62	1.62	0.96	0.97	0.97

(2) 试验区一桩间土挤密效果检测数据如表7-2所示。

表7-2 试验区一桩间土挤密效果检测数据统计表

取样探井	干密度平均值（g/cm³）			平均挤密系数		
	桩孔外100mm处	两桩中心	平均值	桩孔外100mm处	两桩中心	平均值
J4	1.75	1.74	1.74	1.00	0.99	0.99
J5	1.73	1.73	1.73	0.99	0.98	0.99
J6	1.73	1.71	1.72	0.99	0.97	0.98

(3) 试验区二桩体密实度数据如表7-3所示。

表7-3 试验区二桩体密实度检测数据统计表

取样探井	干密度平均值（g/cm³）			平均压实系数		
	桩边缘	桩中心	平均值	桩边缘	桩中心	平均值
J2	1.59	1.60	1.59	0.95	0.96	0.96

(4) 试验区二桩间土挤密效果检测数据如表7-4所示。

表 7-4　　　　试验区二桩间土挤密效果检测数据统计表

取样探井	干密度平均值（g/cm³）			平均挤密系数		
	桩孔外 100mm 处	两桩中心	平均值	桩孔外 100mm 处	两桩中心	平均值
J1	/	1.60	1.60	/	0.93	0.93
J2	1.64	1.61	1.63	0.94	0.93	0.94
J3	1.74	1.66	1.70	1.00	0.96	0.98

（5）依据上述数据，两试验区桩体平均压实系数范围值 0.96～0.97，平均值 0.97；桩间土平均挤密系数范围值 0.93～0.99，平均值 0.97；其中试验区一桩体密实度及桩间土挤密效果均优于试验区二。

2. 黄土湿陷性消除效果检测

（1）试验区一深度 5.50～7.50m 段桩间黄土湿陷性试验数据如表 7-5 所示。

表 7-5　　　　试验区一黄土湿陷性数据统计表

探井编号	样品编号	取样深度（m）	湿陷系数	备注
J4	J4S-1	6.00～6.30	0.002	非湿陷性黄土
	J4S-2	7.00～7.30	0.002	非湿陷性黄土
J5	J5S-1	6.00～6.30	0.001	非湿陷性黄土
	J5S-2	7.00～7.30	0.003	非湿陷性黄土
J6	J6S-1	6.00～6.30	0.004	非湿陷性黄土
	J6S-2	7.00～7.30	0.002	非湿陷性黄土

（2）试验区二桩间土湿陷性试验数据如表 7-6 所示。

表 7-6　　　　试验区二黄土湿陷性数据统计表

编号	试样编号	取样深度（m）	湿陷系数	备注
J1	J1S-1	1.00～1.30	0.002	非湿陷性黄土
	J1S-2	2.00～2.30	0.002	非湿陷性黄土
	J1S-3	3.00～3.30	0.002	非湿陷性黄土
	J1S-4	4.00～4.30	0.004	非湿陷性黄土
	J1S-5	5.00～5.30	0.002	非湿陷性黄土
	J1S-6	6.00～6.30	0.002	非湿陷性黄土
	J1S-7	7.00～7.30	0.001	非湿陷性黄土
J2	J2S-1	1.00～1.30	0.002	非湿陷性黄土
	J2S-2	2.00～2.30	0.003	非湿陷性黄土
	J2S-3	3.00～3.30	0.001	非湿陷性黄土
	J2S-4	4.00～4.30	0.001	非湿陷性黄土
	J2S-5	5.00～5.30	0.003	非湿陷性黄土

续表

编号	试样编号	取样深度（m）	湿陷系数	备注
J2	J2S－6	6.00～6.30	0.002	非湿陷性黄土
	J2S－7	7.00～7.30	0.001	非湿陷性黄土
J3	J3S－1	1.00～1.30	0.002	非湿陷性黄土
	J3S－2	2.00～2.30	0.000	非湿陷性黄土
	J3S－3	3.00～3.30	0.002	非湿陷性黄土
	J3S－4	4.00～4.30	0.012	非湿陷性黄土
	J3S－5	5.00～5.30	0.001	非湿陷性黄土
	J3S－6	6.00～6.30	0.002	非湿陷性黄土
	J3S－7	7.00～7.30	0.002	非湿陷性黄土

（3）由表 7－5 及表 7－6 数据可知，灰土挤密桩处理后两试验区内黄土状土的湿陷性均已全部消除。

3. 复合地基平板静载荷试验

（1）试验区一试验情况。试验区一共布置 3 个试验点，分别为 1－1 号、1－2 号、1－3 号，采用混凝土配重块提供反力，承压板采用直径为 1.16m 的圆形刚性承压板。试验成果分析：依据本次试验结果（$p-s$ 曲线详见图 7－1～图 7－3），1－1 号、1－3 号最大加载至 540kPa，1－2 号最大加载至 600kPa，承压板累计沉降量 30.66～34.91mm，$p-s$ 曲线均出现明显陡降段，可认为三点均已加荷至破坏状态。

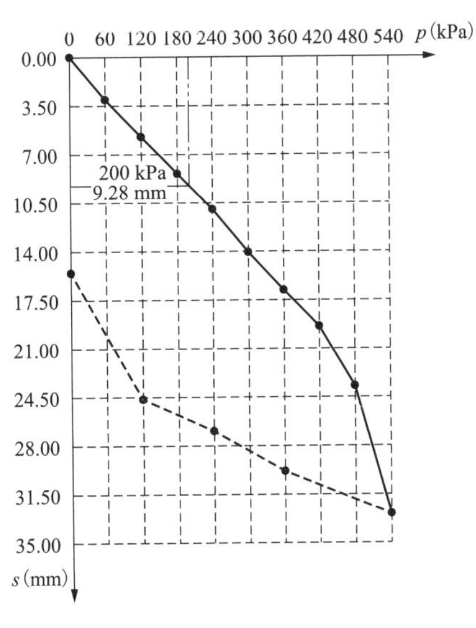

图 7－1　1－1 号点 $p-s$ 曲线

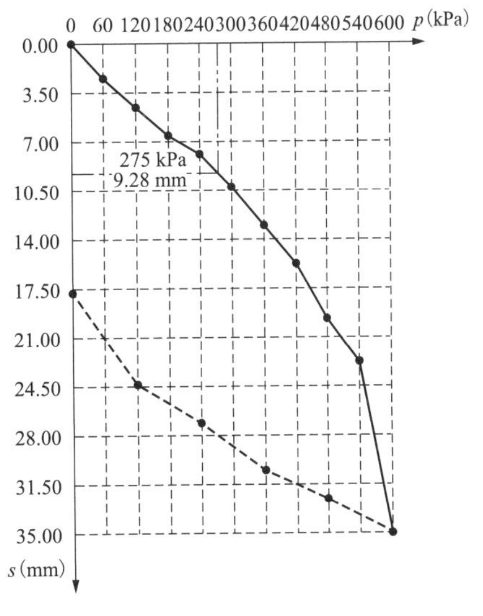

图 7－2　1－2 号点 $p-s$ 曲线

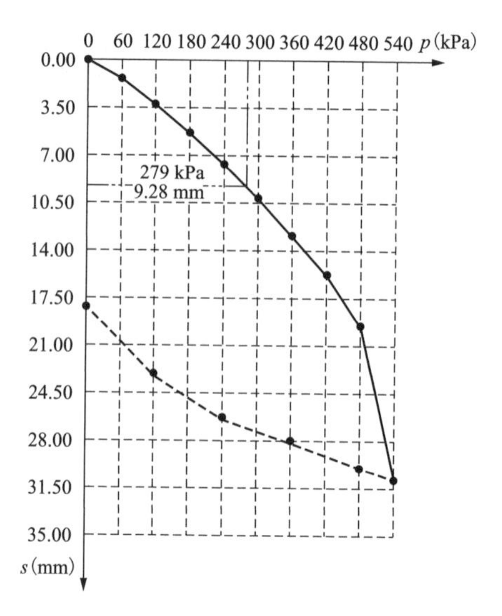

图 7-3　1-3 号点 $p-s$ 曲线

计算结果如表 7-7 所示。

表 7-7　　试验区一平板静载荷试验结果一览表

试验点编号	极限承载力（kPa）	极限承载力×1/2（kPa）	E_0（MPa）	K_v（kN/m^3）
1-1 号	480	240	17.2	5.4×10^4
1-2 号	540	270	23.7	7.5×10^4
1-3 号	480	240	24.0	7.6×10^4

（2）试验区二试验情况。试验区二共布置 3 个试验点，分别为 2-1 号、2-2 号、2-3 号，采用混凝土配重块提供反力，承压板采用直径为 1.37m 的圆形刚性承压板。依据本次试验结果（$p-s$ 曲线详见图 7-4～图 7-6），2-1 号、2-2 号、2-3 号试验点均最大加载至 480kPa，承压板累计沉降量 47.14～61.51mm，$p-s$ 曲线均出现明显陡降段，可认为三点均已加载至破坏状态。

载荷试验结果如表 7-8 所示。

表 7-8　　试验区二平板静载荷试验结果一览表

试验点编号	极限承载力（kPa）	极限承载力×1/2（kPa）	E_0（MPa）	K_v（kN/m^3）
2-1	420	210	20.0	5.7×10^4
2-2	420	210	20.0	5.7×10^4
2-3	420	210	23.3	6.7×10^4

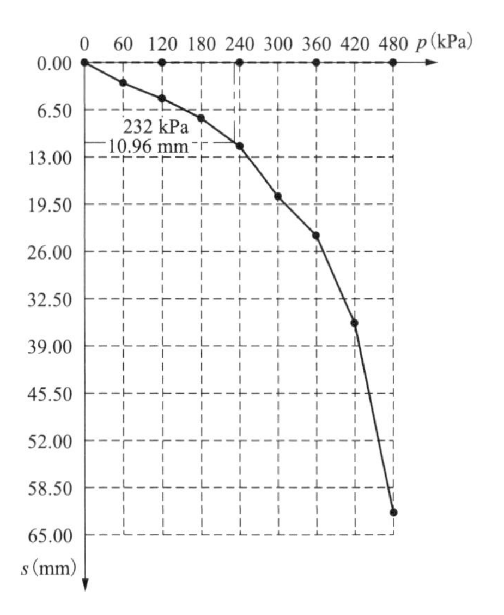

图 7－4 2－1 号试验点 $p-s$ 曲线

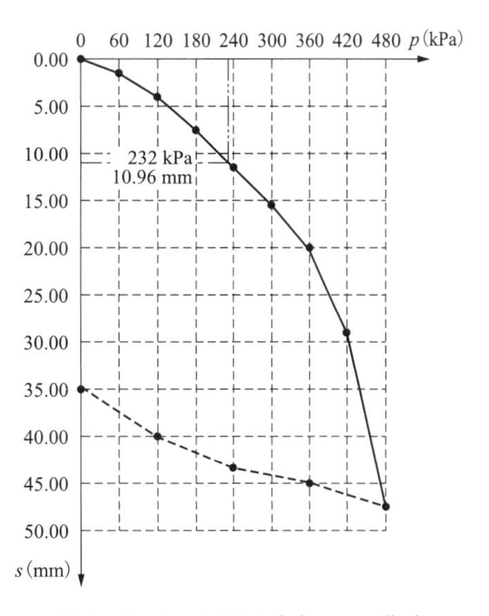

图 7－5 2－2 号试验点 $p-s$ 曲线

7.4.6 处理效果评价

工程场地采用灰土挤密桩复合地基进行地基处理，有效消除地基土的湿陷性，提高地基土的承载力。采用 1.10 和 1.30 桩间距均能全部消除地基土湿陷性，桩体及桩间土的压实系数均能满足规范要求，工程桩设计时按照不同建构筑物所需的承载力大小选用了不同的桩间距。该项目于 2016 年投运以来，灰土挤密桩地基处理区域的沉降变形均处于稳定状态，满足规范和设计要求，地基处理效果良好。

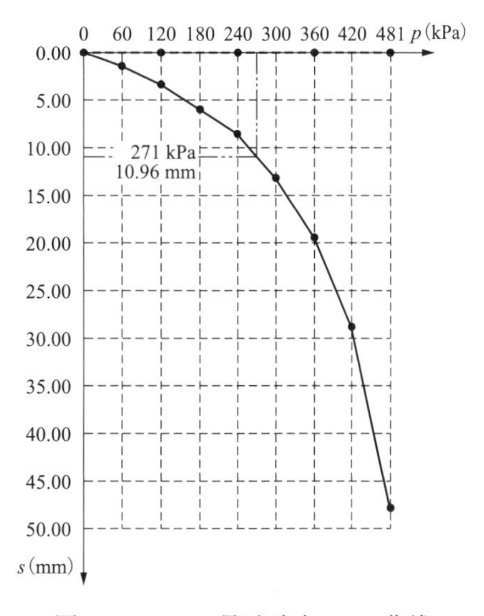

图 7－6 2－3 号试验点 $p-s$ 曲线

第八章 微型桩法

8.1 概述

微型桩可分为树根桩、预制桩和注浆钢管桩等，其直径通常为 150～300mm。桩体主要由压力灌注的水泥浆、水泥砂浆或细石混凝土与加筋材料组成。

树根桩先利用钻机钻孔，满足设计要求后，放入钢筋或钢筋笼，同时放入注浆管，用压力注入水泥浆或水泥砂浆而成桩，亦可放入钢筋笼后再灌入碎石，然后注入水泥浆或水泥砂浆而成桩。可以竖向、斜向设置，或网状布置成树根状。

微型桩法是一种成本低，施工工艺相对简单的处理地基的方法。主要适用于淤泥、淤泥质土、黏性土、粉土、砂土、碎石土及人工填土等地基土上既有建筑的修复和增层、古建筑整修、地下铁道的穿越等加固工程。不但能施工成竖直桩，而且能施工成与地面成任何角度的网状斜桩。由于其具有所需施工场地小，施工时噪声小，施工方便，对土质要求不高等特点，因此在纠偏加固工程中亦具有优越性。

微型桩加固工程主要应用在场地狭小、大型设备不能施工的情况，对大量的改扩建工程具有其适用性。按照微型桩与基础的连接方式分别按桩基础或复合地基设计，在工程中按地基变形的控制条件采用。按桩基设计时，桩顶与基础的连接应符合现行行业标准 JGJ 94—2008《建筑桩基技术规范》的有关规定；按复合地基设计时，应在桩顶设置褥垫层，褥垫层厚度为 100～150mm。

8.2 基本原理

8.2.1 微型桩按桩基础作用原理

微型桩按照小直径灌注桩进行设计，桩基提供下压承载力和上拔承载力，由于桩径小，单桩的水平承载力较小，当基础所受的水平荷载较大时，应通过现场试验确实单桩水平承载力特征值。微型桩与基础的连接需满足其锚固长度要求。

8.2.2 微型桩按复合地基作用原理

微型桩按复合地基设计可考虑为刚性桩复合地基，桩顶设置褥垫层，地基承载力由桩和桩间土共同承担。褥垫层将上部基础传来的基底压力（或水平力）通过适当的变形以一定的比例分配给桩及桩间土，使二者共同承担上部结构传来的荷载，保证桩与土共同承担荷载，调整桩与桩间土之间竖向荷载及水平荷载的分担比例，减少基础底面的应力集中。

8.3 设计方法

8.3.1 桩基础设计

树根桩的单桩竖向抗压承载力应通过单桩静载荷试验确定，当无试验资料时，可按式（8-1）估算单桩竖向抗压承载力，当采用水泥浆二次注浆工艺时，桩侧阻力可乘1.2～1.4的系数。

$$R_a = u_p \sum_{i=1}^{n} q_{si} l_{pi} + \alpha_p q_p A_p \tag{8-1}$$

式中：u_p——桩的周长（m）；

q_{si}——桩周第 i 层土的侧阻力特征值（kPa），按地区经验确定；

l_{pi}——桩长范围内第 i 层厚度（m）；

α_p——桩端阻力发挥系数，按地区经验确定；

q_p——桩端端阻力特征值（kPa）。

树根桩的单桩竖向抗拔承载力计算可按式（8-2）计算。

$$T_a = u_p \sum_{i=1}^{n} \lambda_i q_{si} l_{pi} \tag{8-2}$$

式中：λ_i——抗拔系数，按地区经验确定，也可参考现行 JGJ 94—2008《建筑桩基技术规范》中的规定，根据桩周土性质取0.5～0.8。

树根桩的桩顶应伸入承台内100mm，钢筋的锚固长度需满足现行 GB 50010—2010《混凝土结构设计规范》的要求，其他构造要求应满足现行 JGJ 94—2008《建筑桩基技术规范》中关于灌注桩和预制桩的相关规定。

预制桩和注浆钢管桩的计算可按现行行业标准 JGJ 94—2008《建筑桩基技术规范》的有关规定执行，当采用二次注浆工艺时，桩侧摩阻力特征值取值可乘以1.3的系数。

8.3.2 复合地基设计

微型桩按复合地基设计时，由桩体与桩周土共同提供竖向承载力和水平承载力，桩体考虑为有黏结强度的增强体，复合地基承载力按式（8－3）计算，增强体单桩竖向抗压承载力按式（8－3）计算。

$$f_{spk}=\lambda m\frac{R_a}{A_p}+\beta(1-m)f_{sk} \tag{8-3}$$

式中：λ——单桩承载力发挥系数，按地区经验取值；

R_a——单桩竖向承载力特征值（kN）；

A_p——桩的截面积；

β——桩间土承载力发挥系数，按地区经验取值。

8.4　工程实例

8.4.1　工程概况

马钢某220kV变电站改造工程位于马钢集团厂区内，由于原厂房内地基为钢渣回填地基，钢渣具有遇水后膨胀的特性，导致原室内地坪出现隆起、开裂等情况，影响电气设备正常运行，本次改造工程将原电气设备拆除，对钢渣地基进行处理，以消除其膨胀性，在地基处理后的室内地坪区域布置GIS设备。

8.4.2　岩土工程条件

场地位于既有厂房内，原有设备已经被拆除，仅留下基础和地坪，地形相对平坦，厂房外构支架区域也较为平整，目前场地勘探点高程在8.50～8.90m之间。

根据搜集资料得出，在变电站建设之前，本工程区域原为深塘，后因工程建设采用碎石填筑起来，在上面建成220kV GIS厂房。根据本次勘探资料揭示，场地地层主要由第四系全新统人工填土层、冲积成因的粉质黏土层，第四系上更新统冲积成因的黏土层，下伏基岩为侏罗系磨山组石英砂岩（本阶段未揭示）。根据土层的成因、物理力学性质，将本次勘测揭露的土层自上而下分述如下，场地典型地质剖面图如图8－1所示。

①层填土（Q_4^{ml}）：杂色，结构不均，中密。浅部有厚度约0.4～0.7m的混凝土面层，下部主要为早期施工时换填的钢渣，混有块石、碎石等，含有大量废弃矿物油，局部夹少量黏性土。块石粒径最大可达0.4m，母岩为石英质砂岩，钢渣含量约60%，粒径一般为1～10cm。该层在站址内广泛分布，厚度3.8～7.0m之间。在原建筑物区域，地面以下存在钢筋混凝土基础，埋深约1.8m。

②层粉质黏土（Q_4^{al}）：灰褐、灰黑色，软塑状，饱和。该层在场地区域均有分布，层厚在4.5～6.2m之间。

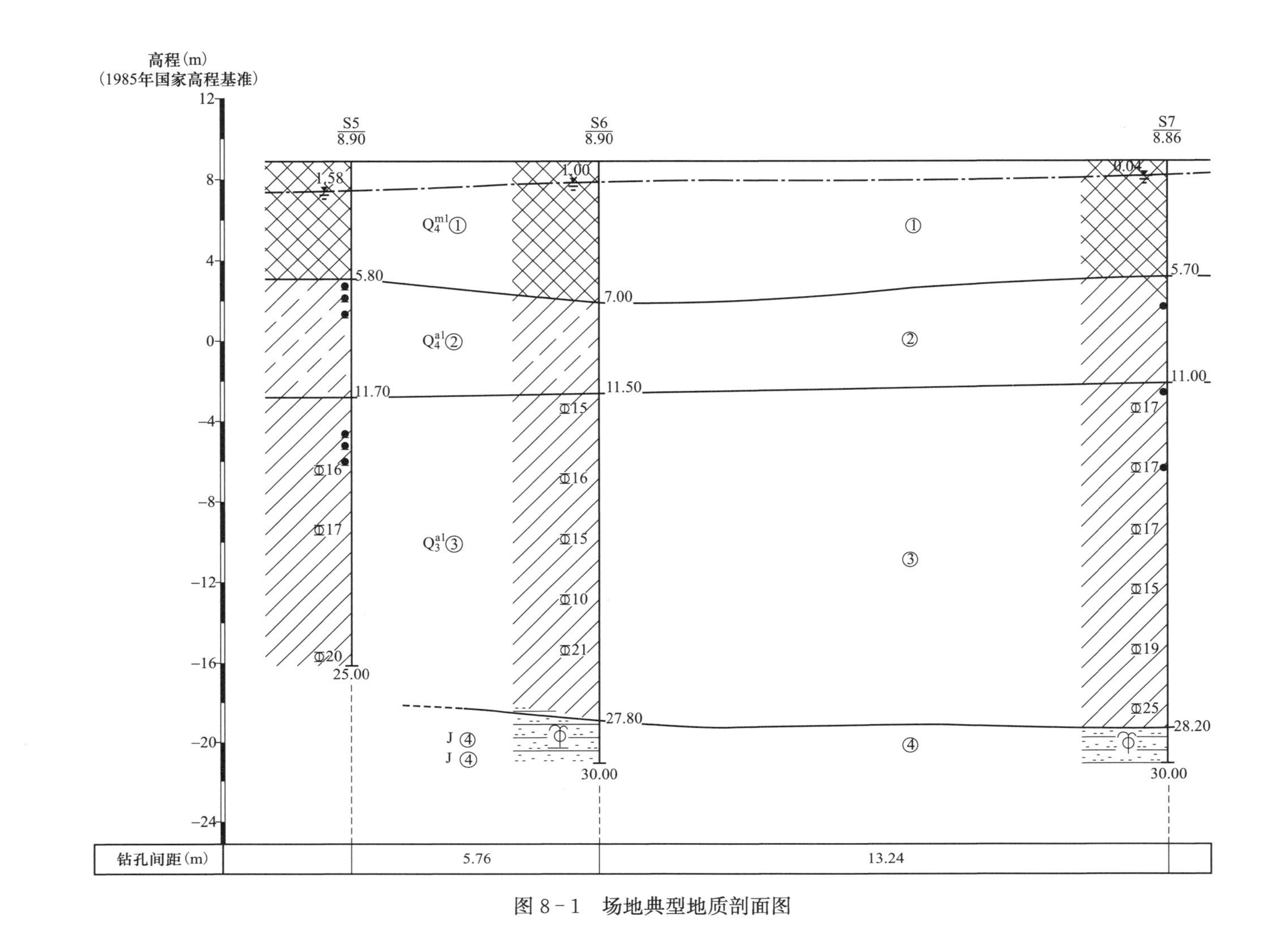

图 8－1 场地典型地质剖面图

③层黏土（Q_3^{al}）：灰褐、灰黄色，可塑偏硬，稍湿，局部有富集含铁锰结氧化物，及少量高岭土团块，等级中，韧性高，干强度高。该层土在场地均有分布，揭示厚度在16.3～19.69m之间。

④层石英砂岩（J）：灰白、灰红色，全风化，岩体风化成致密砂混碎石状，局部夹杂强风化岩块，锤击易碎，遇水易崩解。该层本阶段未揭穿。

站址内浅部地下水类型主要为上层滞水，其主要赋存于①层填土中，勘测期间量测到的地下水埋深一般在0.6～1.5m左右，场地内不同位置水位埋深有变化，主要受地表降水、周围径流补给的影响，填土内部密实程度不均也导致其赋存水量不一样，场地地下水变幅为±0.5m。地下水对混凝土结构有微腐蚀性，对钢筋混凝土结构中的钢筋有微腐蚀性。地基土混凝土结构有微腐蚀性，对钢筋混凝土结构中的钢筋有微腐蚀性。

根据原位测试成果和土工试验成果并结合工程经验推荐各岩土层的主要物理力学指标见表8-1。

表8-1　　各层土的主要物理力学指标推荐值

项目层号	天然含水量 w (%)	重力密度 γ (kN/m³)	天然孔隙比 e	液性指数 I_L	压缩模量 $E_{s_{1-2}}$ (MPa)	黏聚力 C_q (kPa)	内摩擦角 Φ_q (°)	承载力特征值 f_{ak} (kPa)
①层填土	26.0*	21.0*	/	/	/	/	38*	/
②层粉质黏土	32.5	19.0	0.885	1.15	4.0	9	7	70
③层黏土	24.5	19.2	0.756	0.27	10.0	60	11	180
④层石英砂岩	/	20.5	/	/	/	/	/	400

注　带*参数为经验值，①层填土为钢渣地基，存在遇水后体积膨胀的特性，前期室内地坪已发生隆起变形，不能直接用于基础持力层，需考虑消除其膨胀性。

8.4.3　地基处理方案选型

该场地为既有建筑物（原电气设备厂房内）地基处理，在选择地基处理方案时，将受到各种因素制约，具体包括以下方面：

（1）施工机械净高度限制。施工场地位于既有建筑物厂房内，允许施工机械的净高度不超过12m。

（2）上部地基土为钢渣，厚度为3.8～7.0m，钢渣直径一般为1～10cm，钢渣内含有氧化铁，强度相对较高，比重较大，且颗粒之间无胶结，钻探施工难度大，地下水位高，接近施工作业时地面，下雨时，内部存在积水，容易塌孔。

该场地原地基处理方案拟采用灌注桩，对灌注桩施工工艺进行分析，发现无法通过灌注桩工艺实现困难，具体难点如下：

（1）旋挖钻机施工。施工机械净高度受限制，无法采用常规旋挖钻机施工，低净空旋挖机的施工能力有限，且上部钢渣填土极易塌孔，由于钢渣强度大，钢护筒跟管护壁困难。

（2）正、反循环回转工艺。钢渣强度高、粒径大，正、反循环钻机时进尺较为困难，地层极易塌孔，需制备优质泥浆护壁，由于场地内空间狭窄，无大型泥浆池空间。

（3）冲击成孔工艺。冲击成孔适用于穿透钢渣地层，但同样存在极易塌孔的问题，需开挖大型泥浆池，制备优质泥浆，且冲击成孔存在震动，可能对临近带电运行的GIS设备基础造成影响。

（4）人工挖孔桩。根据以往工程经验，在钢渣地层中采用人工挖孔桩工艺是可行的，将地下水位降低后进行人工挖孔桩施工，采用薄壁混凝土护壁。本场地的地下水位高，接近施工作业面，在场地内选择3处地方进行人工挖孔桩试成孔，由于钢渣地层渗透性好，在挖孔桩内采用潜水泵进行局部降水无法奏效，水位无法降低，而后在现场开挖集水坑进行试验性降水，发现当降水深度超过2m时，紧邻的GIS设备基础出现了沉降变形特征，该GIS设备为高炉供电，不允许出现故障停修的情况，为慎重起见，人工挖孔桩方案也无法使用。

经过以上各类方案比选和工艺性试成孔，发现采用常规的灌注桩施工十分困难，无法满足质量要求和既有设备稳定运行的要求，经过综合考虑，决定采用微型桩加固。

8.4.4　微型桩设计方案

考虑到钢渣具有遇水膨胀性，微型桩设计除需考虑下压力外，还需考虑上拔力，根据设计提供的荷载要求，单桩所需提供的下压承载力特征值和上拔承载力特征值均需满足150kN。

微型桩按照桩基础设计，参考现行JGJ 94—2008《建筑桩基技术规范》，土层的桩基设计参数如表8-2所示。由于场地上部存在钢渣层，钢渣自身强度高、颗粒之间无胶结，钻孔时极易塌孔，需采用跟管钻进工艺，经综合考虑钻探难度、设备能力和工期因素，桩径按150mm考虑，如桩径增加，则钻探难度将显著增加，影响钻探效率。

表8-2　　地基土桩基设计参数表

土　类	状态	桩的极限摩阻力标准值 q_{sik}（kPa）	桩的极限端阻力标准值 q_{pk}（kPa）	抗拔系数 λ
①层填土（钢渣层）	中密	/	/	/
②层粉质黏土	软塑	42	/	0.7
③层黏土	可塑偏硬	80	2000	0.7

根据现行JGJ 94—2008《建筑桩基技术规范》中第5章内容，选择典型钻孔资料，桩长20m，桩径150mm，桩顶设计标高为－1.5m（勘探点标高为室内±0.0m），计算

出微型桩单桩竖向抗压承载力和单桩竖向抗拔承载力特征值如下：

单桩竖向抗压承载力特征值 R_a＝246kN；

单桩竖向抗拔承载力特征值 T_a＝160kN。

根据计算结果可以看出，本次微型桩设计主要以抗拔承载力控制。考虑到本工程施工难度和工期等因素，微型桩采用注浆钢管桩，孔内植入钢管，钢管兼做注浆管，在钢管顶部焊接注浆管接头，待施工完成后将接头割除，桩的设计详图如图 8－2 所示。

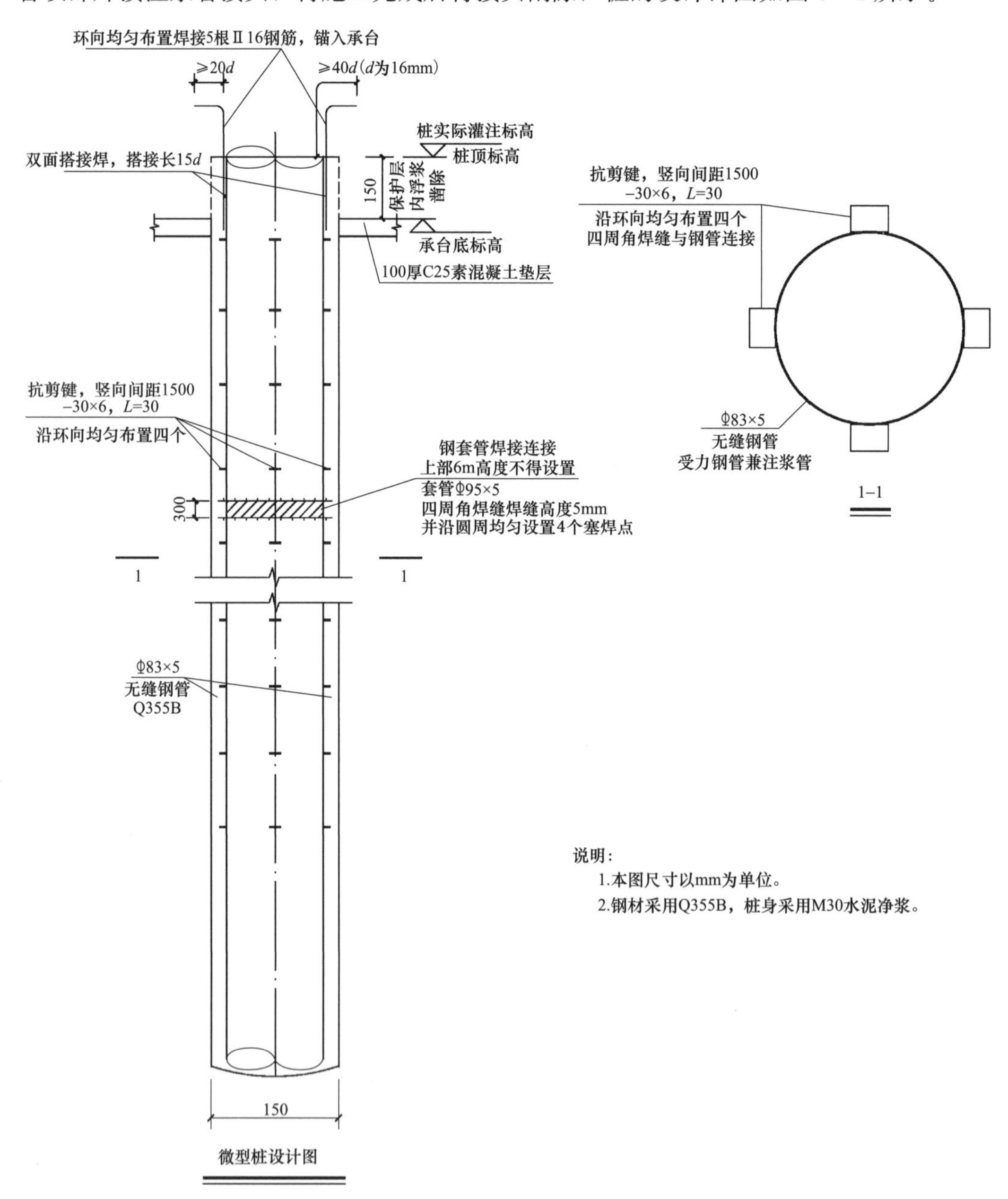

图 8－2　微型桩设计图

8.4.5 微型桩工艺性试桩

由于本次微型桩施工场地上部为钢渣地层，钢渣地层多处于饱和状态，且钢渣地层属于高渗透性土层，需采取特殊措施处理漏浆问题。在微型桩大面积施工前需进行工艺性试桩，确定合适的施工工艺。

根据场地条件、地层条件、设计要求和以往工程经验，本次微型桩工艺性试桩确定以下技术方案。微型桩工艺性试成孔技术方案对比见表 8-3。

表 8-3 微型桩工艺性试成孔技术方案对比

方案编号	技 术 路 线	实 施 效 果
方案 1	水灰比 0.5，一次常压注浆	效果较差，上部钢渣层漏浆严重，浆液返出孔口后一旦注浆停止，浆液快速下降，无法维持稳定
方案 2	水灰比 0.5，一次常压注浆＋二次注浆，一次注浆后间隔 1h 利用原注浆钢管进行二次注浆	一次注浆后，待浆液返出孔口后停止注浆，浆液迅速下降，二次注浆过程中，浆液可返出孔口，待注浆停止后，浆液逐步下降，较难维持稳定
方案 3	一次注浆水灰比 0.5，二次注浆水灰比 0.45，水泥浆液中掺入水玻璃。一次常压注浆＋钢渣层内预埋 PE 注浆管二次注浆	一次注浆后，待浆液返出孔口后停止注浆，浆液迅速下降，将 PE 管设置为花管，PE 管入土长度 6m，花管的最上部开孔位置距离孔口约 2.5m，花管长度 3.5m，一次注浆结束后约 30min 利用 PE 管进行二次注浆，浆液返出孔口后停止注浆，二次注浆时浆液的水灰比 0.45。浆液可维持稳定

根据不同的技术方案对比，最终确定本次微型桩的施工工艺如下：

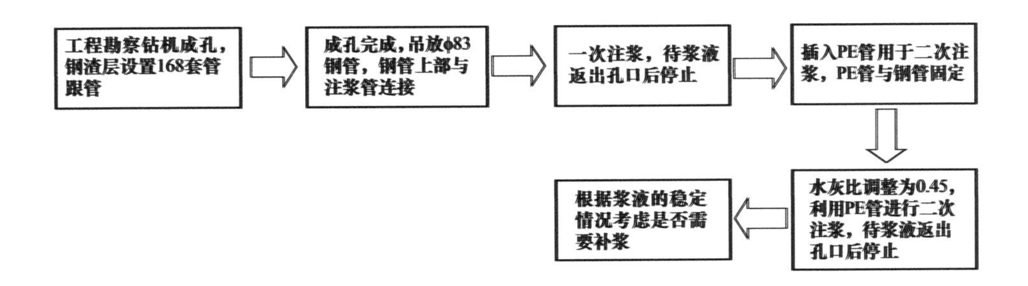

根据工艺性试桩确定了合适的微型桩施工工艺后，开展工程桩施工，考虑到钢渣层渗透性高，容易漏浆，考虑先施工外围一周的工程桩，待外围一周工程桩施工完成后再施工内部工程桩，从而可以有效控制漏浆范围和漏浆量。

8.4.6 工程桩检测

根据确定的施工工艺路线，开展微型桩施工，共计 133 根桩，桩间距一般在

1.3～1.8m 之间，采用 XY-1 型工程勘察钻机施工。施工周期约 50 天。注浆量情况见表 8-4。

表 8-4 微型桩施工情况统计

钻孔深度（m）		单桩一次注浆水泥用量（kg）		单桩二次注浆水泥用量（kg）	
范围值	平均值	范围值	平均值	范围值	平均值
20.3～21.0	20.6	490～950	592	150～3000	406

从表 8-4 可以看出，一次注浆量平均值为 592kg，超过预估的理论水泥重量（理论水泥重量约 481kg）约 23%，二次注浆量平均值为 406kg，超过预估的理论水泥重量（理论水泥重量约 176g）约 131%。由此可见，上部钢渣层的漏浆现象较为明显，采用预埋 PE 注浆管进行二次注浆的工艺是十分必要的。

工程桩施工完成后，采用单桩竖向抗压静载试验和单桩竖向抗拔静载试验对微型桩的下压和上拔承载力进行了检测，检测比例根据 JGJ 79—2012《建筑地基处理技术规范》要求为 1%且不少于 3 根，抗压和抗拔静载试验数量分别为 3 根，检测结果均满足设计要求，静载试验位移量不超过 5mm。同时，采用低应变法对微型桩进行了桩身完整性检测，检测结果均为Ⅰ类桩。

该工程已竣工投运 1 年，根据竣工后的沉降观测结果，GIS 设备的沉降变形已稳定，沉降量均在规范允许范围内。

8.4.7 处理效果评价

该工程属于既有建构筑物改扩建项目，由于钢渣地层具有遇水膨胀特性，需对其进行处理，消除其膨胀性，结合场地条件和施工作业空间，综合考虑决定采用微型桩进行地基处理。采用微型桩进行处理的主要难度是钢渣层的成孔和注浆，由于钢渣层颗粒之间无胶结，自身强度高、比重大，极易塌孔，需采用跟管钻进工艺。为解决漏浆问题，增加水泥浆的比重和稠度，将水灰比调整至 0.45，掺入水玻璃，采用二次注浆工艺，利用内置钢管作为注浆管，由下至上注浆，仅在钢管底部设置出浆口，一次注浆结束后，在钢渣层内预埋二次注浆管，二次注浆管采用 PE 花管，下部设置孔眼，一次注浆结束后 30min 开始进行二次注浆，通过 PE 管对钢渣层进行补浆，如二次注浆无法满足要求，利用二次注浆管进行三次注浆。从本次施工情况看，共计 133 根桩，大部分桩采用二次注浆工艺即可满足要求，约 7%的桩进行了三次注浆。

该工程于 2020 年 12 月完成设备安装和运行，自投运以来，基础的沉降变形已经趋于稳定，沉降变形均在允许范围内，地基处理效果良好。

第九章
注 浆 法

9.1 概述

根据施工工艺的不同，注浆法通常可分为高压喷射注浆和静压注浆两种类型。前者在国内又称为“高喷法”“旋喷法”；后者又称为“常压或低压注浆法”“注浆法”。

注浆法是一种古老而又年轻的地基处理常用方法，通过用气压、液压或电化学院里，在软弱地基中灌入各种能固化土壤的浆液使地基凝固而提高土体强度，降低其渗透性和增加土体变形的能力。目前该法广泛应用于电力工程地基，基坑防渗和坑壁土加固，岩溶地基处理，防渗处理等。

9.2 基本原理

注浆法的实质使用气压、液压或电化学原理，把某些能固化的浆液注入天然的和人为的裂隙或孔隙中，以改善各种介质的物理力学性质。根据注浆浆液注入方式的不同可分为渗入型注浆，劈裂注浆和压密注浆三大类型。

（1）渗入性注浆。在注浆压力作用下，浆液克服各种阻力而渗入孔隙和裂隙，在注浆过程中地层结构不受扰动和破坏，所用的注浆压力相对较小。

（2）劈裂注浆。在注浆压力作用下，浆液克服地层的初始应力和抗拉强度，引起岩石或土体结构的破坏和扰动，使地层中原有的孔隙或裂隙扩展，或形成性的裂缝或孔隙，从而形成浆液填充通道。这种注浆法所用的注浆压力相对较高。

（3）压密注浆。通过钻孔向土层中压入浓浆，随着土体的压密和浆液的挤入，在压浆点周围形成灯泡形空间，并因浆液的挤压作用而产生辐射状上抬，从而引起地层局部隆起，该种方法可用于纠正地面建筑物的不均匀沉降。

注浆法适用于砂土、粉土、黏性土、人工填土、破碎岩体等地层条件。其常用的加固材料为水泥浆液，其他加固材料还有硅化浆液和碱液等固化剂。本文主要针对水泥浆液加固材料进行分析。

9.3　设计方法

9.3.1　注浆孔布置

(1) 用于地基土加固的注浆孔间距宜取 1.0～2.0m；对防止浆体外流布置于加固边界的封闭注浆孔，其间距宜加密，可选间距为 0.5～1.0m。用做地下水防渗的注浆至少应设置三排注浆孔，注浆孔间距可取 1.0～1.5m。

(2) 注浆点上覆土层厚度应大于 2.0m。但对于渗入性灌浆，在灌浆过程中通过降低地基土浅部注浆压力等措施，注浆点覆土最浅厚度可放宽至 1.0m。

(3) 对于新建建（构）筑物和设备基础的地基，应在基础底满堂型布孔，超出基础底面外边缘的宽度，每边不少于 1.0m。

(4) 对既有建（构）筑物和设备基础的地基，应沿基础侧向布孔，每侧不宜少于 1.0m。同时注浆孔应针对建筑物的不均匀沉降情况，以不同的密度进行孔位布置。

9.3.2　注浆压力

注浆施工前应先做试验性施工，确定注浆压力和每次注浆量。一般注浆的流量可取 7～10L/min；对充填型注浆，流量不宜大于 20L/min。劈裂注浆压力应能克服地层的初始应力和抗拉强度，砂土中注浆压力宜取 0.2～0.5MPa，黏性土中宜取 0.2～0.3MPa。压密注浆采用水泥砂浆浆液时，坍落度为 25～75mm，注浆压力为 1～7MPa。当塌落度较小时，注浆压力可取上限值。当采用水泥—水玻璃双液快凝浆液时，注浆压力应小于 0.1MPa。

9.3.3　水泥浆参数

(1) 在砂土地基中，浆液的初凝试验宜为 5～20min；在黏性土地基中，浆液的初凝时间宜为 1～2h。

(2) 注浆量和注浆有效范围，应通过现场注浆试验确定；在黏性土地基中，浆液注入率宜为 15%～20%。

(3) 浆液黏土应为 80～90s，封闭泥浆 7d 后 70.7mm×70.7mm×70.7mm 立方体试块的抗压强度应为 0.3～0.5MPa。

(4) 浆液宜用普通硅酸盐水泥。注浆时可部分掺用粉煤灰，掺入量可为水泥重量的 20%～50%。根据工程需要，可在浆液搅拌时加入速凝剂、减水剂和防析水剂。

(5) 注浆用水 pH 值不等小于 4。

(6) 水泥浆的水灰比可取 0.6～2.0，常用的水灰比为 1.0。

9.4　工程实例

9.4.1　工程概况

安徽合肥某配电房项目位于合肥市区内。配电房为已建建筑，单层框架结构，层高约4.2m。配电房占地面积约345m^2，建筑长约34m，北侧宽约9m，南侧宽约15m。配电房原基础类型为独立基础，框架结构，建成超过10年。原独立基础均放置在原状土层上，地基基础变形未超过允许值，主体结构未破坏。室内地坪采用素混凝土浇筑，未配筋。

运行多年后，室内地坪及室外地面均发生不同程度的差异沉降。室外多处出现裂缝，如图9－1所示，差异沉降十分明显；室内也已发生明显沉降，配电设备柜体局部已变形。根据现场量测，室外沉降变形最大值约19.5cm，不均匀沉降明显。

图9－1　配电房室外地基沉降产生的裂缝

配电房室内已产生了明显变形，对配电柜运行产生了不利影响，后期随着时间的推移，地基土仍具有继续沉降的可能，因此需对配电房地段进行基础或地基进行加固。

9.4.2　岩土工程条件

本工程场地地基岩土主要为第四系全新统人工填土和第四系上更新统黏土。场址址区的地层自上而下为：

①层素填土：杂色，稍湿，结构松散。本层自地表以下0.0～1.5m主要成分为黏性土，混多量碎石、块石、砖块等建筑垃圾，承载力分布不均匀，横向差异较大。1.5m以下主要为黏性土，淤泥等组成，多呈松散堆积状态，承载力低。该层在场地内均有分布，一般层厚2.90～4.00m。

②层黏土：灰黄、黄褐色，稍湿，可塑偏硬～硬塑，含少量铁锰结核，含少量灰白色高岭土团块，局部混少量姜石，切面有光泽、韧性高、干强度高。该层在场地内均有分布，层厚0.90～1.90m。

③层黏土：灰黄、黄褐色，稍湿，硬塑～坚硬，含少量铁锰结核，含少量灰白色高岭土团块，局部混少量姜石，切面有光泽、韧性高、干强度高。

场地内浅层地下水主要为上层滞水，主要赋存于上部素填土中，补给来源主要为大气降水，排泄方式主要为地面蒸发及向低洼处排泄，无稳定水位。勘察期间局部勘探孔未见地下水。场地内②和③层黏土具有一定的弱膨胀潜势。

场地典型工程地质剖面如图9－2所示：

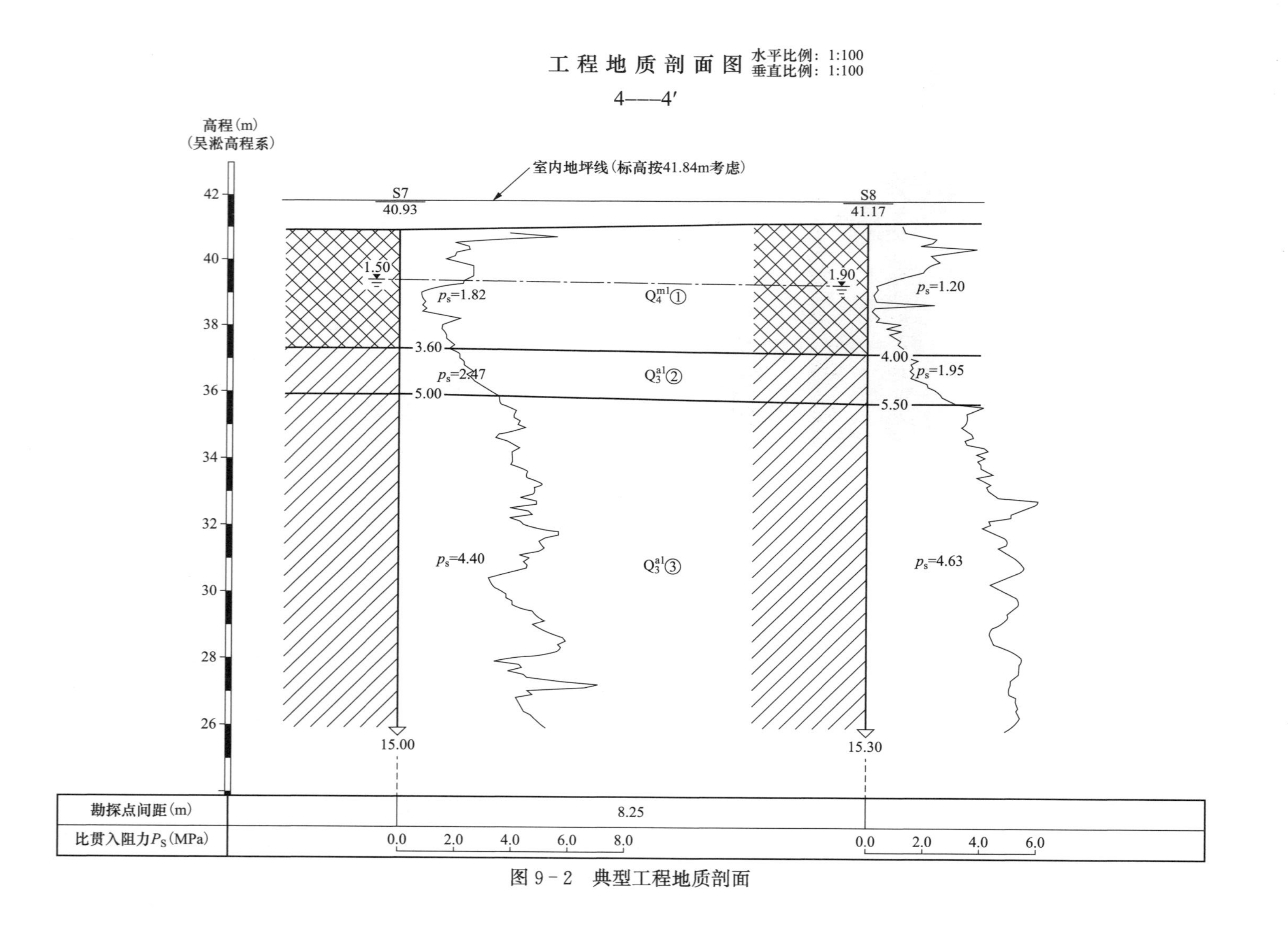

图 9-2　典型工程地质剖面

9.4.3 地基基础加固方案选型

本工程基础加固或地基处理主要位于配电房内。配电房内分布有配电柜等带电设备，操作空间有限。因此处理方案应具备适合狭小空间作业，且不产生危害带电设备的污染条件才能够被选用。

通常用的基础加固法有锚杆静压桩和微型桩法。锚杆静压法属于基础托换技术范畴，操作过程中不会产生泥浆污染，同时适合狭小空间操作，但该方法需要对原有配电房地坪今进行破除，重新配筋浇筑形成新的地坪，以供后期微型桩施工提供反力，并形成承台承重。本工程不具备重新做地坪的条件，因此本方法不适宜本工程。

微型桩通过钻孔后，灌注混凝土形成小直径桩体，通过桩体承受上部荷载；该类桩体施工过程中会产生泥浆污染，同时施工设备体积较大，不适合本工程有限空间作业。

地基加固常用的方法有地基土换填，水泥土搅拌桩和压密注浆。地基土换填需要将原有松散填土挖除，换填新的压实填土或素混凝土。本场地不具备大量换填操作空间，因此本方法不适宜本工程。水泥土搅拌桩施工设备体积大，且在施工过程中会产生粉尘或水泥浆污染，在本工程中不适宜。

灌浆法具有操作设备体积小，操作方便，适合狭小空间作业的特点；同时在操作过程中，污染范围小，通过拦挡，引流，封堵，隔断等措施，可避免对带电设备产生影响。因此本文建议采用压密注浆的方式，对配电房进行地基处理。

9.4.4 注浆法方案设计

（1）为加固软弱地基①层素填土，拟采用单液水泥注浆法，注浆孔间距 0.5～1.5m；注浆范围控制在建筑周边线以外 1m 内，加固深度为地面以下 5.0m。注浆孔点位分布示意图如图 9-3 所示。

（2）室外采用小间距注浆进行外围封闭，注浆孔间距按 0.5～1.0m 控制；室内注浆孔间距暂按 1.0～1.5m 控制，具体间距可根据室内条件做相应调整，但最大间距不得超过 2.0m。

（3）①层素填土主要填料为黏性土，属于黏性土地基，其注浆注入率按 20%。对于人工填土地基，采用多次注浆，间隔时间按浆液的初凝试验结果确定，且不应大于 4h。

（4）灰浆采用 PC 32.5 级水泥配置。灰浆水灰比为 0.6。灰浆灌注速度为 15～25L/min，每 3～5min 提升一次注浆管，边注边提，每次提升 50cm；注浆压力为 0.35～0.50MPa。

（5）注浆施工时，应采用自动流量和压力记录仪，并应及时进行数据整理分析。

（6）应采用跳孔间隔注浆。且先外围后中间的注浆顺序。对于既有建筑地基进行注浆加固时，应采用多孔间隔注浆和缩短浆液凝固时间等措施，减少既有建筑基础因注浆而产生附加沉降。

（7）对渗透系数相同的土层，应先注浆封顶，后由下而上进行注浆，防止浆液上冒。

（8）配电房室内注浆应采取有效措施，对配电柜、电缆及其他设备进行隔离保护，使注浆施工不影响带电设备正常运行。

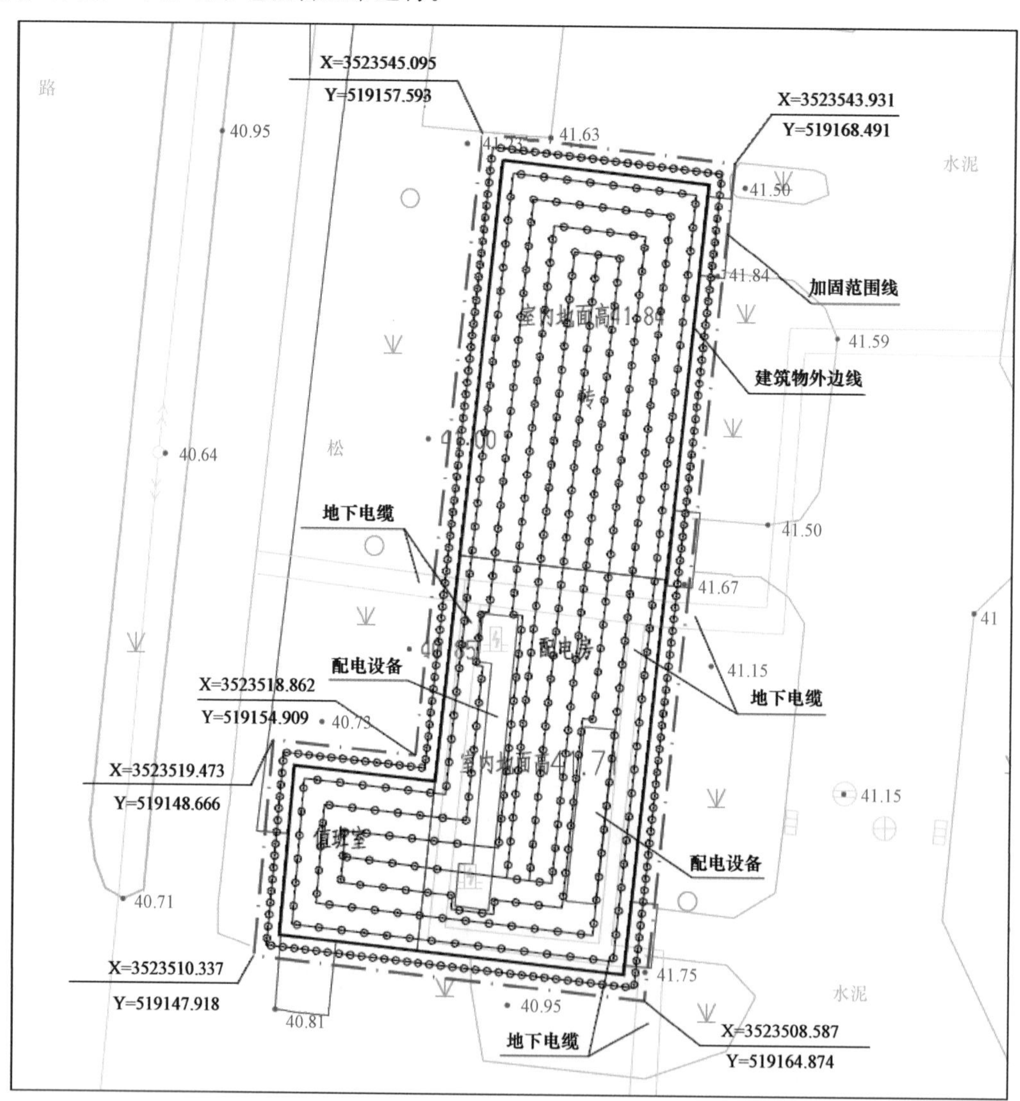

图 9-3　注浆孔点位分布示意图

9.4.5　地基处理效果评价

本工程采用了静力触探、面波法等方法对地基加固效果进行检验，本文主要介绍面波检测。通过对比未处理区域和处理区域地基土波速对比，对加固效果进行评价。

本次测试共完成4条测线，分别位于加固房屋的东侧（测线一），西侧（测线二）、房屋中间（测线三），对比测线（测线四）位于房屋东侧道路附近。其中测线一、二、三在注浆加固范围内测试；测线四位于为注浆未加固范围内测试，用于测试成果对比使用。具体成果如图9－4～图9－7所示。

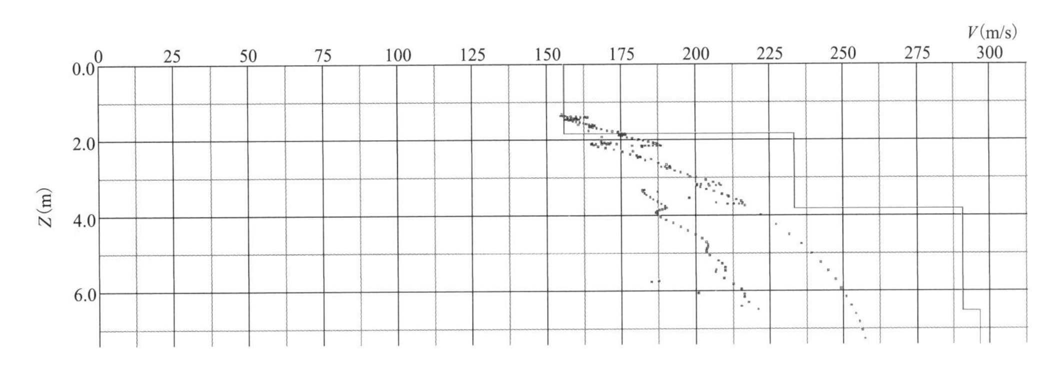

图9－4 测线一（配电房东侧）测试成果图

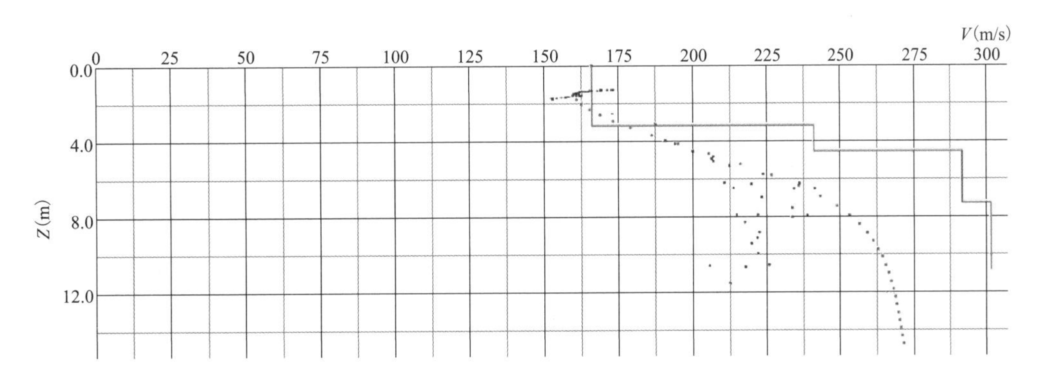

图9－5 测线二（配电房西侧）测试成果图

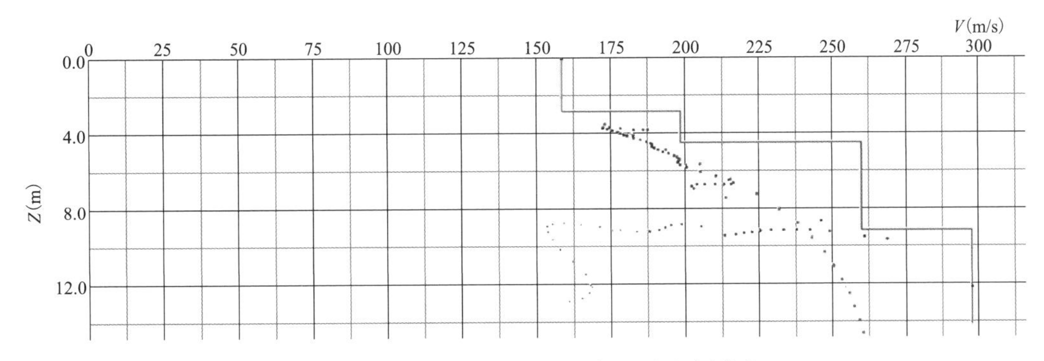

图9－6 测线三（配电房内部）测试成果图

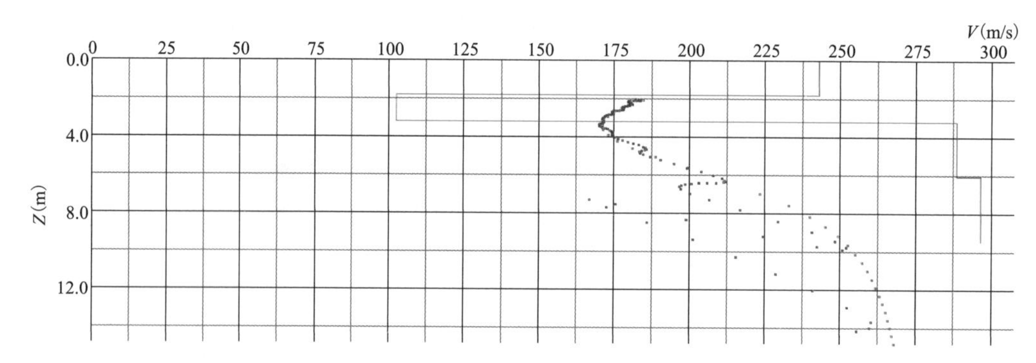

图 9-7　测线四（未加固范围，对比测线）测试成果图

根据剪切波分析未加固处理的填土剪切波速约为 102.6m/s，灌浆处理后的地基土剪切波速表层一般 150～170m/s，2～4m 处剪切波速 198～240m/s。根据 GB 50011—2010《建筑抗震设计规范（2016 年版）》处理前的地基土可按软弱土考虑，处理后的地基土可按中软土～中硬土考虑；加固后的地基土在承载能力和抗沉降变形能力上有了明显的提升。

下篇　边坡处理工程典型实例

第十章

坡　率　法

10.1　概述

随地形地貌等地质环境的变化在山区存在着不同性质的边坡，特别是在山区城镇的输变电工程建设过程中将遇到各类电力工程边坡。边坡防护方法较多，大体上可归为三类，即支挡法、锚固法、坡率法。对比支挡法和锚固法，坡率法具有相对安全、稳定性高、耐久性好、施工简单、造价经济、生态美观等优点，进行边坡防护设计时，在用地条件许可情况下且无不良地质作用时，宜优先采用。

10.2　基本原理

坡率法（也称自然放坡法）的含义是当工程场地有放坡条件且无不良地质作用时，通过控制边坡高度和坡度（即坡率），无需对建筑边坡整体进行支护，致使建筑边坡自身达到稳定目的的一种人工放坡设计方法，其原理是使边坡对所有可能的潜在滑动面的抗滑力和下滑力处于安全的平衡状态。

坡率法是一种比较经济、施工方便的人工边坡处理方法，在挖方边坡和填方边坡中广泛使用，适用于岩层和各类土层中，要求地下水位较低，放坡开挖时有足够的场地。坡率法可分别与支挡法、锚固法等方法联合应用，形成组合边坡。对于土质边坡而言，一般采用圆弧滑动条分法（如 Fellenius 法、简化 Bishop 法、Janbu 法、Morgenstern - Price 法等）进行极限平衡分析，对于岩质边坡而言，需调查结构面的发育情况，判断岩质边坡的破坏模式，如平面滑动、楔形滑动等，按照相应的破坏模式进行稳定性分析。除传统的极限平衡法外，对于复杂边坡或规模较大的边坡而言，也可采用数值模拟方法（如强度折减法）计算边坡的安全系数。按照极限平衡法或数值方法计算得到的边坡安全系数需不小于规范中要求的设计稳定安全系数。

10.3　设计方法

坡率法设计时，根据规范初选坡率，结合土质参数验算边坡整体稳定性；在边坡稳

定安全系数满足规范要求的前提下，选择适用的坡面防护形式，植被种类；完善坡顶截水，坡面排水措施，才能设计出兼具安全经济、生态景观的边坡。

1. 坡率确定

（1）土质边坡。

土体具有散体性、多相性和自然变异性，影响土质边坡稳定的因素众多的特点，土质边坡设计仍处于半经验半理论的阶段，其坡率允许值可根据经验，按工程类比的原则并结合已有稳定边坡坡率值分析确定。当无经验且土质均匀良好、地下水贫乏、无不良地质现象和地质环境条件时，可根据土体类别、状态和坡高范围，参照表 10－1 确定。

表 10－1　　土质边坡坡率允许值

边坡土体类别	状态	坡率允许值（高宽比）	
		坡高小于 5m	坡高 5～10m
碎石土	密实	1∶0.35～1∶0.50	1∶0.50～1∶0.75
	中密	1∶0.50～1∶0.75	1∶0.75～1∶1.00
	稍密	1∶0.75～1∶1.00	1∶1.00～1∶1.25
黏性土	坚硬	1∶0.75～1∶1.00	1∶1.00～1∶1.25
	硬塑	1∶1.00～1.1.25	1∶1.25～1∶1.50

注 1 碎石土的充填物为坚硬或硬塑状态的黏性土；
2 对于砂土或充填物为砂土的碎石土，其边坡坡率允许值应按砂土或碎石土的自然休止角确定。

（2）岩质边坡。

在保证边坡整体稳定的条件下，岩质边坡开挖的坡率允许值应根据工程经验，按工程类别的原则结合已有稳定边坡的坡率值分析确定。对无外倾软弱结构面的边坡，放坡坡率可按表 10－2 确定。

表 10－2　　岩质边坡坡率允许值

边坡岩体类型	风化程度	坡率允许值（高宽比）		
		$H<8$m	8m$\leqslant H<$15m	15m$\leqslant H<$25m
Ⅰ类	未（微）风化	1∶0.00～1∶0.10	1∶0.10～1∶0.15	1∶0.15～1∶0.25
	中等风化	1∶0.10～1∶0.15	1∶0.15～1∶0.25	1∶0.25～1∶0.35
Ⅱ类	未（微）风化	1∶0.10～1∶0.15	1∶0.15～1∶0.25	1∶0.25～1∶0.35
	中等风化	1∶0.15～1∶0.25	1∶0.25～1∶0.35	1∶0.35～1∶0.50
Ⅲ类	未（微）风化	1∶0.25～1∶0.35	1∶0.35～1∶0.50	—
	中等风化	1∶0.35～1∶0.50	1∶0.50～1∶0.75	—
Ⅳ类	中等风化	1∶0.50～1∶0.75	1∶0.75～1∶1.00	—
	强风化	1∶0.75～1∶1.00	—	—

注 1 H——边坡高度；
2 Ⅳ类强风化包括各类风化程度的极软岩；
3 全风化岩体可按土质边坡坡率取值。

（3）其他类型边坡。

如果边坡类型和高度超过了表 10－1 和表 10－2 范围的边坡，则需通过稳定性计算分析确定，如有外倾软弱结构面的岩质边坡；土质较软的边坡；坡顶边缘有较大荷载的边坡。尤其是对于填方边坡，其坡率允许值应根据边坡稳定性计算结果并结合地区经验确定。

在坡高范围内，不同的岩土层可采用不同的坡率放坡。例如开挖边坡常常遇到的土层序列为：坡积—残积—全风化—土状强风化层，适用上缓下陡的坡率。具体土层坡率需根据岩土工程勘察报告划分的不同土层，选择可靠性和适用性好的土体物理力学参数（主要是土的抗剪强度指标 c，φ 和土的重度 γ 值）分析计算确定。

2. 边坡稳定性评价

边坡抗滑移稳定性计算可采用刚体极限平衡法。对结构复杂的岩质边坡，可结合采用极射赤平投影法和实体比例投影法；当边坡破坏机制复杂时，可采用数值极限分析法。

计算沿结构面滑动的稳定性时，应根据结构面形态采用平面或折线型滑面；计算土质边坡、极软岩边坡、破碎或极破碎岩质边坡的稳定性时，可采用圆弧型滑面。可按 GB 50330—2013《建筑边坡工程技术规范》附录 A 选择不同的计算方法。

本次重点介绍边坡圆弧形滑面。圆弧型滑面是边坡工程中遇到较多的破坏形式，可通过简化毕肖普（Simplified Bishop）法进行抗滑移稳定性计算。计算原理如下：将滑动土体分成若干竖向土条，土条分的越细，计算越准确，通过计算每个土条滑动面上的抗滑力和滑动力，并分别累加起来，其比值即为边坡稳定性安全系数。在圆弧滑动计算中，圆弧面为假定，因此，需要试算多个可能的滑动面，找出最危险的滑动面，即最小稳定安全系数所对应的滑动面，其必须满足规范规定的数值。由于该项工作手算相当复杂和繁琐，设计时一般采用成熟的岩土计算软件边坡稳定分析模块，自动搜索最危险滑裂面。

3. 坡面防护措施

常用坡面防护措施包括：植草、三维植被网、浆砌石骨架植物、水泥混凝土空心块（正方形或六边形）植物、挂网喷射混凝土等护坡类型。详见第六章 坡面防护与绿化。

4. 截排水措施

截排水措施包括：在边坡坡顶、坡面、坡脚和水平台阶处设置排水系统，防止坡面雨水汇集后，对下部边坡坡面的冲刷侵蚀；同时在坡顶外围设截水沟，避免边坡结构以上大面积坡面来水对边坡防护结构的破坏；当边坡表层有积水湿地、地下水渗出或地下水露头时，应根据实际情况设置外倾排水孔、排水盲沟和排水钻孔。

10.4 工程实例

10.4.1 安徽黄山歙县某变电站挖方边坡

1. 工程概况

黄山某110kV变电站位于黄山市歙县，根据站址总平面布置需要，本工程场地北侧、东侧、南侧、西侧和进站道路两侧区域将形成长约170m、最高约16m的挖方边坡，在站址东南角区域将形成长约15m、最高约5.5m的人工填方边坡，挖方边坡岩土体主要为残坡积土、全风化泥质灰岩、强风化～中风化泥质灰岩，边坡上部残坡积土厚度一般不超过1.5m，挖方边坡类型以岩质边坡为主。本次工程实例重点分析挖方边坡。

根据GB 50330—2002《建筑边坡工程技术规范》规定，考虑到工程的重要性和边坡高度、地质复杂程度等情况，本工程边坡安全等级为二级。

2. 地层与岩性特征

场地岩土层主要由坡积土、全～中风化的泥质灰岩构成。地层自上而下为：

①层坡积土：杂色，松散，湿，表层含植物根茎，以黏性土为主，含少量碎石、泥质灰岩风化物等。该层厚度约0.3～2.2m。

$②_1$层泥质灰岩：灰黑色，全风化，结构大部分破坏，节理、裂隙发育，以微粒或泥状结构为主，主要矿物成分为方解石、白云石。该层厚度0.4～1.6m。

$②_2$层泥质灰岩：灰黑色，强～中风化，结构部分破坏，节理、裂隙发育，以微粒或泥状结构为主，夹有薄层全风化泥岩，主要矿物成分为方解石、白云石。

3. 分析所需参数

（1）安全系数要求。

边坡安全等级为二级，支护结构设计使用年限为50年，抗震设防烈度为6度。本次进行支护结构及边坡坡形设计时，按正常使用状态进行设计，考虑自重荷载，设计稳定安全系数取值如下：

挖方边坡稳定安全系数取为1.3。

（2）计算所需参数。

边坡岩土体设计参数取值如表10－3。

表10－3　岩土体主要物理力学性质指标取值表

项目 \ 岩土体名称		①层坡积土	$②_1$层泥质灰岩	$②_2$层泥质灰岩	填土
容重	天然状态	18.0	19.5	21.5	19.0

续表

项目 \ 岩土体名称			①层坡积土	②$_1$ 层泥质灰岩	②$_2$ 层泥质灰岩	填土
抗剪强度	天然状态	C（kPa）	/	8	/	0
		φ（°）	/	23	/	35

4. 结构面特征

根据地质调查，本场地结构面包括岩层层面、不同岩性的分界面、不同风化带界面、构造节理面等。在边坡中单一存在的、规模较大的、已基本贯通的结构面有地层或岩性分界面和风化带界面；在边坡中重复出现的、规模较小的、断续贯通的结构面有节理（裂隙）等，当这种结构面在边坡中有规律的重复出现和处于有利方位时，将会对边坡的破坏产生明显影响。

根据结构面调查统计，站址区内优势结构中心较单一，主要是层面和两组构造节理面，层面产状变化较大，产状范围为 250°～280°∠25°～40°，根据统计得出优势产状为 265°∠35°。两组节理面产状范围分别为 110°～160°∠44°～75°和 69°～95°∠49°～60°，根据统计得出优势产状分别为 140°∠50°和 80°∠55°。

本场地内泥质灰岩主要以薄层为主，部分岩体为页片状。结构面隙宽以 0～10mm 居多，少数结构面隙宽大于 20mm。大部分结构面平直，少数有波状起伏；充填物以泥质、钙质为主，部分无充填。构造节理面间距多在 0.3～1.0m 之间，迹长一般为5.0～15.0m。

5. 结构面计算参数

(1) 本工程结构面类型主要为层面和 2 组构造节理面，其中，结构面内多充填黏性土或无充填，局部区域充填泥化夹层，总体而言，结构面属于结合差。

(2) 当岩质开挖边坡高度较大时，由于结构面具有延伸性和岩桥，整体边坡发生滑动时需切穿岩体，整体边坡较局部台阶边坡的结构面抗剪强度大。

(3) 本次挖方边坡可能的破坏模式主要为平面滑动和楔形滑动，极限平衡法计算涉及的滑动面考虑的是结构面的强度。综上所述，选取计算参数如表 10－4 所示，其中，对于层面而言，由于层面的延伸性好，在计算时不考虑局部边坡和整体边坡的差异，均按统一的参数计算。

表 10－4　　极限平衡法计算参数

结构面类型 \ 参数	黏聚力 C（kPa）		内摩擦角 ϕ（°）	
	局部边坡	整体边坡	局部边坡	整体边坡
节理面	8.0	20.0	22.0	24.0
层面	/	8.0	/	20.0

6. 计算原理

挖方边坡破坏模式为平面滑动和楔形滑动，在站址区各挖方边坡地段选取典型计算剖面进行稳定性计算，对于人工挖方边坡而言，由于结构面可能出现在边坡面中的任意位置，本次计算时采用了搜索算法，以剪出口高程作为搜索变量对整个边坡面进行搜索计算，剪出口高程范围从坡脚直至坡顶。

7. 计算结果

(1) 北侧边坡。

该段边坡倾向为180°，分为2级放坡，由下至上，第一级边坡坡率为1∶0.85，高度为8m，第二级边坡坡率为1∶1，最大高度约8.1m，马道平台宽度为1.6m，具体剖面见图10－1。边坡的潜在破坏模式为楔形滑动，边坡稳定性计算成果见表10－5。

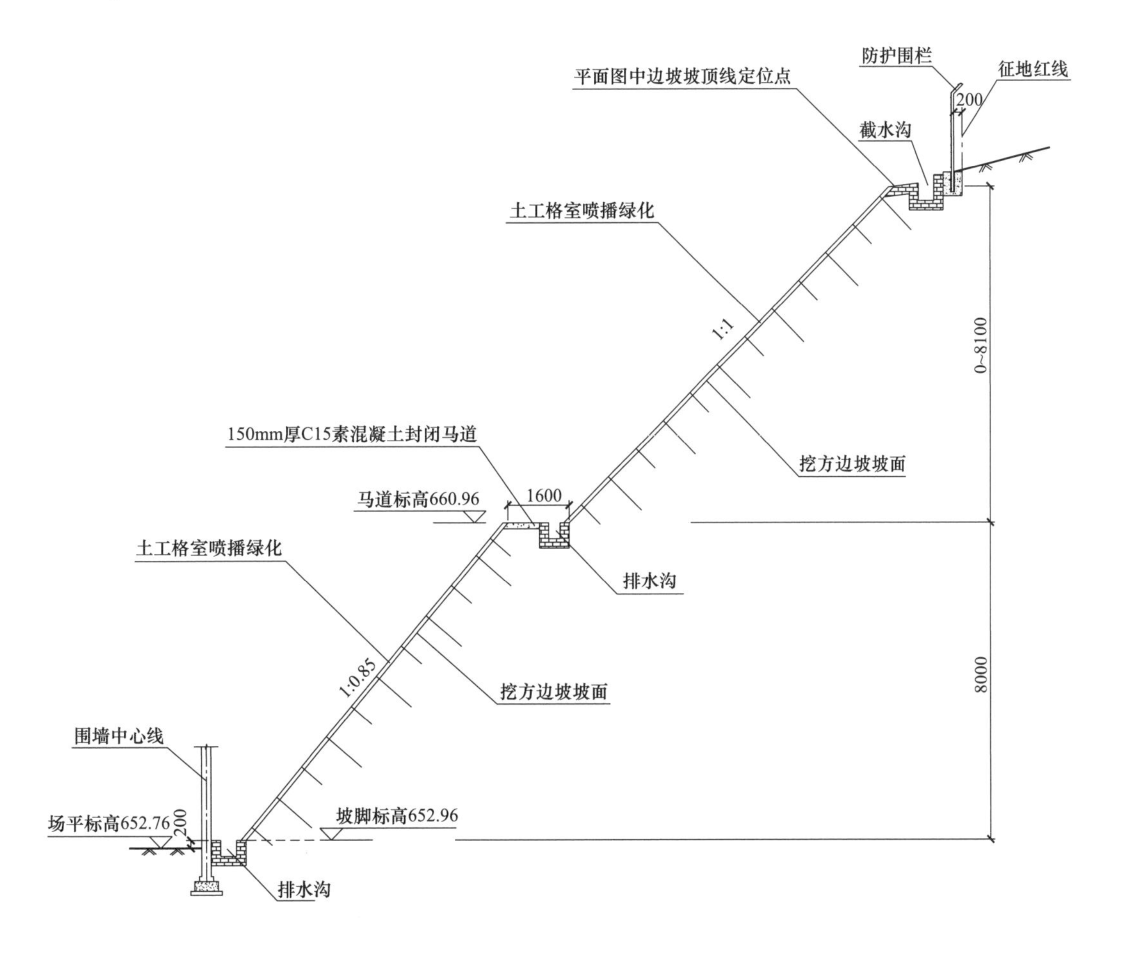

图10－1　北侧边坡剖面

表 10-5　　北侧边坡楔形滑动计算结果

坡面倾向 (°)	剪出口标高 (m)	滑向 (°)	倾角 (°)	滑体体积 (m^3)	安全系数
180	652.96	210	22	1781	2.05

(2) 东侧边坡。

该段边坡倾向为 270°，按照坡率法进行放坡处理，设计坡率为 1∶1，采用单级放坡处理，具体剖面见图 10-2。边坡的潜在破坏模式为平面滑动，边坡稳定性计算成果如表 10-6 所示。

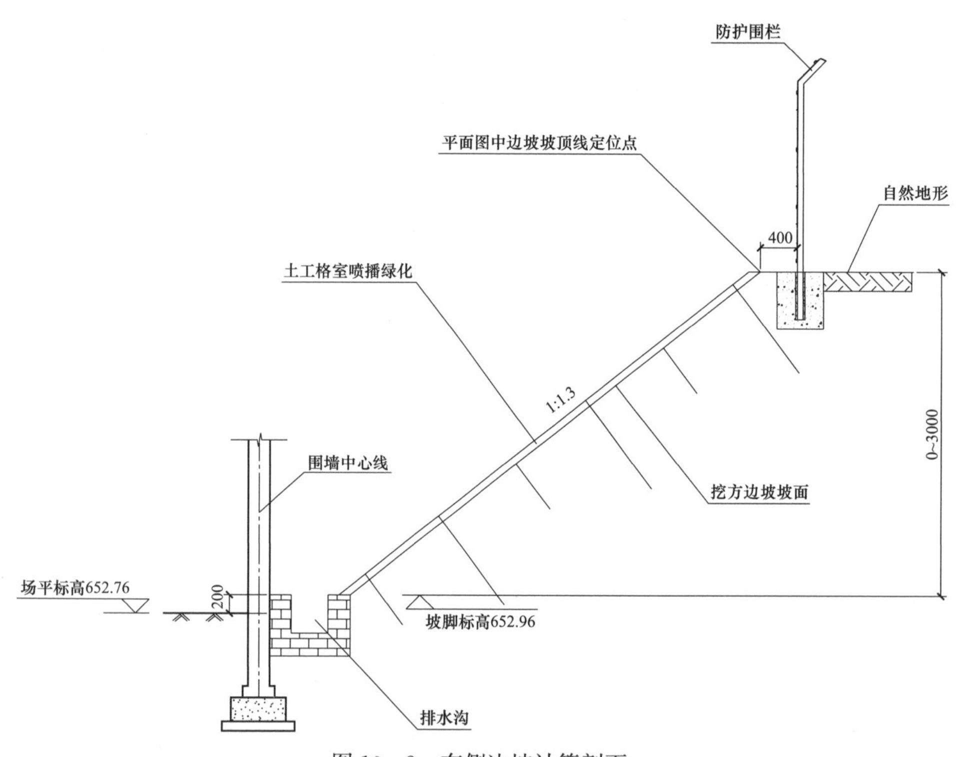

图 10-2　东侧边坡计算剖面

表 10-6　　东侧边坡楔形滑动计算结果

坡面倾向 (°)	剪出口标高 (m)	滑向 (°)	倾角 (°)	滑体体积 (m^3)	安全系数
270	652.96	270	28	4	2.19

(3) 南侧边坡。

该段边坡倾向为 0°，按照坡率法进行放坡处理，设计坡率为 1∶1，采用单级放坡处理，无平面滑动和楔形滑动，边坡可能的破坏为掉块、局部滑塌等，具体剖面见图10-3。

(4) 西侧边坡。

该段边坡倾向为 90°，按照坡率法进行放坡处理，设计坡率为 1∶1，采用单级放坡处理，无平面滑动和楔形滑动，边坡可能的破坏为掉块、局部滑塌等，具体剖面见图 10-4。

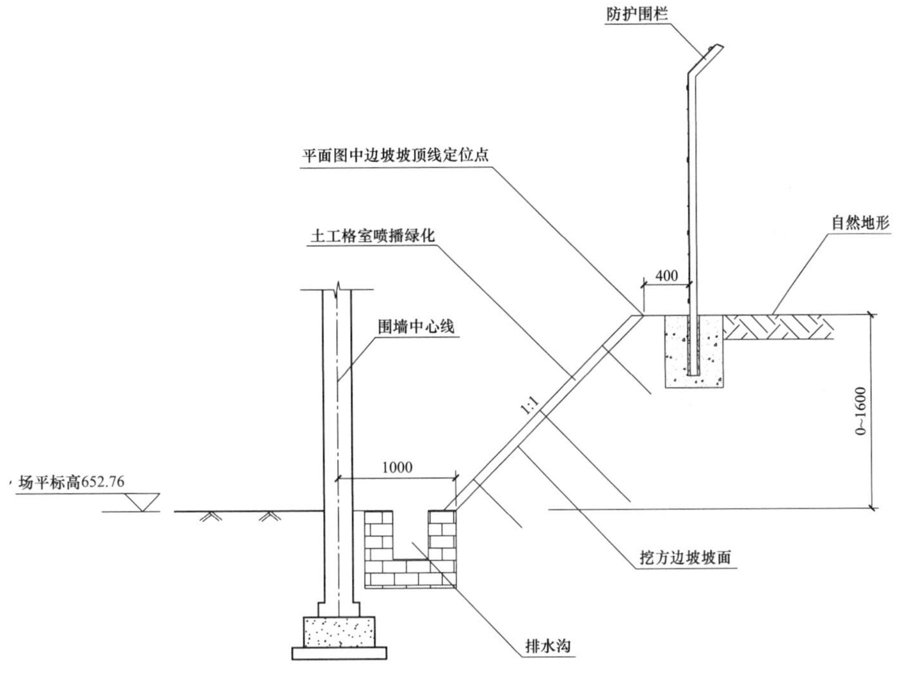

图 10-3　南侧边坡计算剖面

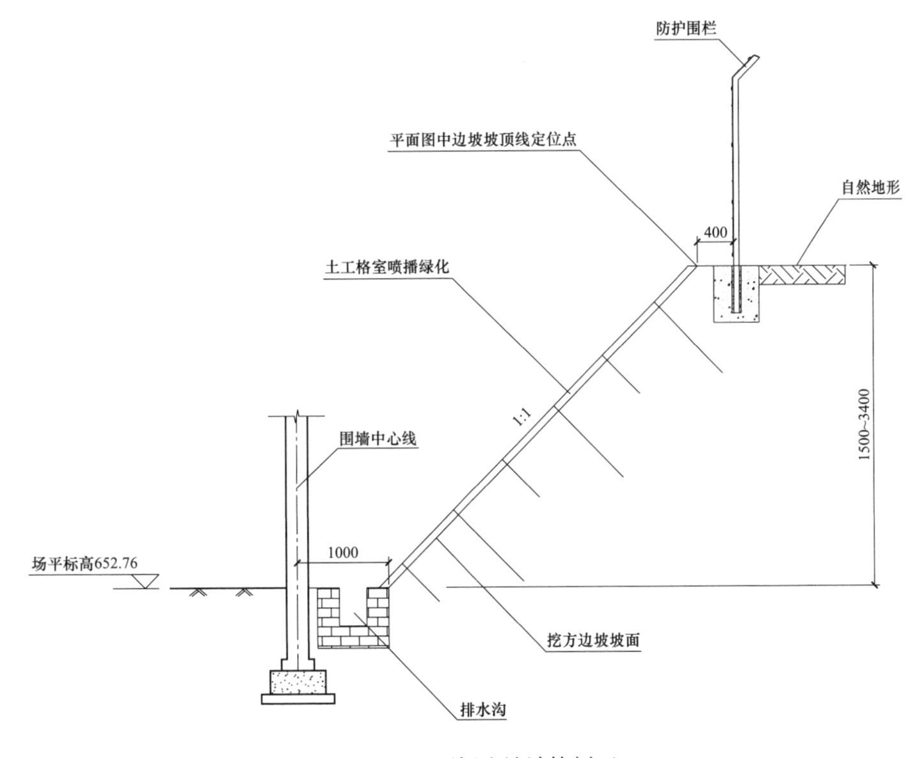

图 10-4　西侧边坡计算剖面

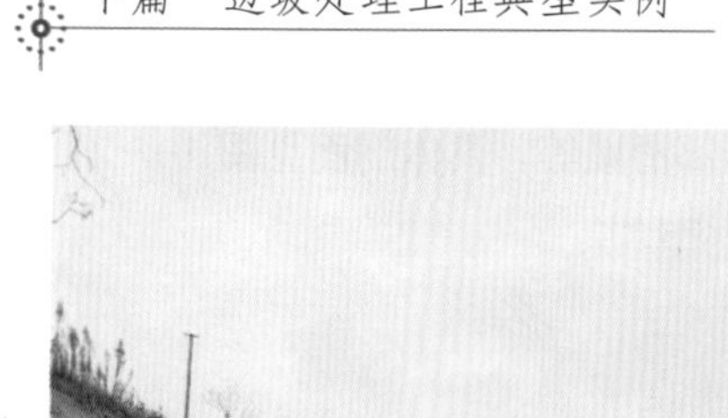

图 10－5 边坡竣工后的照片

边坡稳定性计算结果均满足设计稳定安全系数要求。

8. 工程效果评价

该工程于 2019 年投运，图 10－5 为边坡竣工后的照片，边坡自投运以来，变形已稳定，边坡稳定运行 2 年时间，工程效果良好。

10.4.2 安徽黄山休宁某升压站挖方边坡

1. 工程概况

安徽黄山某风电场 110kV 升压站工程位于黄山市休宁县，根据站址总平面布置需要，本工程场地北侧、东侧、西侧将形成挖方边坡，挖方边坡岩土体主要为坡积土、花岗岩，上部为坡积块石土、下部为强风化～中风化花岗岩，挖方边坡类型属于土岩组合边坡。考虑到工程的重要性和边坡高度、地质复杂程度等情况，本工程边坡安全等级为二级。

2. 地层与岩性特征

场地岩土层主要由坡积土、全～中风化的泥质灰岩构成。地层自上而下为：

①层块石（Q_4^{dl}）：杂色，松散～稍密，母岩成分为花岗岩，辉长岩和钙质页岩等，次棱角状，块径 20～60cm 之间，最大块径约 100cm，含量大于 70%，级配不良，间隙充填大量砂质黏性土及砂砾石，表层富含腐殖质，该层主要为山顶基岩崩解后滚落坡积，以及少量近期砌筑梯田时从沟中搬上去形成。山上表层有 30cm 根植土含植物根茎等。该层一般厚度约 0.7～3.0m。

②层块石（Q_4^{dl}）：杂色，中密，母岩成分为花岗岩，辉长岩和钙质页岩等，次棱角状，块径 20～80cm 之间，最大块径约 100cm，含量大于 80%，级配不良，碎石、砂砾石充填为主，该层主要为山顶基岩崩解后滚落坡积形成。

③层花岗岩（γ）：灰白、灰绿色，全风化为主，浅部有少量残积土，为花岗岩全风化形成，呈砾砂状，主要成分为石英、云母等含黏性土充填。该层一般厚度约 0.6～1.2m。

④层花岗岩（γ）：灰白、灰绿色，强风化为主，浅部有少量全风化，中粒结构，块状构造，节理裂隙较发育，岩体较为破碎。该层一般厚度约 0.7～3.9m。

⑤层花岗岩（γ）：灰白、灰绿色，中风化为主，浅部有少量强风化，中粒结构，块

状构造，节理裂隙一般发育，岩体较为完整，有竖向节理裂隙，岩芯多呈短柱状和柱状，裂隙处破碎呈块状。本次未揭穿。

3. 分析所需参数

（1）安全系数要求。

边坡安全等级为二级，支护结构设计使用年限为50年，抗震设防烈度为6度。本次进行支护结构及边坡坡形设计时，按正常使用状态进行设计，考虑自重荷载，设计稳定安全系数取值如下：

挖方边坡稳定安全系数取为1.3。

（2）计算所需参数。

边坡岩土体设计参数取值见表10－7。

表10－7　　　　岩土体主要物理力学性质指标取值表

项目层号	重力密度 γ (kN/m^3)	压缩模量 E_{s1-2} (MPa)	黏聚力 C (kPa)	内摩擦角 Φ (°)	承载力特征值 f_{ak} (kPa)
①$_1$ 杂填土	17.5	/	/	/	/
①块石	19.5	9	/	28	160
②块石	20.5	13	/	35	220
③花岗岩	20.0	12	/	30	200
④花岗岩	21.0	/	/	/	300
⑤花岗岩	22.0	/	/	/	600

4. 计算原理

挖方边坡破坏模式为圆弧形滑动，平面滑动计算原理如下，平面滑动剖面示意图如图10－6所示。

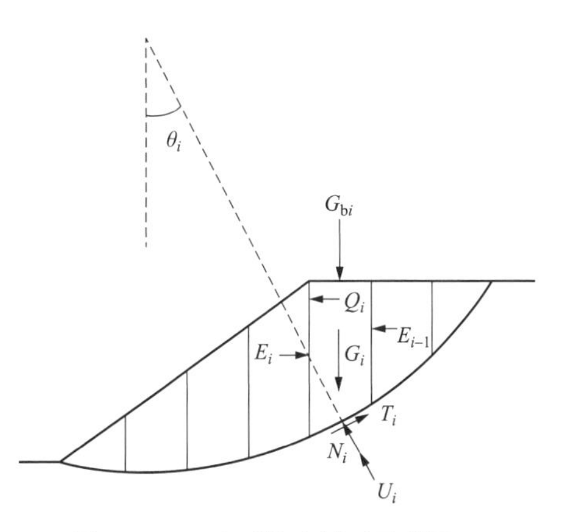

图10－6　平面滑动剖面示意图

安全系数计算公式为：

$$F_s=\frac{\sum_{i=1}^{n}\frac{1}{m_{\theta i}}[c_i l_i\cos\theta_i+(G_i+G_{bi}-U_i\cos\theta_i)\tan\varphi_i]}{\sum_{i=1}^{n}[(G_i+G_{bi})\sin\theta_i+Q_i\cos\theta_i]}\tag{10-1}$$

式中：　F_s——边坡稳定性系数；

c_i——第 i 计算条块滑面黏聚力（kPa）；

φ_i——第 i 计算条块滑面内摩擦角（°）；

l_i——第 i 计算条块滑面长度（m）；

θ_i——第 i 计算条块滑面倾角（°），滑面倾向于滑动方向相同时取正值，滑面倾向与滑动方向相反时取负值；

U_i——第 i 计算条块滑面单位宽度总水压力（kN/m）；

G_i——第 i 计算条块单位宽度自重（kN/m）；

G_{bi}——第 i 计算条块单位宽度竖向附加荷载（kN/m），方向指向坡外时取正值，指向坡内时取负值；

n——条块数量。

在站址区各挖方边坡地段选取典型计算剖面进行稳定性计算。

5. 计算结果

（1）北侧边坡。

该段边坡分为三级放坡，由下至上，第一级坡率为 1∶0.8，马道宽度为 2～3m，第二级坡率为 1∶1.3，马道范围布置排水沟，第三级为仰斜式挡土墙＋放坡方案，放坡坡率为 1∶1.3，具体剖面见图 10－7。边坡的潜在破坏模式为圆弧形滑动，经计算，边坡稳定性满足要求。

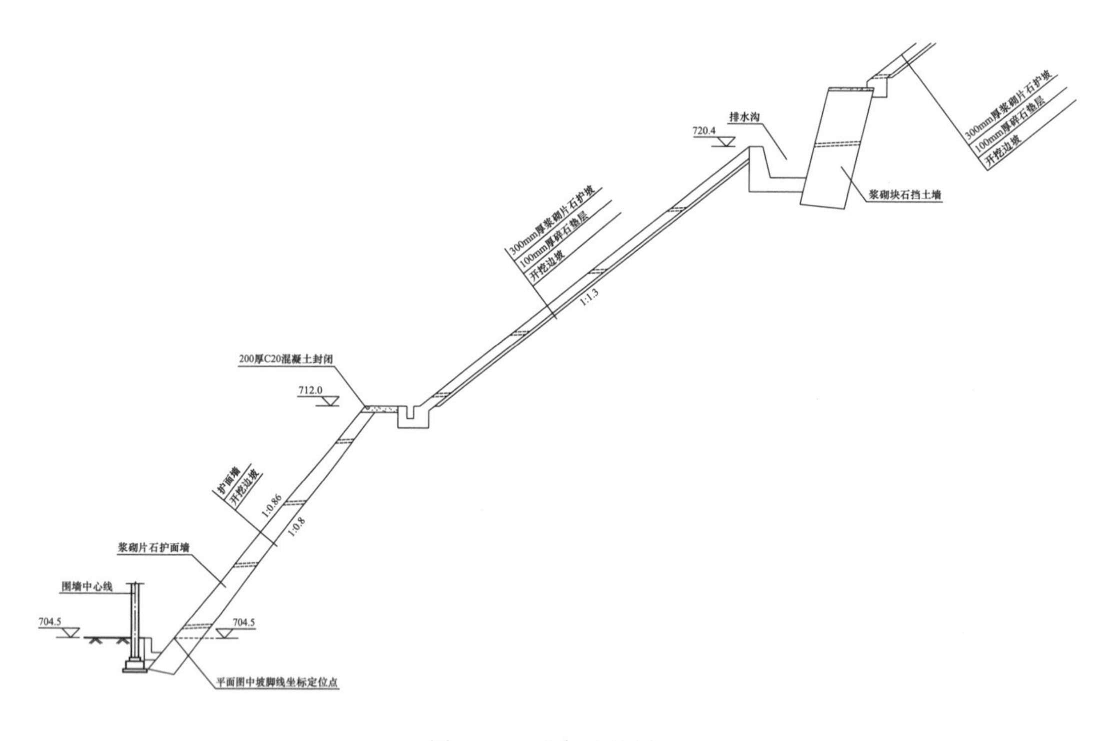

图 10－7　北侧边坡剖面

（2）西侧边坡。

该段边坡为单级放坡，坡率 1∶1.2，具体剖面见图 10－8。边坡的潜在破坏模式为圆弧形滑动，经计算，边坡稳定性满足要求。

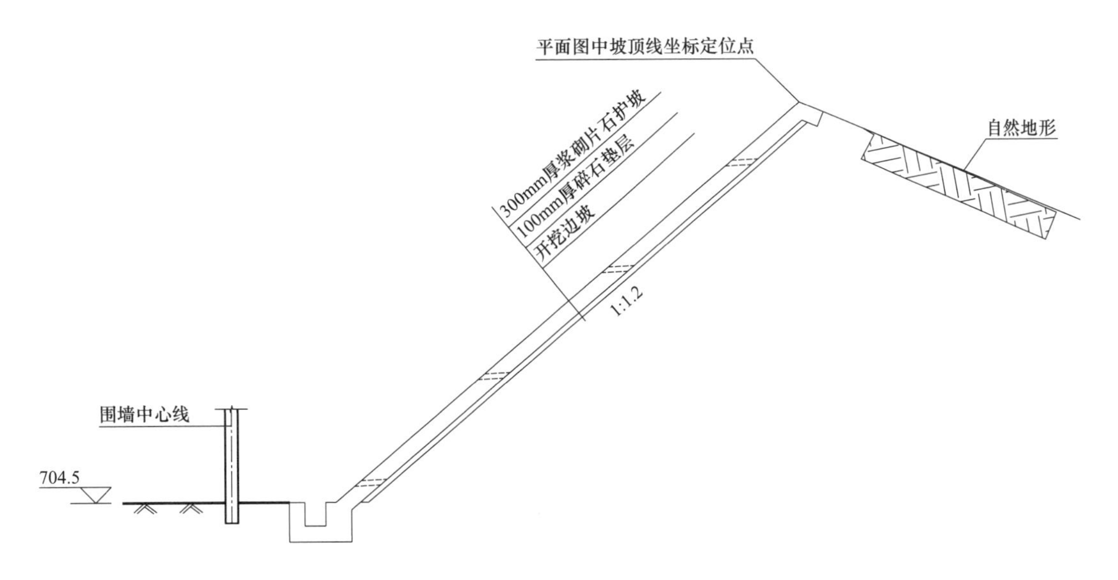

图 10－8　西侧边坡计算剖面

（3）东侧边坡。

该段为单级放坡，坡率 1：1.2，采用浆砌片石护坡，具体剖面见图 10－9。边坡的潜在破坏模式为圆弧形滑动，经计算，边坡稳定性满足要求。

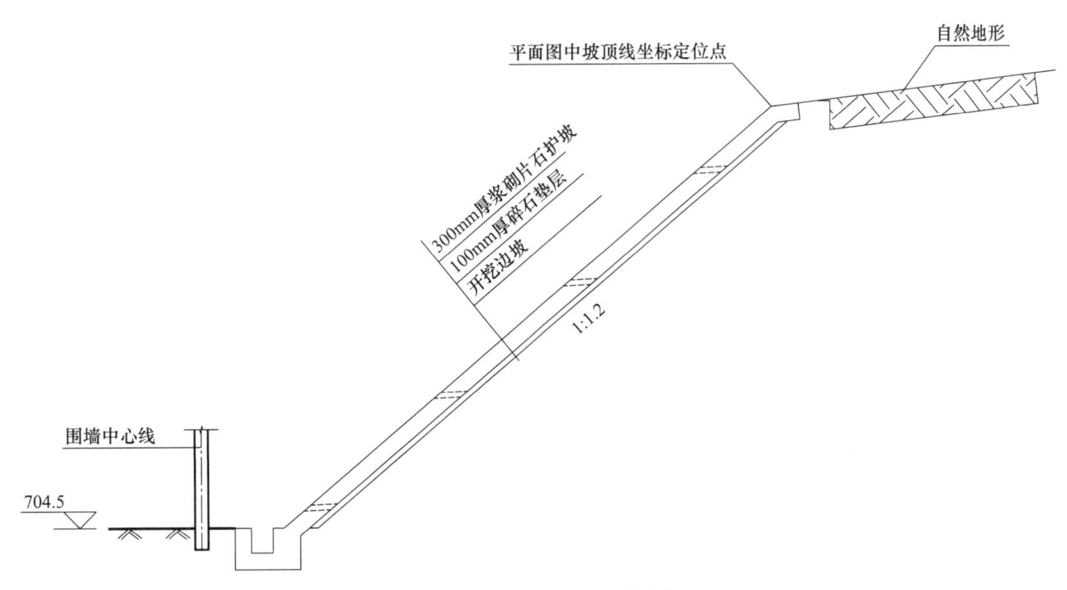

图 10－9　东侧边坡计算剖面

第十一章 挡土墙

11.1 概述

挡土墙是用来支撑填土或原状挖方岩土体，防止填土或原状岩土体变形失稳的一种构筑物。在电力工程中，挡土墙用来稳定场坪区域填土，支挡挖方区域岩土体，减少土石方工程量和占地面积，一般用于设计场坪标高与原始地面之间存在高差的地方，一般高差在10m以内应用挡土墙较为普遍，在山区工程中，挡土墙应用最为广泛。

11.2 基本原理

11.2.1 土压力计算方法介绍

各类形式的挡土墙都以支撑土体使其保持稳定为目的，挡土墙所受的主要荷载就是土压力（对于滑坡支挡工程，主要承受滑坡推力），在设计挡土墙前，需根据具体情况选用合适的土压力计算模型。根据挡土墙的位移和墙后土体所处的应力状态，土压力可分为以下三种类型。

（1）静止土压力。

在土压力作用下，墙体不发生变形和任何位移，墙后土体处于弹性平衡状态，墙背所受的土压力称为静止土压力，静止土压力计算公式见式（11-1）：

$$e_{0i}=(\sum_{j=1}^{i}\gamma_j h_j+q)K_{0i} \tag{11-1}$$

式中：e_{0i}——计算点处的静止土压力；

γ_j——计算点以上第 j 层土的重度；

h_j——计算点以上第 j 层土的厚度；

q——坡顶附加均布荷载；

K_{0i}——计算点处的静止土压力系数。静止土压力系数宜通过试验确定，当无试验资料时，对砂土可取0.34～0.45，对黏性土可取0.5～0.7。

（2）主动土压力。

在土压力作用下，挡土墙向前产生微小的移动或转动，使墙对土体的侧向应力逐渐减小，土体出现向下滑动的趋势，土压力减小到最小值，土体处于极限平衡状态，即主动极限平衡状态，此时的土压力为主动土压力。主动土压力建议优先考虑按库伦土压力理论计算，当墙背直立光滑、土体表面水平时，也可按照朗肯土压力理论计算。主动土压力合力计算公式见式（11－2）：

$$E_a=\frac{1}{2}\gamma H^2 K_a \tag{11-2}$$

式中：K_a——主动土压力系数，详细的计算方法见 GB 50330—2013《建筑边坡工程技术规范》和相关土力学教材。

（3）被动土压力。

挡土墙在外力作用下，移动或转动方向是推挤土体，从而逐渐增大墙对土体的侧向应力，使土体产生向上滑动的趋势，当土压力增大到最大值，土体便处于极限平衡状态，即被动极限平衡状态，此时的土压力为被动土压力。被动土压力建议优先考虑按朗肯土压力理论计算。

$$e_{pi}=\left(\sum_{j=1}^{i}\gamma_j h_j+q\right)K_{pi}+2c_i\sqrt{K_{pi}} \tag{11-3}$$

式中：e_{pi}——计算点处的被动土压力；

K_{pi}——计算点处的被动土压力系数，按照朗肯土压力理论，被动土压力系数取值见式（11－4）：

$$K_{pi}=\tan^2(45°+\varphi_i/2) \tag{11-4}$$

11.2.2　挡土墙稳定性验算

挡土墙的稳定性验算是挡土墙设计中的控制性因素，主要包括抗滑稳定性、抗倾覆稳定性、偏心距、地基承载力和墙身截面强度验算。

根据 GB 50330—2013《建筑边坡工程技术规范》，对于重力式挡土墙而言，如图 11－1 所示，抗滑移稳定计算如式（11－5）～式（11－9）所示。

$$F_s=\frac{(G_n+E_{an})\mu}{E_{at}-G_t}\geqslant 1.3 \tag{11-5}$$

$$G_n=G\cos\alpha_0 \tag{11-6}$$

$$G_t=G\sin\alpha_0 \tag{11-7}$$

$$E_{at}=E_a\sin(\alpha-\alpha_0-\delta) \tag{11-8}$$

$$E_{an}=E_a\cos(\alpha-\alpha_0-\delta) \tag{11-9}$$

式中：E_a——每延米主动岩土压力合力；

F_s——挡墙抗滑移稳定系数；

G——挡墙每延米自重；

α——墙背与墙底水平投影的夹角；

α_0——挡墙底面倾角；

δ——墙背与岩土的摩擦角；

μ——挡墙的基底摩擦系数。

如图 11－2 所示，重力式挡土墙的抗倾覆稳定计算如下：

$$F_t=\frac{Gx_0+E_{az}x_f}{E_{ax}z_f}\geqslant 1.6 \tag{11-10}$$

$$E_{az}=E_a\cos(\alpha-\delta) \tag{11-11}$$

$$E_{ax}=E_a\sin(\alpha-\delta) \tag{11-12}$$

$$x_f=b-z\cot\alpha \tag{11-13}$$

$$z_f=z-b\tan\alpha_0 \tag{11-14}$$

式中：F_t——挡墙抗倾覆稳定系数；

b——挡墙底面水平投影宽度；

x_0——挡墙中心到墙趾的水平距离；

z——岩土压力作用点到墙踵的竖直距离。

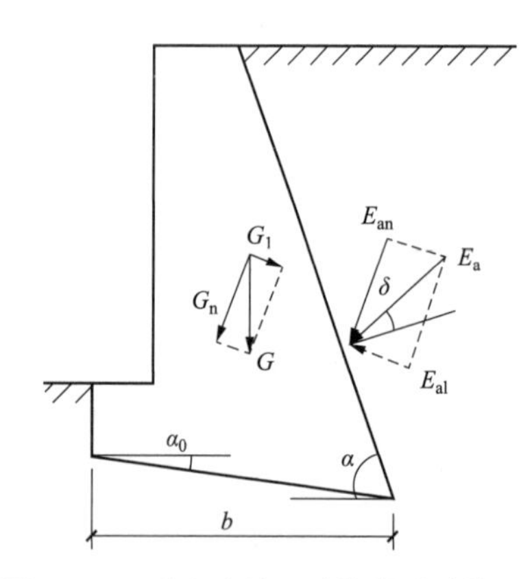

图 11－1　重力式挡土墙抗滑移计算图解

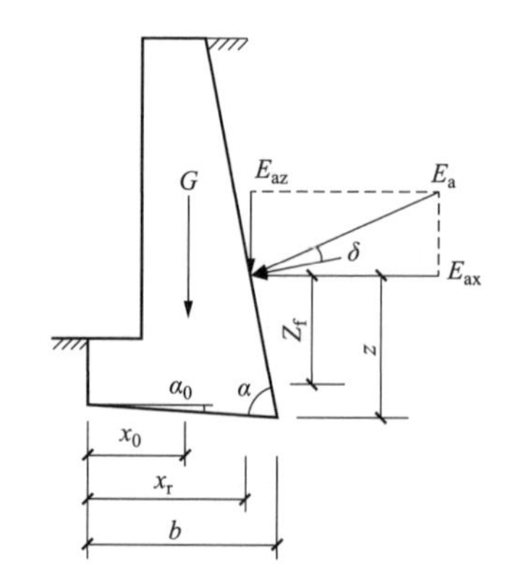

图 11－2　重力式挡土墙抗倾覆计算图解

除此以外，挡土墙的偏心距、地基承载力计算需满足 GB 50007—2011《建筑地基基础设计规范》，墙身截面强度验算需满足 GB 50010—2010《混凝土结构设计规范》和 GB 50003—2011《砌体结构设计规范》。

11.3 设计方法

11.3.1 收集资料

在挡土墙设计前，需收集项目的各类资料，具体包括：场地总平面布置图和竖向布置图、地质勘察报告、地形图和水文气象资料，对于道路工程，需收集道路平面图和纵断面图，对于地形变化较大地段，尽量实测挡土墙所在位置的地形纵断面图。尽可能进行现场踏勘，查看挡拟建土墙区域的地形地貌、地物特征等，是否存在既有管线或其他构筑物等情况。收集当地建筑材料的供应情况。如有条件的话，尽量收集项目所在地的支挡结构建设经验。如有地下管线需穿过挡土墙或与挡土墙存在交叉施工，需提前考虑预埋管线或其他处理措施。业主单位对挡土墙形式和外观的要求。

11.3.2 挡土墙结构形式选型

挡土墙结构形式多样，在电力工程中常见的挡土墙形式有：重力式、衡重式、悬臂式、扶壁式、加筋土式和桩板墙，各类挡土墙的适用范围取决于地形、地质、建筑材料、征地范围及当地经验等。表 11－1 对电力工程中常用的挡土墙形式和适用范围进行简单介绍。在具体项目中，应结合实际情况选择挡土墙形式，在项目前期，可对不同形式的挡土墙进行技术经济性对比，因地制宜，尽量选择结构形式简单、经济性好的结构形式，另外，挡土墙可与放坡组合使用，在实际工程中，经验使用下部挡土墙＋上部放坡的组合形式。另外，同一工程，也可根据墙高大小采用不同形式的挡土墙组合，比如重力式挡土墙与钢筋混凝土挡土墙组合等。

表 11－1 电力工程中常用的挡土墙结构形式和使用范围

挡土墙类型	特 点	适 用 范 围
重力式挡土墙	主要依靠墙身自重保持稳定，取材容易、形式简单，施工简便、快速，地基承载力要求相对较高	墙高一般小于 6m，当墙高大于 6m 时，需考虑其经济性。挖方和填方区，适合当地石料充足的情况，对于石料缺乏地区，采用素混凝土材料
衡重式挡土墙	上下墙背间设置衡重台，上下墙高度的比例一般为 0.4∶0.6，利用衡重台上填土重力和墙身自重共同作用维持其稳定。断面尺寸较重力式小，下墙仰斜，可降低基础开挖量，施工难度略高于重力式挡土墙，地基承载力要求高	墙高一般在 4～10m 之间，适用于地面横坡陡峻和墙高相对较大的填方地区，也可作为挖方地区挡土墙
悬臂式挡土墙	由立板、墙趾板和墙踵板组成，墙身稳定主要依靠墙踵板上的填土重力，断面尺寸较小，地基承载力要求较低	墙高一般小于 6m 的填方地区，缺乏石料地区，征地红线受限制和地基承载力相对较低地区

续表

挡土墙类型	特　　点	适　用　范　围
扶壁式挡土墙	由立板、墙趾板、墙踵板和扶壁组成，通过扶壁改善立板和墙踵板的受力状态，断面尺寸较小，地基承载力要求较低	墙高一般大于6m且不超过10m的填方地区，缺乏石料地区，征地红线受限制和地基承载力相对较低地区
加筋土挡土墙	由墙面板、拉筋和填土三部分组成，利用拉筋与填土间的摩擦作用，把土的侧压力传递给拉筋，拉筋将土压力传递给深层的稳定土体，施工难度稍大，需由具备经验的工人施工，外形美观，占地少	适用于墙高大于6m的填方地区，墙高小于6m时，需与其他形式的挡墙进行经济性对比。征地红线受限制、地基承载力相对较低地区，尤其适合填方高度超过10m、且征地空间受限制地区，挡土墙高度越大时，经济性相对越好
桩板墙	由钢筋混凝土挡土板与抗滑桩组成，利用挡土板将土压力传递给抗滑桩，利用抗滑桩将土压力传递至嵌固段的稳定岩土层	适用于征地空间受限制的填方和挖方地区，悬臂式桩板墙高度一般不超过15m，嵌固段地层为强度较高的岩土体，地形陡峻地段、其他形式挡土墙施工难度较大地区，挡土板可现浇也可预制。施工造价较高

11.3.3　平面和剖面布置

（1）挡土墙平面布置。

对于场地工程，挡土墙应沿场地围墙线周边布置，对于墙后不存在放坡的情况，建议利用墙顶作为围墙的基础，可以减少围墙的基础工程量。对于采用挡土墙＋上部放坡的方案，挡土墙应尽量靠近征地线布置，墙脚处留出排水沟的空间，如墙脚不设置排水沟，则考虑在墙脚设置散水坡，以利于墙面的水流尽快排出，且减少水流对墙脚的冲刷。

对于道路工程，挡土墙应沿道路边线外侧布置，考虑路肩的尺寸，如设置土路肩，则墙顶布置在路肩外，如有可能，可与设计人员沟通，尽量以挡墙顶作为路肩，从而减少挡土墙的工程量。

（2）挡土墙剖面布置。

挡土墙基底可做成逆坡，对土质地基，基底逆坡坡度不宜大于1∶10，对岩质地基，基底逆坡坡度不宜大于1∶5。挡墙地基表面纵坡大于5%时，应将基底设计为台阶式，其最下一级台阶底宽不宜小于1.0m。

在土质地基中，挡土墙基础埋深不宜小于0.5m，在岩质地基中，挡土墙基础埋深不宜小于0.3m，基础埋置深度从坡脚排水沟底起算。受水流冲刷时，埋深应从预计冲刷底面算起。对处于斜坡地段的挡墙，基础埋深应考虑斜坡的影响，按照现行GB 50330—2013《建筑边坡工程技术规范》中的相关要求执行。

挡土墙墙背设置泄水孔和反滤层，如墙后水流较大时，应设置排水盲沟。

挡土墙所在区域如有设计的地下管线需要穿墙，可以管线的直径大小、材质等情况，与设计人员沟通，采用预埋套管的方式处理，尽量避免后期拆墙后二次施工。

11.4　工程实例

11.4.1　重力式挡土墙实例

11.4.1.1　工程概况

安徽休宁某风电场工程 110kV 升压站位于黄山市休宁县，站址场地设计标高为 704.5m，围墙区域最低点原始地面标高为 698.5m，最大高差约 6.0m。该项目所在地属于皖南山区，征地红线受限，无法采用放坡方案，考虑设置重力式挡土墙，选择直立式墙背。

11.4.1.2　岩土工程条件

站址位于山前坡地上，地势高低起伏大，在区域地貌上属皖南山区，微地貌为山前坡地。站址内植被丰富，主要为杂木和松树，接近坡脚的山坡上为阶梯状茶园。站址位于山坡上，整体呈西北高、东南低，场地高程在 698.5～715.0m 之间。站址中间有一条平行坡向的季节性冲沟，多数情况下为旱沟，当遇大暴雨时沟中会有汇水。

站址区主要分布的浅部地层为第四系全新统人工填土及坡积成因块石、下伏皖南期青白口纪的花岗岩。现将勘探深度内的地基土分布情况分述如下：

①1 层杂填土（Q_4^{ml}）：灰色，灰黑色，松散，主要要块石为主，黏性土、砂砾石充填，含大量有机质，主要分布在站址东南侧建筑物附近及山坡茶园台阶上，由人工堆填形成，性质不均，成分变化较大。该层一般厚度约 0.8～1.5m。

①层块石（Q_4^{dl}）：杂色，松散～稍密，母岩成分为花岗岩，辉长岩和钙质页岩等，次棱角状，块径 20～60cm 之间，最大块径约 100cm，含量大于 70%，级配不良，间隙充填大量砂质黏性土及砂砾石，表层富含腐殖质，该层主要为山顶基岩崩解后滚落坡积，以及少量近期砌筑梯田时从沟中搬上去形成。山上表层有 30cm 根植土含植物根茎等。该层一般厚度约 0.7～3.0m。

②层块石（Q_4^{dl}）：杂色，中密，母岩成分为花岗岩，辉长岩和钙质页岩等，次棱角状，块径 20～80cm 之间，最大块径约 100cm，含量大于 80%，级配不良，碎石、砂砾石充填为主，该层主要为山顶基岩崩解后滚落坡积形成。

③层花岗岩（γ）：灰白、灰绿色，全风化为主，浅部有少量残积土，为花岗岩全风化形成，呈砾砂状，主要成分为石英、云母等含黏性土充填。该层一般厚度约

0.6～1.2m。

④层花岗岩（γ）：灰白、灰绿色，强风化为主，浅部有少量全风化，中粒结构，块状构造，节理裂隙较发育，岩体较为破碎。该层一般厚度约 0.7～3.9m。

⑤层花岗岩（γ）：灰白、灰绿色，中风化为主，浅部有少量强风化，中粒结构，块状构造，节理裂隙一般发育，岩体较为完整，有竖向节理裂隙，岩芯多呈短柱状和柱状，裂隙处破碎呈块状。本次未揭穿。

站址地下水类型主要为上层滞水。上层滞水赋存于①1 层杂填土中，受大气降水以及地表水体补给，蒸发排泄。地下水位受大气降水、地表水及蒸发因素影响，水位波动较大，水量不大。

站址在Ⅱ类场地条件下，场地基本地震动峰值加速度为 0.05g，基本地震动加速度反应谱特征周期为 0.35s。

各土层的主要物理力学性质指标推荐值如表 11-2 所示。

表 11-2　各土层的主要物理力学性质指标推荐值

项目层号	重力密度 γ (kN/m^3)	压缩模量 $E_{s_{1-2}}$ (MPa)	黏聚力 C (kPa)	内摩擦角 Φ (°)	承载力特征值 f_{ak} (kPa)
①$_1$ 杂填土	17.5	/	/	/	/
①块石	19.5	9	/	28	160
②块石	20.5	13	/	35	220
③花岗岩	20.0	12	/	30	200
④花岗岩	21.0	/	/	/	300
⑤花岗岩	22.0	/	/	/	600

11.4.1.3　挡土墙设计方案

根据站址总平面布置图，在变电站的南侧围墙区域存在高差，场坪设计标高为 704.5m，原始地面标高为 698.5～704.5m，填方区域高差为 0～6.0m。为节省围墙的基础工程量，本次挡土墙墙顶布置在围墙下方，墙顶兼作围墙基础。

场地高差最大为 6.0m，原始地形标高渐变，挡土墙的高度随自然地形渐变，挡土墙出露地面最大高度为 6.0m，考虑到当地石料充足，挡土墙形式选择重力式，墙背为直立式，墙身材料选择浆砌块石。本工程存在挖方和填方，场地内回填材料采用挖方区土方，填料的主要成分为碎石土，挡土墙设计参数如下：

砌体容重：22.00（kN/m^3）

地基土摩擦系数：0.55

墙后填土内摩擦角：35.00（°）

墙后填土黏聚力：0.00（kPa）

墙后填土容重：20.00（kN/m³）

墙背与墙后填土摩擦角：17.50（°）

修正后地基承载力特征值：200.00（kPa）

墙底摩擦系数：0.40

地基土类型：土质地基

土压力计算方法：库仑

墙顶临近站内道路，墙顶超载为 30kPa，分布范围从墙顶内边线开始按 6m 宽度考虑。

挡墙基础持力层采用①层块石，考虑宽度和深度修正后的地基承载力特征值为 200kPa。

根据场地条件和设计参数，拟定挡土墙尺寸如图 11－3 所示。

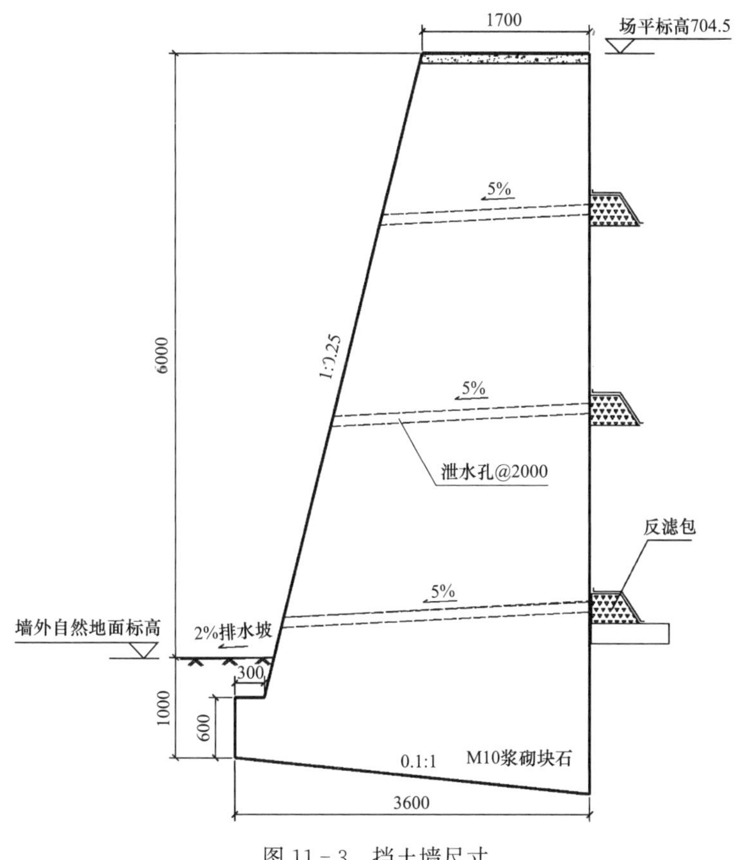

图 11－3　挡土墙尺寸

采用理正岩土软件计算，挡墙稳定性计算结果如下：以下结果建议删除。

[土压力计算] 计算高度为 7.360（m）处的库仑主动土压力

按实际墙背计算得到：

第1破裂角：30.258（°）

E_a=187.668（kN）E_x=178.982（kN）E_y=56.433（kN）作用点高度 Z_y=2.809（m）

墙身截面积=18.808（m^2）　重量=413.776（kN）

（一）滑动稳定性验算

基底摩擦系数=0.400

采用倾斜基底增强抗滑动稳定性，计算过程如下：

基底倾斜角度=5.711（°）

W_n=411.723（kN）E_n=73.962（kN）　W_t=41.172（kN）E_t=172.478（kN）

滑移力=131.306（kN）　抗滑力=194.274（kN）

滑移验算满足：K_c=1.480>1.300

地基土层水平向：滑移力=178.982（kN）　抗滑力=265.030（kN）

地基土层水平向：滑移验算满足：K_{c2}=1.481>1.300

（二）倾覆稳定性验算

相对于墙趾点，墙身重力的力臂 Z_w=2.252（m）

相对于墙趾点，E_y 的力臂 Z_x=3.600（m）

相对于墙趾点，E_x 的力臂 Z_y=2.449（m）

验算挡土墙绕墙趾的倾覆稳定性

倾覆力矩=438.245（kN·m）抗倾覆力矩=1135.090（kN·m）

倾覆验算满足：K_0=2.590>1.500

（三）地基应力及偏心距验算

基础类型为天然地基，验算墙底偏心距及压应力

取倾斜基底的倾斜宽度验算地基承载力和偏心距

作用于基础底的总竖向力=485.685（kN）作用于墙趾下点的总弯矩=696.845（kN·m）

基础底面宽度 B=3.618（m）偏心距 e=0.374（m）

基础底面合力作用点距离基础趾点的距离 Z_n=1.435（m）

基底压应力：趾部=217.552　踵部=50.933（kPa）

最大应力与最小应力之比=217.552/50.933=4.271

作用于基底的合力偏心距验算满足：e=0.374≤0.250×3.618=0.904（m）

墙趾处地基承载力验算满足：压应力=217.552≤240.000（kPa）

墙踵处地基承载力验算满足：压应力=50.933≤260.000（kPa）

地基平均承载力验算满足：压应力=134.243≤200.000（kPa）

（四）墙身截面强度验算

根据本次选择的墙身截面尺寸，选择典型截面进行墙身强度验算，墙身强度满足规范要求。

11.4.2　衡重式挡土墙实例

11.4.2.1　工程概况

安徽淮北某2×660MW燃煤机组电厂位于淮北市区南部，厂址所在区域原始地貌为丘陵。根据总平面布置方案，为减少土石方量，竖向采用阶梯式布置，在厂区周边和厂区内部不同地块之间均存在高差，需进行填方，厂区内原山坡地段需进行挖方，整个厂区考虑土方自平衡，利用挖方区的岩土体进行回填。结合当地工程建设经验，对于填方区主要采用重力式和衡重式挡土墙方案，当墙高大于6m时，考虑采用衡重式挡土墙。

11.4.2.2　岩土工程条件

厂址区位于烈山区古饶镇平山村东北隅，主体工程拟坐落于平山顶及周边，山丘最高标高一般为68～70m，周边（东西两侧）最低标高29～35m，丘顶浑圆，坡下地势平坦，坡度一般为4°～10°。

以成因及形态类别划分地貌单元为：构造剥蚀残丘及侵蚀堆积平原，其微地貌有丘顶、丘坡和冲沟等，主厂区主要位于剥蚀残丘上。

厂区主要建（构）筑物均布置在基岩裸露区，基岩时代为下奥陶统肖县组（O1x），岩性由老而新，自下而上分别为：①细晶灰岩夹泥质微晶白云岩；②泥质微晶白云岩夹细晶灰岩；③闪长玢岩（该层为侵入的火成岩体，为区域火成岩的边缘部分，多为枝状、脉状穿插于上述层位）。平原区（含部分丘间坡麓带）广泛覆盖中上更新统冲、洪积黏性土，由地表向深部，色序由灰黄—褐黄—棕黄—棕红色变化，岩性结构逐步变致密，硬塑，上部粉质较下部强，钙质结核、钙质斑块也依次增多。该层由丘坡向平原，厚度依次增加，坡顶一般厚度小于0.5m，坡麓带及平原带一般厚度在十几米左右。

工程场地的地基土根据成因及性质划分为8个工程地质单元体，其分布情况自上而下描述如下：

①素填土：杂色，稍湿，松散，成分以碎石和黏性土为主，含植物根茎和腐殖质等；局部揭示为耕土。该层在场地内广泛分布，层厚一般约0.20～1.10m，平均厚度0.40m。

②粉质黏土：坡-洪积成因，部分为黏土；黄褐色、灰黄色、棕黄色，硬塑为主，

局部可塑，属中等压缩性土；含钙质结核，夹碎石，大小不均，局部富集。该层在场地内广泛分布，主要见于坡麓及山下冲洪积平原等，厚度变化较大，由低山丘陵的基岩出露区向周边平原区逐渐增厚，层厚一般约 0.30～8.70m，平均厚度 2.97m。

⑤黏土：坡-洪积成因，部分为粉质黏土；棕红色、棕黄色，硬塑为主，局部坚硬，属中等压缩性土；含钙质结核，夹碎石，大小不均，局部富集。该层分布较广，该层主要分布于坡麓及山下冲洪积平原等，层厚一般约 0.50～7.70m，平均厚度 3.09m。

⑧1 灰岩：全风化～强风化，灰黄色、灰白色，岩石的组织结构大部分已破坏，岩芯呈块状，小部分岩石已分解或崩解成土，风化裂隙发育，局部含大量次生泥。该层在场地内零星分布，受地形切割及构造影响，厚度变化较大，一般约 0.60～6.20m。

⑧2 灰岩：中等风化～微风化，灰色为主，局部灰黄色、灰白色，隐晶质～细粒结晶结构，中厚层～厚层构造为主，岩体较破碎～较完整，基本质量等级以Ⅲ极为主，坚硬致密，裂隙发育，多见溶蚀现象，岩层表面溶沟、溶槽、石芽发育，并有少量溶洞发育，溶洞以小规模居多，大部分为黏性土夹碎石充填，空洞少见。钻孔中偶见局部破碎。该层局部揭示为泥质、白云质灰岩或灰质白云岩等，为工程场地主要基岩类型，在场地内广泛分布，本次勘探未见底。

⑧2－1 溶洞土：该层为岩溶堆积物，成分以棕红色、褐黄色、灰黄色、黄棕色黏性土为主，硬塑为主，局部可塑，夹碎石、铁锰质结核等，碎石母岩成分为灰岩。

场地内火成岩脉为闪长玢岩，以脉状或枝状侵入于围岩地层中。据野外观察，脉体多顺层侵入，当遇围岩破碎或裂隙发育段侵入脉体有分枝现象，对于坚硬的灰岩围岩来说，往往构成其内的软弱岩带。

本场地内闪长玢岩岩脉仅是局部侵入，描述如下：

⑥1 闪长玢岩：全风化～强风化，灰黄色～黄褐色，斑状结构，矿物成分主要由长石和角闪石组成，部分岩石已分解或崩解成泥，强度较低。

⑥2 闪长玢岩：中等风化，灰黄色～黄褐色，斑状结构，矿物成分主要由长石和角闪石组成。地基岩土层的物理力学性质指标初步推荐值如表 11－3 所示。

表 11－3　　地基岩土层的物理力学性质指标初步推荐值一览表（土）

地层编号	地层名称	土的物理性指标		土的稠性限度				直接剪切试验		地基土承载力特征值
		含水量	天然孔隙比	液限	塑限	塑性指数	液性指数	黏聚力（固结快剪）	内摩擦角（固结快剪）	
		W	e	W_L	W_P	I_p	I_L	C	φ	f_{ak}
		%	—	%	%	—	—	kPa	(°)	kPa
②	粉质黏土	22.4	0.714	37.5	20.9	16.6	0.09	68.9	15.9	200
④	黏土	23.6	0.723	40.0	21.4	18.6	0.12	67.7	16.0	220

厂区地下水类型主要包括两类：①碳酸盐岩裂隙水或岩溶裂隙水；②第四系松散层孔隙潜水。本次勘察地段主要位于坡麓地带，钻孔中均未见地下水位，而根据对平山脚下周边村庄的调查，民井中地下水位埋藏均较深，一般在10.0m左右。根据水文气象报告，本厂址地势较高，不受百年一遇洪水影响，也不受内涝影响。本区地下水埋深受季节性影响年变幅较大，主要受季节气候、地形起伏和裂隙构造等控制。由于无统一的地下水位，且埋藏普遍较深，因此一般情况下地下水对本工程边坡施工影响不大。

工程场地50年超越概率10%基岩地震动峰值加速度为72gal（约0.072g），相应的地震基本烈度为Ⅵ度，设计地震分组为第三组。

11.4.2.3　挡土墙设计方案

根据厂区总平面布置图，厂前区西侧规划为内部道路，道路与厂前区室外设计地坪之间高差最大为8.5m，该区域为填方区。为减少挡土墙的工程量，降低工程造价，考虑采用衡重式挡土墙＋上部放坡的方案，即下部采用衡重式挡墙，上部设置高度3m的放坡段，放坡坡率为1∶1.3，从而可以降低挡墙的出露高度和工程量。填土采用挖方区的岩土体，主要成分为碎石土，本工程挖方区为强风化和中风化灰岩，中风化灰岩可以作为良好的砌筑石材，基于就地取材原则，本工程挡土墙材料采用浆砌块石。挡土墙设计参数如下：

砌体容重：22.00（kN/m^3）

圬工之间摩擦系数：0.40

地基土摩擦系数：0.36

墙身砌体容许压应力：690.00（kPa）

墙身砌体容许剪应力：210.00（kPa）

墙身砌体容许拉应力：80.00（kPa）

墙身砌体容许弯曲拉应力：130.00（kPa）

墙后填土内摩擦角：36.00（°）

墙后填土黏聚力：0.00（kPa）

墙后填土容重：21.50（kN/m^3）

墙背与墙后填土摩擦角：16.00（°）

地基土容重：20.00（kN/m^3）

修正后地基承载力特征值：220.00（kPa）

墙底摩擦系数：0.28

地基土类型：土质地基

土压力计算方法：库仑

墙顶内边线外侧 2m 为道路，道路荷载考虑为 50kPa。地基持力层为②粉质黏土，挡土墙所在位置为填方区，墙顶和墙脚高程均比原始地面高，结合该处地质剖面，为使挡土墙基础落在②粉质黏土中，挡土墙基础埋深确定为 1.8m。

根据场地条件和设计参数，拟定挡土墙尺寸如图 11－4 所示：

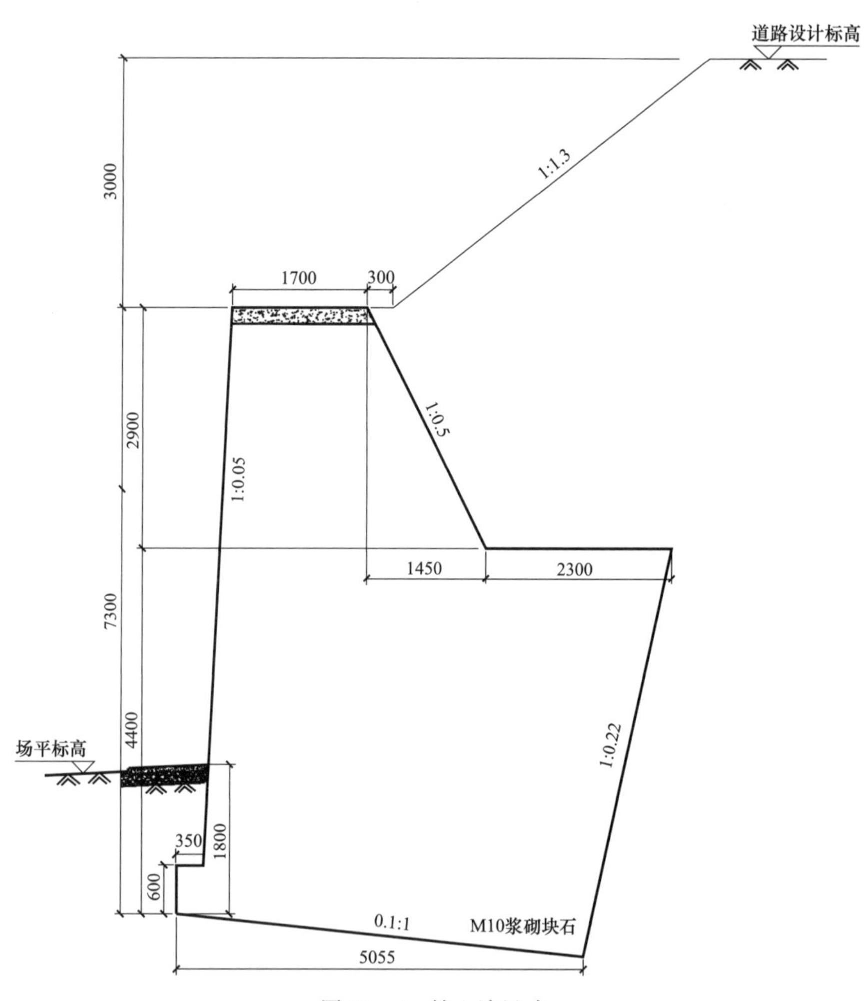

图 11－4 挡土墙尺寸

采用理正岩土软件计算，挡土墙稳定性计算结果如下：

[土压力计算] 计算高度为 7.806（m）处的库仑主动土压力

计算上墙土压力

按假想墙背计算得到：

第 1 破裂角：47.304（°）

E_a=659.930（kN）E_x=19.762（kN）E_y=659.634（kN）作用点高度 Z_y=1.124（m）

因为俯斜墙背，需判断第二破裂面是否存在，计算后发现第二破裂面存在：

第2破裂角＝14.420（°）第1破裂角＝35.352（°）

E_a＝161.506（kN）E_x＝102.905（kN）E_y＝124.478（kN）作用点高度 Z_y＝1.587（m）

计算下墙土压力

按力多边形法计算得到：

破裂角：34.925（°）

E_a＝182.624（kN）E_x＝182.266（kN）E_y＝11.443（kN）作用点高度 Z_y＝2.265（m）

墙身截面积＝31.722（m^2）　重量＝697.891（kN）

衡重台上填料重（包括超载）＝219.655（kN）重心坐标（3.699，－0.895）（相对于墙面坡上角点）

（一）滑动稳定性验算

基底摩擦系数＝0.280

采用倾斜基底增强抗滑动稳定性，计算过程如下：

基底倾斜角度＝5.711（°）

W_n＝912.993（kN）E_n＝163.623（kN）　W_t＝91.299（kN）E_t＝270.230（kN）

滑移力＝178.931（kN）　抗滑力＝301.452（kN）

滑移验算满足：K_c＝1.685＞1.300

地基土层水平向：滑移力＝285.170（kN）　抗滑力＝388.450（kN）

地基土层水平向：滑移验算满足：K_{c2}＝1.362＞1.300

（二）倾覆稳定性验算

相对于墙趾，墙身重力的力臂 Z_w＝2.781（m）

相对于墙趾，上墙 E_y 的力臂 Z_x＝5.727（m）

相对于墙趾，上墙 E_x 的力臂 Z_y＝5.987（m）

相对于墙趾，下墙 E_y 的力臂 Z_{x3}＝5.554（m）

相对于墙趾，下墙 E_x 的力臂 Z_{y3}＝1.759（m）

验算挡土墙绕墙趾的倾覆稳定性

倾覆力矩＝936.801（kN·m）　抗倾覆力矩＝3680.440（kN·m）

倾覆验算满足：K_0＝3.929＞1.600

（三）地基应力及偏心距验算

基础类型为天然地基，验算墙底偏心距及压应力

取倾斜基底的倾斜宽度验算地基承载力和偏心距

作用于基础底的总竖向力＝1076.615（kN）作用于墙趾下点的总弯矩＝2743.639

(kN·m)

基础底面宽度 B=5.081（m）偏心距 e=−0.008（m）

基础底面合力作用点距离基础趾点的距离 Z_n=2.548（m）

基底压应力：趾部=209.915　踵部=213.867（kPa）

最大应力与最小应力之比=209.915/213.867=0.982

作用于基底的合力偏心距验算满足：e=−0.008≤0.166×5.081=0.843（m）

墙趾处地基承载力验算满足：压应力=209.915≤264.000（kPa）

墙踵处地基承载力验算满足：压应力=213.867≤286.000（kPa）

地基平均承载力验算满足：压应力=211.891≤220.000（kPa）

（四）基础强度验算

该项目于2014年竣工投运，自投运以来，挡土墙的变形均在规范的允许范围内，运行良好，各项指标满足规范要求。

衡重式挡土墙竣工照片如图11-5所示。

图11-5　衡重式挡土墙竣工照片

11.4.3　悬臂式挡土墙实例

11.4.3.1　工程概况

安徽淮北某2×660MW燃煤机组电厂位于淮北市区南部，翻车机室位于主厂区外约2km处，翻车机室所在场地属淮北冲积平原区，自然地面标高约30.5m左右，地势平坦，微地貌为平地。

11.4.3.2　岩土工程条件

根据本次现场勘察，翻车机区场地的地基土按成因及性质可划分为10个工程地质单元体，依据区域资料、地形地貌及现场勘探划分，③3 层及其以上为全新世 Q4 地层，③3 层以下为晚更新世 Q3 及其以前地层，其分布情况自上而下描述如下：

①2 素填土：人工堆积成因，成份以黏性土为主；黄褐色或杂色，稍湿，夹少量碎石，含植物根系和腐殖质等，在本次勘察场地主要揭示为耕土。该层在场地内广泛分布，层厚一般约 0.5～0.8m，平均厚度 0.6m。静探锥尖阻力 q_c=2.28MPa。

②粉质黏土：冲-洪积成因，部分为黏土，夹粉土薄层；黄褐色、灰黄色、棕黄色，可塑，韧性中等，稍有光泽，干强度中等，属中压缩性土；含钙质结核，夹碎石，大小不均，局部富集。该层在场地内广泛分布，层顶埋深 0.5～0.8m，厚度变化较大，层厚一般约 0.7～12.0m，平均厚度 3.9m。静探锥尖阻力 q_c=1.53MPa，标贯击数 N=6 击。

③2 粉土：冲-洪积成因；灰黄色，湿，中密，韧性低，摇振反应迅速，干强度低，含云母及贝壳碎屑，属中压缩性土。该层在场地内分布较广，层顶埋深 1.2～3.3m，层厚一般约 1.9～11.1m，厚度变化较大，场地东侧较厚，平均厚度 2.0m。该层靠近场地西侧的翻车机室区域，浅部性质相对较差。静探锥尖阻力 q_c=2.92MPa，标贯击数 N=8 击。

③3 粉质黏土：冲-洪积成因，局部夹粉土薄层；灰黄色，可塑，韧性中等，稍有光泽，干强度中等，局部含姜结石，属中压缩性土。该层在场地内局部较广，层顶埋深 3.9～6.9m，层厚一般为 3.1～7.9m，平均厚度 4.5m。静探锥尖阻力 q_c=2.44MPa，标贯击数 N=16 击。

④1 粉砂：冲-洪积成因，部分为细砂；灰黄色，湿，中密-密实，韧性低，摇振反应迅速，干强度低，含云母，属中压缩性土。该层在场地内广泛分布，层顶埋深 8.3～12.9m，层厚一般约 3.9～11.4m，平均厚度 6.7m。静探锥尖阻力 q_c=18.4MPa，标贯击数 N=24 击。

④2 粉质黏土：冲-洪积成因，土质不均匀，夹粉土；灰黄色、棕黄色，可塑，韧性中等，稍有光泽，干强度中等，属中压缩性土。该层在场地内广泛分布，层顶埋深 14.7～19.7m，层厚一般约 1.0～8.1m，平均厚度 5.7m。静探锥尖阻力 q_c=2.64MPa，标贯击数 N=21 击。

④2j 粉土：冲-洪积成因，部分为粉砂；灰黄色，湿，密实，韧性低，摇振反应迅速，干强度低，属中压缩性土。该层在场地内仅局部分布，主要以透镜体形式出现，层顶埋深 23.2～24.5m，层厚一般约 1.0～2.8m，平均厚度 2.1m。静探锥尖阻力 q_c=7.48MPa，标贯击数 N=30 击。

④3 粉砂：冲-洪积成因，部分为细砂；灰黄色，湿，密实，韧性低，摇振反应迅

速，干强度低，属中压缩性土。该层在场地内局部分布，层顶埋深 19.6～26.9m，层厚一般约 1.8～8.7m，平均厚度 4.0m。静探锥尖阻力 q_c＝24.19MPa，标贯击数 N＝45 击。

④4 粉质黏土：冲-洪积成因，部分为黏土；黄褐色、灰褐色，可塑，韧性中等，稍有光泽，干强度中等，属中压缩性土。该层在场地内仅零星分布，层顶埋深 24.8m，层厚 2.8m。静探锥尖阻力 q_c＝1.26MPa，标贯击数 N＝7 击。

⑤黏土：坡-残积成因；棕红色、棕黄色，硬塑，韧性高，有光泽，干强度高，属中压缩性土；含钙质结核，一般底部夹少量碎石。该层在场地内广泛分布，层顶埋深 26.8～28.7m，本次勘探未见底。静探锥尖阻力 q_c＝3.39MPa。

地基岩土层的物理力学性质指标初步推荐值见表 11－4。

表 11－4　　地基岩土层的物理力学性质指标初步推荐值一览表（土）

地层编号	地层名称	土的物理性指标		土的稠性限度				直接剪切试验		地基土承载力特征值
		含水量	天然孔隙比	液限	塑限	塑性指数	液性指数	黏聚力（固结快剪）	内摩擦角（固结快剪）	
		W	e	W_L	W_P	I_p	I_L	C	φ	f_{ak}
		%	—	%	%	—	—	kPa	(°)	kPa
②	粉质黏土	28.1	0.804	35.1	20.5	14.6	0.55	29.1	12.1	160
③2	黏土	26.1	0.744	27.7	19.4	8.3	0.76	17.5	18.1	150
③3	粉质黏土	28.0	0.794	34.1	20.2	13.9	0.54	29.3	14.9	250

工程场地地下水类型主要包括 2 类：①第四系孔隙潜水；②第四系承压水。勘察期间地下水位埋深一般为 3.2～3.6m。(1) 第四系孔隙潜水工程场地浅部地下水类型属潜水，潜水含水层主要为赋存于浅部地层中的填土、黏性土、粉性土和黏性土层的粉土夹层中，其中填土及粉土属相对含水层，透水性较好，黏性土渗透性差，由于淤泥质土、黏性土中多夹薄层粉土，其水平向渗透系数一般大于垂直向渗透系数，粉土夹层较多地段渗透性较好。雨季，地面沟渠和水塘均有地表水，与潜水有较强的水力联系；在旱季，地表水体干枯，地下水位显著下降。(2) 第四系承压水主要含水层为④1 层粉砂，顶板埋深 8.3～12.9m，渗透性较好，水平渗透系数为 5.01×10^{-3}cm/s，属中等透水层，其上下部主要土层③3、④2 层为黏性土，属于相对隔水层。

地下水对混凝土结构有微腐蚀性，对钢筋混凝土结构中钢筋在长期浸水和干湿交替情况下均有微腐蚀性；浅层土对混凝土结构有微腐蚀性，对钢筋混凝土结构中钢筋有微腐蚀性。

工程场地 50 年超越概率 10％基岩地震动峰值加速度为 72gal（约 0.072g），相应的地震基本烈度为Ⅵ度，设计地震分组为第三组，厂址区卓越周期为 0.19s。

11.4.3.3　挡土墙设计方案

根据翻车机室区域总平面布置图，在翻车机室道路区域需填方，设计路面标高与原始地面之间高差最大约 4.5m，由于征地空间限制，考虑采用悬臂式挡土墙，挡土墙墙顶距离道路边线 1m，沿规划道路两侧布置。挡土墙填料采用含碎石的粉质黏土、粉土，少部分为碎石土。

挡土墙设计参数如下：

混凝土墙体容重：24.500（kN/m^3）

混凝土强度等级：C30

纵筋级别：HRB400

抗剪腹筋级别：HRB400

裂缝计算钢筋直径：20（mm）

墙后填土内摩擦角：34.00（°）

墙后填土黏聚力：0.00（kPa）

墙后填土容重：20.00（kN/m^3）

墙背与墙后填土摩擦角：6.00（°）

地基土容重：18.00（kN/m^3）

修正后地基承载力特征值：160.00（kPa）

地基承载力特征值提高系数：

墙趾值提高系数：1.20

墙踵值提高系数：1.30

平均值提高系数：1.00

墙底摩擦系数：0.24

地基土类型：土质地基

土压力计算方法：库仑

墙顶内边线外侧 1m 为道路，道路荷载考虑为 40kPa。地基持力层为②粉质黏土或③2 层粉土，挡土墙基础埋深确定为 1.0m。

根据场地条件和设计参数，拟定挡土墙尺寸如图 11－6 所示。

采用理正岩土软件计算，挡土墙稳定性计算结果如下：

[土压力计算] 计算高度为 5.990（m）处的库仑主动土压力

按假想墙背计算得到：

第 1 破裂角：29.376（°）

E_a=384.753（kN）E_x=158.310（kN）E_y=350.674（kN）作用点高度 Z_y=2.206（m）

因为俯斜墙背，需判断第二破裂面是否存在，计算后发现第二破裂面存在：

第2破裂角=24.266（°）第1破裂角=28.134（°）

E_a=319.575（kN）E_x=168.090（kN）E_y=271.798（kN）作用点高度 Z_y=2.396（m）

墙身截面积=4.476（m^2）　重量=109.674（kN）

整个墙踵上的土重（不包括超载）=228.282（kN）重心坐标（1.525，−3.102）（相对于墙面坡上角点）

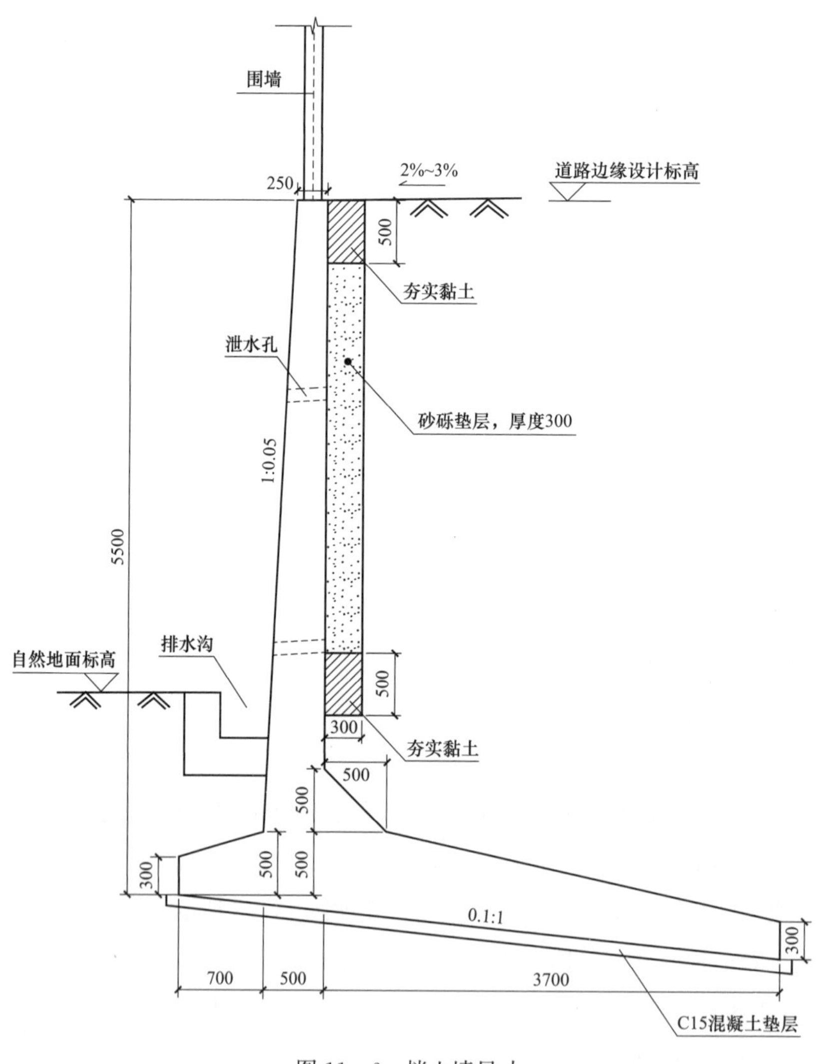

图11-6　挡土墙尺寸

墙踵悬挑板上的土重（不包括超载）＝180.782（kN）重心坐标（1.793，－3.292）（相对于墙面坡上角点）

墙趾板上的土重＝7.560（kN）相对于趾点力臂＝0.331（m）

（一）滑动稳定性验算

基底摩擦系数＝0.240

采用倾斜基底增强抗滑动稳定性，计算过程如下：

基底倾斜角度＝5.711（°）

W_n＝343.802（kN）　E_n＝287.175（kN）　W_t＝34.380（kN）　E_t＝140.211（kN）

滑移力＝105.831（kN）　抗滑力＝151.434（kN）

滑移验算满足：K_c＝1.431＞1.300

地基土摩擦系数＝0.350

地基土层水平向：滑移力＝168.090（kN）　抗滑力＝223.623（kN）

地基土层水平向：滑移验算满足：K_{c2}＝1.330＞1.300

（二）倾覆稳定性验算

相对于墙趾点，墙身重力的力臂 Z_w＝1.727（m）

相对于墙趾点，墙踵上土重的力臂 Z_{w1}＝2.475（m）

相对于墙趾点，墙趾上土重的力臂 Z_{w2}＝0.331（m）

相对于墙趾点，E_y 的力臂 Z_x＝3.820（m）

相对于墙趾点，E_x 的力臂 Z_y＝1.906（m）

验算挡土墙绕墙趾的倾覆稳定性

倾覆力矩＝320.435（kN·m）　抗倾覆力矩＝1795.059（kN·m）

倾覆验算满足：K_0＝5.602＞1.500

（三）地基应力及偏心距验算

基础为天然地基，验算墙底偏心距及压应力

取倾斜基底的倾斜宽度验算地基承载力和偏心距

作用于基础底的总竖向力＝630.976（kN）作用于墙趾下点的总弯矩＝1474.625（kN·m）

基础底面宽度 B＝4.924（m）偏心距 e＝0.125（m）

基础底面合力作用点距离基础趾点的距离 Z_n＝2.337（m）

基底压应力：趾部＝147.672　踵部＝108.591（kPa）

最大应力与最小应力之比＝147.672/108.591＝1.360

作用于基底的合力偏心距验算满足：e＝0.125≤0.250×4.924＝1.231（m）

墙趾处地基承载力验算满足：压应力＝147.672≤192.000（kPa）

墙踵处地基承载力验算满足：压应力＝108.591≤208.000（kPa）

地基平均承载力验算满足：压应力＝128.132≤160.000（kPa）

（四）墙趾板强度计算

[趾板根部]

截面高度：H'＝0.570（m）

抗弯配筋面积最大值结果：组合1（一般情况）

截面弯矩：M＝34.520（kN·m）

配筋面积：A_s＝1146（mm^2）

抗剪配筋面积最大值结果：组合1（一般情况）

截面剪力：Q＝98.046（kN）

配筋面积：A_v＝953.333（mm^2/m）

裂缝已控制在允许宽度以内，以上配筋面积为满足控制裂缝控制条件后的面积。

（五）墙踵板强度计算

[踵板根部]

截面高度：H'＝0.620（m）

抗弯配筋面积最大值结果：组合1（一般情况）

截面弯矩：M＝114.600（kN·m）

配筋面积：A_s＝1349（mm^2）

抗剪配筋面积最大值结果：组合1（一般情况）

截面剪力：Q＝96.322（kN）

配筋面积：A_v＝953.333（mm^2/m）

裂缝已控制在允许宽度以内，以上配筋面积为满足控制裂缝控制条件后的面积。

[加腋根部]

截面高度：H'＝0.670（m）

抗弯配筋面积最大值结果：组合1（一般情况）

截面弯矩：M＝165.969（kN·m）

配筋面积：A_s＝1465（mm^2）

抗剪配筋面积最大值结果：组合1（一般情况）

截面剪力：Q＝96.322（kN）

配筋面积：A_v＝953.333（mm^2/m）

裂缝已控制在允许宽度以内，以上配筋面积为满足控制裂缝控制条件后的面积。

（六）立墙截面强度验算

[距离墙顶 1.223（m）处]

截面高度 H'=0.311（m）

抗弯配筋面积最大值结果：组合 1（一般情况）

截面弯矩：M=13.416（kN·m）

配筋面积：A_s=622（mm^2）

抗剪配筋面积最大值结果：组合 1（一般情况）

截面剪力：Q=23.937（kN）

配筋面积：A_v=953.333（mm^2/m）

裂缝已控制在允许宽度以内，以上配筋面积为满足控制裂缝控制条件后的面积。

[距离墙顶 2.446（m）处]

截面高度 H'=0.372（m）

抗弯配筋面积最大值结果：组合 1（一般情况）

截面弯矩：M=63.428（kN·m）

配筋面积：A_s=945（mm^2）

抗剪配筋面积最大值结果：组合 1（一般情况）

截面剪力：Q=59.839（kN）

配筋面积：A_v=953.333（mm^2/m）

裂缝已控制在允许宽度以内，以上配筋面积为满足控制裂缝控制条件后的面积。

[距离墙顶 3.669（m）处]

截面高度 H'=0.433（m）

抗弯配筋面积最大值结果：组合 1（一般情况）

截面弯矩：M=164.664（kN·m）

配筋面积：A_s=2064（mm^2）

抗剪配筋面积最大值结果：组合 1（一般情况）

截面剪力：Q=107.702（kN）

配筋面积：A_v=953.333（mm^2/m）

裂缝已控制在允许宽度以内，以上配筋面积为满足控制裂缝控制条件后的面积。

[距离墙顶 4.892（m）处]

截面高度 H'=0.495（m）

抗弯配筋面积最大值结果：组合 1（一般情况）

截面弯矩：M=331.755（kN·m）

配筋面积：A_s=3901（mm^2）

抗剪配筋面积最大值结果：组合1（一般情况）

截面剪力：Q=167.527（kN）

配筋面积：A_v=953.333（mm^2/m）

裂缝已控制在允许宽度以内，以上配筋面积为满足控制裂缝控制条件后的面积。

根据计算结果，挡土墙的配筋图如图11-7所示。

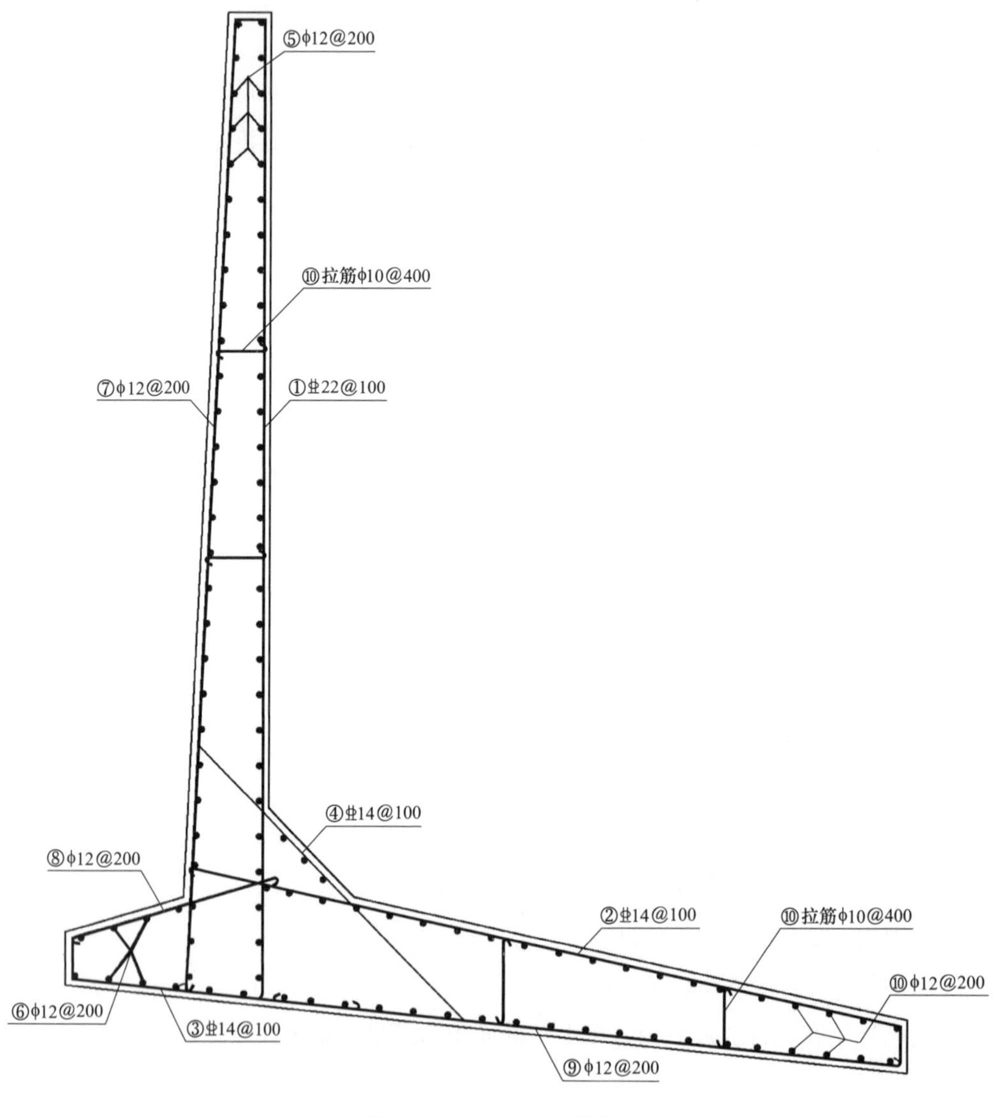

图11-7　挡土墙配筋图

11.4.4　扶壁式挡土墙实例

11.4.4.1　工程概况

安徽金寨某500kV变电站位于金寨县。站址地形主要为岗地和冲沟，存在高低起伏的茶园、树林和农田，零星分布有部分农户住房。站址场地标高±0.00相当于1956年黄海高程系171.50m。根据总平面布置图，站址南侧存在深厚填方区，原始地面标高为154.0m，最大高差约17.5m。填方高度相对较大，结合征地线范围，考虑采用挡土墙+上部放坡的方案，挡土墙最大高度为7m，考虑采用扶壁式挡墙方案。

11.4.4.2　岩土工程条件

站址位于大别山低山带与江淮丘陵带交接地区，微地貌为岗地和冲沟。地形起伏较大，勘探点地面高程为154.00～188.56m。

总体地势为中间高，西北和东南侧低。站址中部均为起伏的岗地，地表以茶园、竹林及杂木为主，站址西北侧和东南侧均为冲沟，冲沟内以农作物为主，东南侧冲沟有一水塘，面积约1600平方米，水塘内水深1.0～2.5m，塘内淤泥厚度约1.0～2.0m，水塘为冲沟拦坝形成。

根据本阶段勘探成果、前期工作成果及区域地质调查情况，站址区域覆盖层以第四系全新统人工填土、第四系全新统冲积、湖积及残积成因的黏性土，下伏燕山期（侏罗纪）侵入的闪长岩。进站道路沿线浅部岩土体为第四系冲积成因的粉质黏土、碎石土等，下伏基岩均为燕山期（侏罗纪）闪长岩。具体地层分别依次描述如下：

①层杂填土（Q_4^{ml}）：灰黄色，松散，成分变化较大，主要分布在房屋周边的地坪区域，该区域的填土主要填料以碎石为主，混块石，黏性土充填，其他区域的填土以黏性土为主，混少量碎石。该层厚度不均，一般在0.5～4.2m之间。

②层粉质黏土（Q_4^{al}）：灰黄色，褐黄色，灰色，湿，可塑偏软，等级中，含多量细砂，含灰白色黏土矿物及少量铁锰质结核，冲沟地段该层局部含有机质。该层主要分别冲沟及地势较低的岗地边缘，一般厚度范围0.5～4.5m。

②$_1$层粉质黏土（Q_4^{al}）：灰黄色，灰色，很湿，软塑，等级中，含多量细砂，含有机质，有腥臭味，夹薄层状或层状细砂。该层主要分布在冲沟地段，一般厚度范围0.8～3.4m。

②$_2$层碎石（Q_4^{al}）：灰黄色，灰色，很湿～饱和，松散～稍密，结构不均匀，主要成分为角闪岩，粒径在50～80mm之间，含量约80%，充填物为砾砂和黏性土。该层仅

在进站道路C1孔有揭露，厚度为4.2m。

②$_3$层淤泥质粉质黏土（Q_4^l）灰色，饱和，流塑～软塑，等级重，含大量有机质，有腥臭味，局部夹薄层状细砂。该层只在局部分布，有揭露的勘探孔包括1K2，C8和S83，一般厚度范围0.8～1.9m。

③层粉质黏土（Q_4^{el}）：黄褐色，灰黄色，稍湿，可塑偏硬～硬塑，等级中，底部含大量细中砂，呈砂质黏性土状态。该层大部分区域有分布，主要分布在基岩面顶部，厚度变化较大，冲沟地段及地势较低岗地段厚度相对较大，地势高地及坡度陡岗地厚度较薄，一般厚度范围0.5～3.6m。

④$_1$层闪长岩（J）：棕黄、褐黄色，强风化，细粒结构，块状构造，主要成分为角闪石、长石和石英，主要矿物已蚀变。节理裂隙发育，岩体破碎，局部极破碎，岩芯多呈碎块状和块状，少量短柱状。锤击声哑，手可掰碎。该层在站址内大部分地段均有分布，厚度有一定变化，在冲沟地段及坡度较陡的岗地地段，该层厚度较小或缺失，在坡度平缓的岗地及岩体破碎的地段，该层厚度较大。该层一般厚度范围0.5～3.5m，平均厚度约1.6m。

④$_2$层闪长岩（J）：深灰、青灰色，中等风化，细粒结构，块状构造，主要成分为角闪石、长石和石英，节理裂隙面附近的矿物已蚀变。节理裂隙较发育，岩体较破碎，局部较完整，岩芯多呈块状和短柱状，局部柱状。锤击声较脆，较难击碎。该层站址内均有分布，厚度大于8m，未揭穿。

通过对勘察成果资料的整理、统计、分析，根据原位测试成果并结合土工试验资料和工程经验推荐各岩土层的主要物理力学指标见表11－5。

表11－5　　各岩土层的主要物理力学性质指标推荐值

地层岩性	重力密度 r (kN/m^3)	天然含水量 ω (%)	天然孔隙比 e	液性指数 I_L	压缩系数 a_{1-2} (1/MPa)	压缩模量 $E_{s_{1-2}}$ (MPa)	黏聚力 C (kPa)	内摩擦角 ϕ (°)	基底摩擦系数 μ	承载力特征值 f_{ak} (kPa)	岩石地基承载力特征值 f_a (kPa)
①杂填土	17.5	/	/	/	/	/	/	/	/	/	/
②粉质黏土	18.0	27.0	0.89	0.70	0.378	5	25	12	0.2	100	/
②$_1$粉质黏土	17.8	28.5	0.91	0.90	0.477	4	20	10	/	80	/
②$_2$碎石	18.5	/	/	/	/	6	/	16	/	120	/
②$_3$淤泥质粉质黏土	17.2	32.8	1.11	1.10	0.703	3	15	8	/	60	/
③粉质黏土	18.7	24.4	0.736	0.33	0.173	10	28	18	0.3	200	/
④$_1$闪长岩	25.0	/	/	/	/	/	/	/	0.5	400	/
④$_2$闪长岩	26.0	/	/	/	/	/	/	/	0.7	600	3000

冲沟地段地下水类型主要为潜水，揭穿至基岩面附近时，水量增大，表现出一定的承

压性。地下水主要受大气降水补给，向冲沟下游排泄，水量受降水及季节的影响，水位及水量有一定变化。勘测期间测得冲沟段地下水位一般埋深为0.6～2.6m，变化幅度为0.5～1.0m，部分地段地下水位接近地表，表现出明显的承压性，承压水水头约2.0～3.0m。

岗地地段未见有明显地下水。下部地下水类型为基岩裂隙水，含水层为④层闪长岩岩下部裂隙层和破碎带，地下水具有承压性，地下水位埋深大于12m，对本工程影响较小。综合判定地下水对混凝土结构具微腐蚀性，对钢筋混凝土中的钢筋具微腐蚀性。

拟建站址区所在地金寨油坊店辖区，Ⅱ类场地条件下的基本地震动峰值加速度为0.10g，特征周期为0.35s。

11.4.4.3　挡土墙设计方案

根据站址总平面布置图，站址南侧为深厚填方区，最大填方高度约17.5m，填料采用挖方区岩土体，主要以开挖原始山体后产生的碎石土作为填料。考虑采用扶壁式挡土墙＋上部放坡的方案，扶壁式挡土墙高度控制为7m。

挡土墙设计参数如下：

混凝土墙体容重：24.500（kN/m^3）

混凝土强度等级：C30

纵筋级别：HRB400

抗剪腹筋级别：HRB400

裂缝计算钢筋直径：20（mm）

墙后填土内摩擦角：35.000（°）

墙后填土黏聚力：0.000（kPa）

墙后填土容重：20.000（kN/m^3）

墙背与墙后填土摩擦角：6.000（°）

地基土容重：18.700（kN/m^3）

修正后地基承载力特征值：220.000（kPa）

墙底摩擦系数：0.280

地基土类型：土质地基

土压力计算方法：库仑

钢筋混凝土配筋计算依据：GB 50010—2010《混凝土结构设计规范》

放坡顶部坡顶线外侧2.75m为道路，道路荷载考虑为30kPa。地基持力层为③层粉质黏土，挡土墙基础埋深确定为1.5m，扶壁间距3.0m。

根据场地条件和设计参数，拟定挡土墙尺寸如图11－8所示。

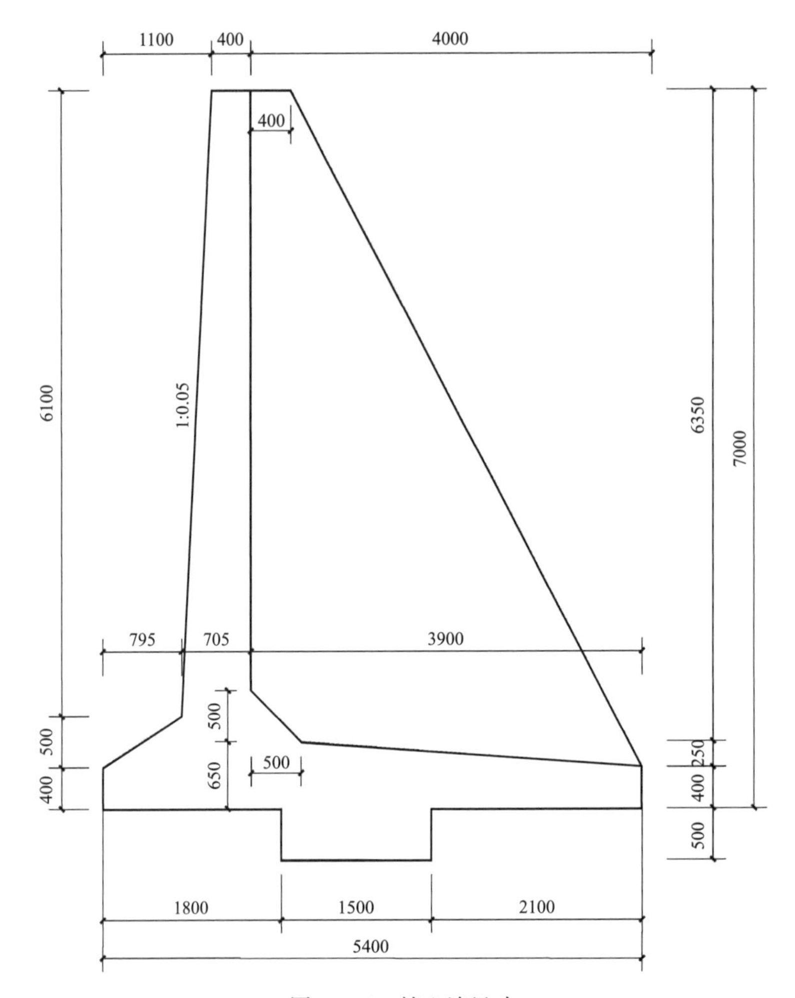

图 11－8　挡土墙尺寸

采用理正岩土软件计算，挡土墙稳定性计算结果如下：

［土压力计算］计算高度为 7.000（m）处的库仑主动土压力

按假想墙背计算得到：

第 1 破裂角：38.340（°）

E_a＝620.051（kN）E_x＝270.605（kN）E_y＝557.886（kN）作用点高度 Z_y＝2.451（m）

因为俯斜墙背，需判断第二破裂面是否存在，计算后发现第二破裂面存在：

第 2 破裂角＝14.731（°）第 1 破裂角＝36.072（°）

E_a＝444.954（kN）E_x＝287.608（kN）E_y＝339.508（kN）作用点高度 Z_y＝2.788（m）

墙身截面积＝5.663（m^2）　重量＝138.737（kN）

整个墙踵上的土重（不包括超载）＝403.673（kN）重心坐标（1.891，－3.391）（相对于墙面坡上角点）

墙趾板上的土重＝15.610（kN）相对于趾点力臂＝0.398（m）

（一）滑动稳定性验算

基底摩擦系数＝0.280

采用防滑凸榫增强抗滑动稳定性，计算过程如下：

基础底面宽度 B＝5.095（m）

墙身重力的力臂 Z_{w}＝1.830（m）

E_{y} 的力臂 Z_{x}＝4.362（m）

E_{x} 的力臂 Z_{y}＝2.788（m）

作用于基础底的总竖向力＝897.528（kN）作用于墙趾下点的总弯矩＝2023.256（kN·m）

基础底面合力作用点距离墙趾点的距离 Z_{n}＝2.254（m）

基础底压应力：墙趾＝236.992　凸榫前沿＝194.008　墙踵＝115.325（kPa）

凸榫前沿被动土压应力＝517.200（kPa）

凸榫抗弯强度验算：

凸榫抗弯强度验算满足：弯曲拉应力＝172.400≤500.000（kPa）

凸榫抗剪强度验算：

凸榫抗剪强度验算满足：剪应力＝172.400≤990.000（kPa）

滑移力＝287.608（kN）　抗滑力＝401.296（kN）

滑移验算满足：K_{c}＝1.395＞1.300

（二）倾覆稳定性验算

相对于墙趾点，墙身重力的力臂 Z_{w}＝1.830（m）

相对于墙趾点，墙踵上土重的力臂 Z_{w1}＝2.686（m）

相对于墙趾点，墙趾上土重的力臂 Z_{w2}＝0.398（m）

相对于墙趾点，E_{y} 的力臂 Z_{x}＝4.362（m）

相对于墙趾点，E_{x} 的力臂 Z_{y}＝2.788（m）

验算挡土墙绕墙趾的倾覆稳定性

倾覆力矩＝801.988（kN·m）　抗倾覆力矩＝2825.244（kN·m）

倾覆验算满足：K_{0}＝3.523＞1.600

（三）地基应力及偏心距验算

基础为天然地基，验算墙底偏心距及压应力

作用于基础底的总竖向力=897.528（kN）作用于墙趾下点的总弯矩=2023.256（kN·m）

基础底面宽度 B=5.095（m）偏心距 e=0.293（m）

基础底面合力作用点距离基础趾点的距离 Z_n=2.254（m）

基底压应力：趾部=236.992　踵部=115.325（kPa）

最大应力与最小应力之比=236.992/115.325=2.055

作用于基底的合力偏心距验算满足：e=0.293≤0.166×5.095=0.846（m）

墙趾处地基承载力验算满足：压应力=236.992≤264.000（kPa）

墙踵处地基承载力验算满足：压应力=115.325≤286.000（kPa）

地基平均承载力验算满足：压应力=176.158≤220.000（kPa）

（四）墙趾板强度计算

标准值：

作用于基础底的总竖向力=897.528（kN）作用于墙趾下点的总弯矩=2023.256（kN·m）

基础底面宽度 B=5.095（m）偏心距 e=0.293（m）

基础底面合力作用点距离趾点的距离 Z_n=2.254（m）

基础底压应力：趾点=236.992　踵点=115.325（kPa）

设计值：

作用于基础底的总竖向力=1077.033（kN）作用于墙趾下点的总弯矩=2427.907（kN·m）

基础底面宽度 B=5.095（m）偏心距 e=0.293（m）

基础底面合力作用点距离趾点的距离 Z_n=2.254（m）

基础底压应力：趾点=284.390　踵点=138.390（kPa）

[趾板根部]

截面高度：H'=0.450（m）

截面弯矩：M=77.782（kN·m）

抗弯拉筋构造配筋：配筋率 U_s=0.12%<U_{s_min}=0.20%

抗弯受拉筋：A_s=900（mm^2）

截面剪力：Q=192.660（kN）

截面抗剪验算满足，不需要配抗剪腹筋

截面弯矩：M（标准值）=63.204（kN·m）

最大裂缝宽度：δf_{max}=0.20（mm）。

（五）墙踵板强度计算

标准值：

作用于基础底的总竖向力=897.528（kN）作用于墙趾下点的总弯矩=2023.256（kN·m）

基础底面宽度 B=5.095（m）偏心距 e=0.293（m）

基础底面合力作用点距离趾点的距离 Z_n=2.254（m）

基础底压应力：趾点=236.992　踵点=115.325（kPa）

设计值：

作用于基础底的总竖向力=1077.033（kN）作用于墙趾下点的总弯矩=2427.907（kN·m）

基础底面宽度 B=5.095（m）偏心距 e=0.293（m）

基础底面合力作用点距离趾点的距离 Z_n=2.254（m）

基础底压应力：趾点=284.390　踵点=138.390（kPa）

截面高度：H'=0.450（m）

踵板边缘的法向应力=199.790（kPa）

踵板边缘的法向应力标准值=166.237（kPa）

支座弯矩：M=104.057（kN·m）

抗弯拉筋构造配筋：配筋率 U_s=0.16%<U_{s_min}=0.20%

抗弯受拉筋：A_s=900（mm^2）

支座弯矩：M（标准值）=86.582（kN·m）

最大裂缝宽度：δf_{max}=0.389（mm）。

踵板与肋结合处剪力：Q=249.738（kN/m）

截面抗剪验算满足，不需要配抗剪腹筋

跨中弯矩：M=62.434（kN·m）

抗弯拉筋构造配筋：配筋率 U_s=0.10%<U_{s_min}=0.20%

抗弯受拉筋：A_s=900（mm^2）

跨中弯矩：M（标准值）=51.949（kN·m）

最大裂缝宽度：δf_{max}=0.116（mm）。

（六）墙面板强度计算

截面高度：H'=0.400（m）

替代土压力图形中，面板的设计法向应力=47.534（kPa）

替代土压力图形中，面板的设计法向应力（标准值）=39.612（kPa）

[水平向强度验算]

净跨长为 2.500（m）

支座弯矩：M=24.757（kN·m）

抗弯拉筋构造配筋：配筋率 U_s=0.05%<U_{s_min}=0.20%

抗弯受拉筋：A_s=800（mm^2）

支座弯矩：M（标准值）=20.631（kN·m）

最大裂缝宽度：δf_{max}=0.038（mm）。

支座处剪力：Q=59.418（kN/m）

截面抗剪验算满足，不需要配抗剪腹筋

跨中弯矩：M=14.854（kN·m）

抗弯拉筋构造配筋：配筋率 U_s=0.03%<U_{s_min}=0.20%

抗弯受拉筋：A_s=800（mm^2）

跨中弯矩：M（标准值）=12.379（kN·m）

最大裂缝宽度：δf_{max}=0.023（mm）。

[竖向强度验算]

最大正弯矩：M=11.676（kN·m）

抗弯拉筋构造配筋：配筋率 U_s=0.02%<U_{s_min}=0.20%

抗弯受拉筋：A_s=800（mm^2）

最大正弯矩：M（标准值）=9.730（kN·m）

最大裂缝宽度：δf_{max}=0.018（mm）。

最大负弯矩：M=46.702（kN·m）

抗弯拉筋构造配筋：配筋率 U_s=0.09%<U_{s_min}=0.20%

抗弯受拉筋：A_s=800（mm^2）

最大负弯矩：M（标准值）=38.918（kN·m）

最大裂缝宽度：δf_{max}=0.101（mm）。

（七）肋板截面强度验算

[距离墙顶 1.638（m）处]

截面宽度 B=0.500（m）

截面高度 H=1.375（m）

翼缘宽度 BT=1.125（m）

翼缘高度 HT=0.400（m）

截面剪力 Q=60.472（kN）

截面弯矩 M=33.008（kN·m）

抗弯受拉筋：A_s=1375（mm^2）

转换为斜钢筋：$A_s/\cos\alpha$=1600（mm^2）

抗弯拉筋构造配筋：配筋率 U_s=0.01%<U_{s_min}=0.20%

截面抗剪验算满足，不需要配抗剪腹筋

截面弯矩 M（标准值）＝27.507（kN·m）

最大裂缝宽度：δf_{max}＝0.007（mm）。

[距离墙顶 3.275（m）处]

截面宽度 B＝0.500（m）

截面高度 H＝2.350（m）

翼缘宽度 BT＝1.750（m）

翼缘高度 HT＝0.400（m）

截面剪力 Q＝241.890（kN）

截面弯矩 M＝264.063（kN·m）

抗弯受拉筋：A_s＝2350（mm^2）

转换为斜钢筋：$A_s/\cos\alpha$＝2735（mm^2）

抗弯拉筋构造配筋：配筋率 U_s＝0.03%＜U_{s_min}＝0.20%

截面抗剪验算满足，不需要配抗剪腹筋

截面弯矩 M（标准值）＝220.052（kN·m）

最大裂缝宽度：δf_{max}＝0.018（mm）。

[距离墙顶 4.913（m）处]

截面宽度 B＝0.500（m）

截面高度 H＝3.325（m）

翼缘宽度 BT＝2.375（m）

翼缘高度 HT＝0.400（m）

截面剪力 Q＝542.118（kN）

截面弯矩 M＝890.901（kN·m）

抗弯受拉筋：A_s＝3325（mm^2）

转换为斜钢筋：$A_s/\cos\alpha$＝3870（mm^2）

抗弯拉筋构造配筋：配筋率 U_s＝0.05%＜U_{s_min}＝0.20%

截面抗剪验算满足，不需要配抗剪腹筋

截面弯矩 M（标准值）＝742.417（kN·m）

最大裂缝宽度：δf_{max}＝0.030（mm）。

[距离墙顶 6.550（m）处]

截面宽度 B＝0.500（m）

截面高度 H＝4.300（m）

翼缘宽度 BT＝3.000（m）

翼缘高度 HT＝0.400（m）

截面剪力 Q＝919.698（kN）

截面弯矩 M＝2079.387（kN·m）

抗弯受拉筋：A_s＝4300（mm^2）

转换为斜钢筋：$A_s/\cos\alpha$＝5005（mm^2）

抗弯拉筋构造配筋：配筋率 $U_s=0.06\%<U_{s\_min}=0.20\%$

截面抗剪验算满足，不需要配抗剪腹筋

截面弯矩 M（标准值）＝1732.823（kN·m）

最大裂缝宽度：δf_{max}＝0.042（mm）。

根据计算结果，挡土墙的配筋图如图 11－9、图 11－10 所示。

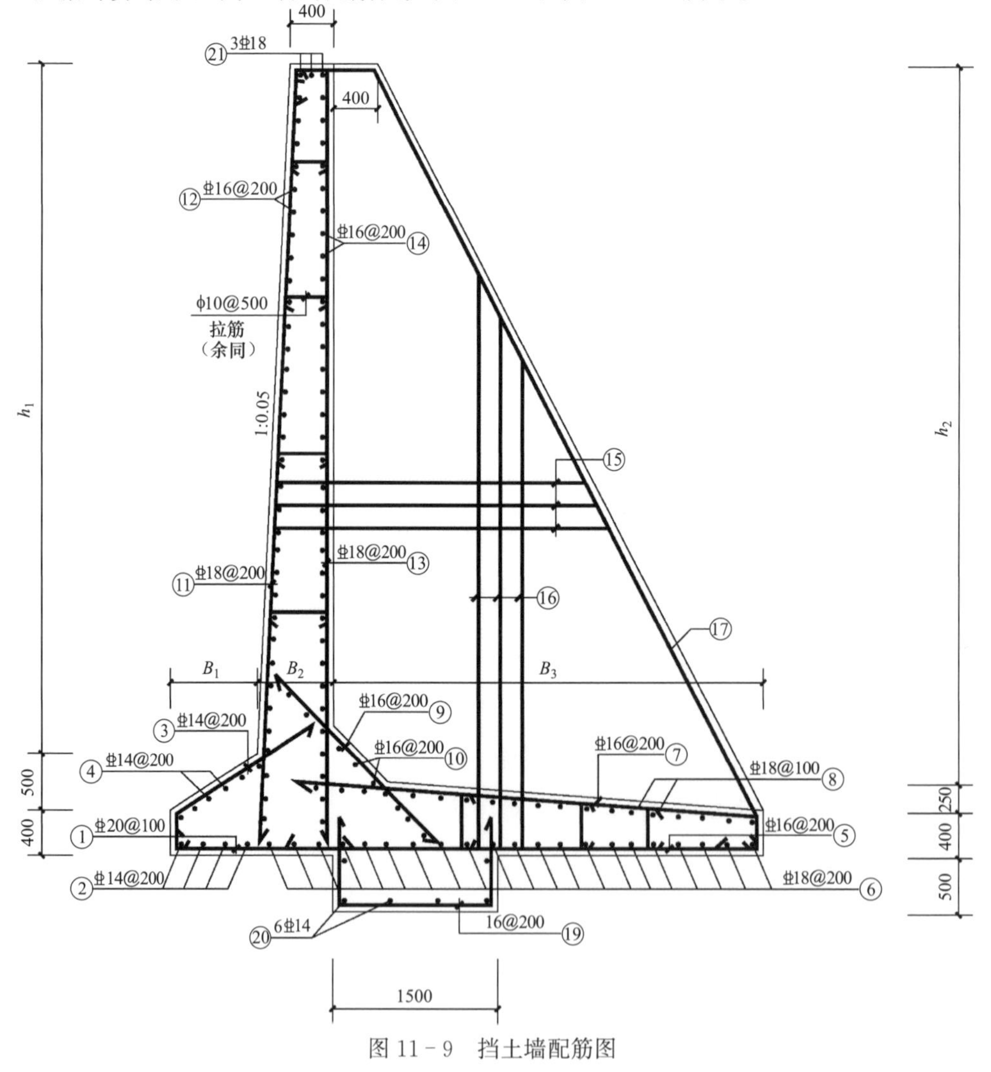

图 11－9　挡土墙配筋图

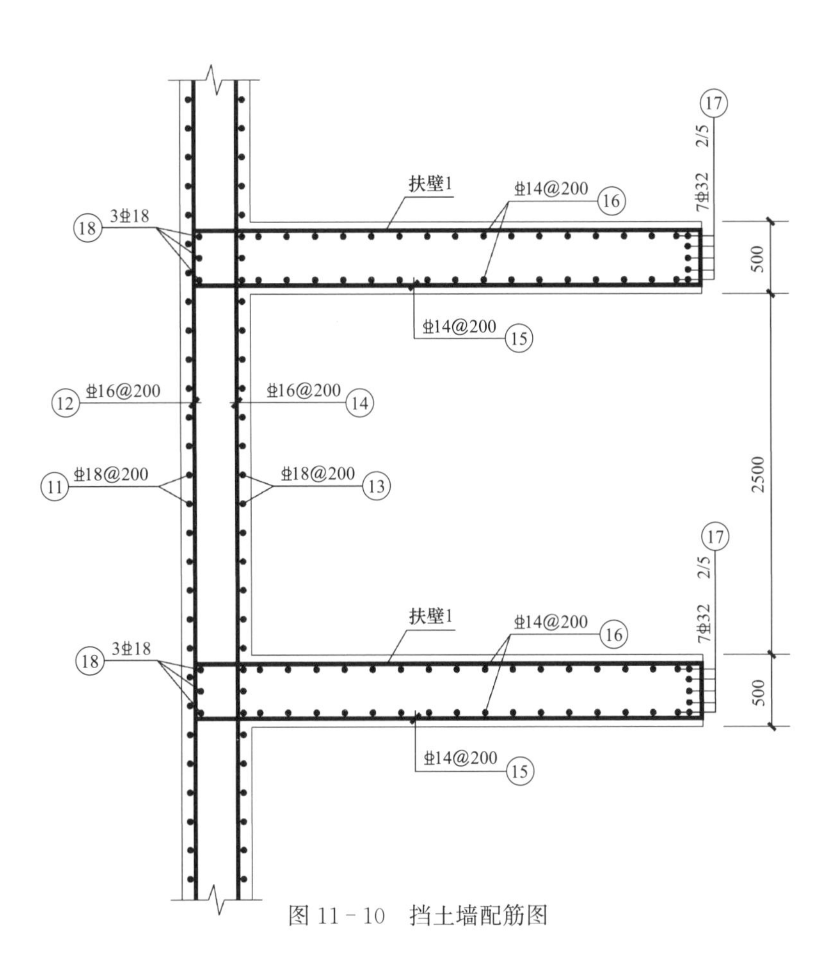

图 11-10 挡土墙配筋图

第十二章
锚　　杆

12.1　概述

岩土锚固是把一种受拉杆件埋入地层中，以提高岩土自身的强度和自稳能力的一门工程技术；由于这种技术大大减轻结构物的自重、节约工程材料并确保工程的安全和稳定，具有显著的经济效益和社会效益，因而目前在工程中得到极其广泛的应用。

岩土锚固的基本原理就是利用锚杆（索）周围地层岩土的抗剪强度来传递结构物的拉力以保持地层开挖面的自身稳定，由于锚杆锚索的使用，它可以提供作用于结构物上以承受外荷的抗力；可以使锚固地层产生压应力区并对加固地层起到加筋作用；可以增强地层的强度，改善地层的力学性能；可以使结构与地层连锁在一起，形成一种共同工作的符合体，使其能有效地承受拉力和剪力。在岩土锚固中通常将锚杆和锚索统称为锚杆。

目前，锚杆支护在边坡工程、隧道和洞室工程、基坑工程中应用较为广泛，同时，锚杆也应用于建构筑物基础、码头和桥梁等工程中。本书主要讨论锚杆在支护工程中的应用。

12.2　基本原理

在边坡工程中，当潜在的滑体沿剪切滑动面的下滑力超过抗滑力时，将会出现沿剪切面的滑移和破坏。在坚硬的岩体中，剪切面多发生在断层、节理、裂隙等软弱结构面上。在土层中，砂性土的滑面多为平面，黏性土的滑面一般为圆弧状。有时也会出现沿上覆土层和下卧基岩间的界面滑动。

采用锚杆（索）加固边坡，能够提供足够的抗滑力，并能提高潜在滑移面上的抗剪强度，有效地阻止坡体位移。锚杆锚固段穿过潜在滑动面，将潜在滑体固定在滑动面后方的稳定岩土体中，锚杆提供抗拔力，抗拔力可提供两个方向的分力，一个方向是平行于滑动面方向的抗滑力，可有效抵抗滑体的剩余下滑力，另一个方向是垂直于滑动面的分力，可提供正压力，提高滑体沿滑动面方向的摩擦力，从而提高滑体的稳定性。锚固边坡的稳定性分析如图 12－1 所示。

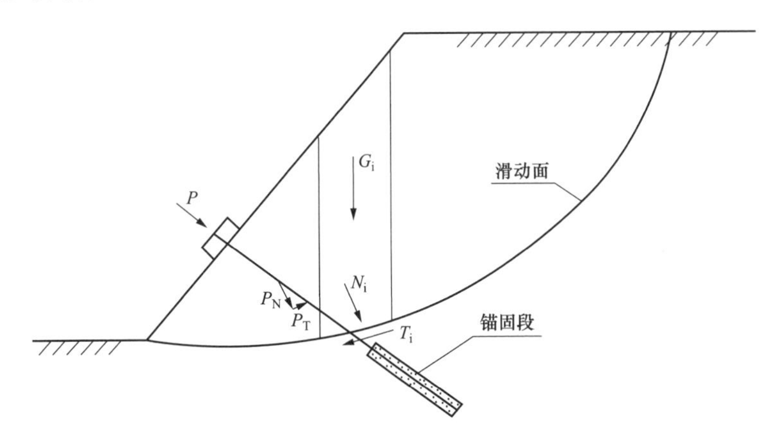

图 12－1 锚固边坡的稳定性分析

在岩体中，由于岩石产状及软硬程度存在严重差异，岩石边坡可能出现不同的失稳和破坏模式，如滑移、倾倒、转动破坏等。锚杆的安设部位、倾角为抵抗边坡失稳与破坏最有利的方向，一般锚杆轴线应当与岩石主结构面或潜在的滑移面呈大角度相交。

锚杆分为自由段和锚固段，自由段位于潜在滑体内，锚固段穿过潜在滑动面进入稳定地层中，锚固段与周围地层之间的摩擦力可提供抗拔力，抗拔力通过自由段传递给滑体，从而对滑体产生抗滑力，最终提高边坡或滑坡的稳定性，达到边坡支护（滑坡治理）的目的。锚杆增强岩石边坡的稳定性如图 12－2 所示。

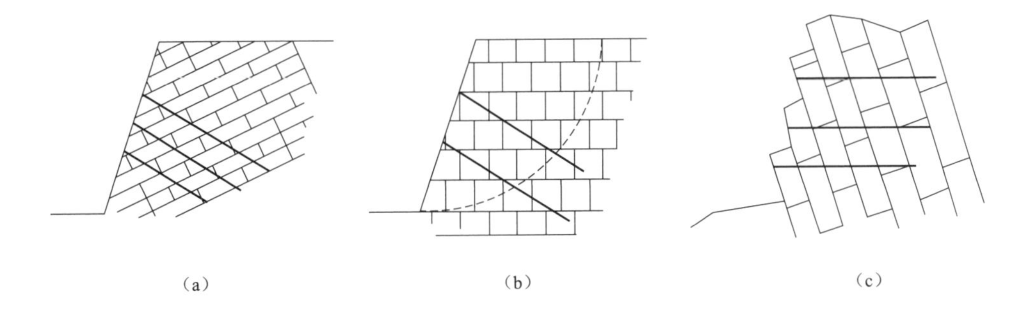

(a)　(b)　(c)

图 12－2 锚杆增强岩石边坡的稳定性

(a) 锚杆平衡滑动力；(b) 锚杆抵抗转动破坏；(c) 锚杆抵抗倾倒

12.3 设计方法

12.3.1 锚杆（索）锚固设计荷载的确定

锚杆（索）锚杆锚固设计荷载的确定应根据边坡的推力大小和支护结构的类型综合

考虑进行确定。首先应当计算边坡的推力或侧压力，然后根据支挡结构的形式计算该边坡要达到稳定需要锚固提供的支撑力。根据这个支撑力和锚杆数量、布置便可确定出锚杆（索）锚固荷载的大小，该荷载的大小作为锚筋截面计算和锚固体设计的重要依据。

12.3.2　锚杆（索）锚筋的设计

在确定出锚杆轴向设计荷载后，需要对锚杆进行结构设计，结构设计的第一步就是根据锚杆轴向设计荷载计算锚杆的锚筋截面，并选择合理的钢筋或钢绞线配置锚筋；在配置锚筋后可由锚筋的实际面积和锚筋的抗拉强度标准值计算出锚杆承载力设计值，然后方能进行锚杆体和锚固体的设计计算。

（1）锚杆锚筋的截面积计算：

假设锚杆轴向设计荷载为 N，则可由下式初步计算出锚杆要达到设计荷载 N 所需的锚筋截面：

$$A_g = \frac{kN}{f_{ptk}} \tag{12-1}$$

式中：A_g——由 N 计算出的锚筋截面；

k——安全系数，对于临时锚杆取 1.6～1.8 对于永久性锚杆取 2.2～2.4；

f_{ptk}——锚筋（钢丝、钢绞线、钢筋）抗拉强度设计值。

（2）锚筋的选用：

根据锚筋截面计算值 A_g，对锚杆进行锚筋的配置，要求实际的锚筋配置截面 $A_g \geqslant A'_g$。配筋的选材应根据锚固工程的作用、锚杆承载力、锚杆的长度、数量以及现场提供的施加应力和锁定设备等因数综合考虑。

锚筋一般选用 HRB400 型热轧钢筋，钢筋的直径一般选用 ϕ22～32。

对于长度较长、锚固力较大的预应力锚杆应优先选用钢绞线、高强钢丝，这样不但可以降低锚杆的用钢量，最大限度地减少钻孔和施加预应力的工作量，而且可以减少预应力的损失。

（3）按实际锚筋截面计算锚杆承载力设计值：

假设实际锚筋配置截面为 A_g（$A_g \geqslant A'_g$），由下式按实际锚筋计算锚杆承载力设计值：

$$N_g = \frac{A_g f_{ptk}}{k} \geqslant N \tag{12-2}$$

式中：N_g——实际锚筋配置情况下锚杆的承载力设计值；

k——安全系数，取值同前；

f_{ptk}——所配锚筋（钢丝、钢绞线或钢筋）的抗拉强度设计值。

12.3.3　锚杆（索）的锚固力计算与锚固体设计

锚杆（索）的锚固力也可称为锚杆（索）承载力。锚杆极限锚固力（极限承载力）是指锚杆锚筋沿握裹砂浆或砂浆沿孔壁产生滑移破坏时所能承受的最大临界拉拔力，它可以通过破坏性拉拔试验确定。锚杆容许锚固力（容许承载力）是极限锚固力（极限承载力）除以适当的安全系数（通常为2.0～2.5），这种锚固力在《公路钢筋混凝土规范》中称为容许承载力，而在《工民建钢筋混凝土结构规范》中又称为锚杆锚固力（承载力）标准值；这种标准值为设计锚固力提供参考，通常锚杆容许锚固力是锚杆设计锚固力（或称为锚固力设计值）的1.2～1.5倍。在设计时，锚杆的设计荷载必须小于锚固力设计值。

锚杆锚固力的计算方法随锚固体形式不同而异，圆柱型锚杆的锚固力由锚固体表面与周围地层的摩擦力提供；而端头扩大型锚杆的锚固力则由扩座端的面承力及与周围地层的摩擦力提供。

（1）圆柱型锚杆锚固力与锚固长度计算。

对于圆柱型锚杆，根据锚固机理，锚杆的极限锚固力可按下式计算：

$$P_u = \pi L d q_s \tag{12-3}$$

式中：L——锚固体长度；

d——锚固体长度；

q_s——锚固体表面与周围岩土体之间的极限粘结强度。

式（12-2）给出了锚杆承载力设计值 N_g（≥锚杆设计荷载），由式（12-4）可得锚杆要达到锚固力设计值 N_g 所需的最小锚固体长度：

$$L_m \geqslant \frac{kN_g}{\pi d q_s} \tag{12-4}$$

式中：L_m——锚固体长度；

k——安全系数，对于临时锚杆取1.6～1.8对于永久性锚杆取2.2～2.4；

N_g——锚杆锚固力设计值；

q_s——锚固体表面与周围岩土体之间的极限粘结强度标准值。

（2）端部扩大头型锚杆的锚固力和锚固长度计算。

如图12-3所示，端部扩大头型锚杆的极限锚固力由三部分组成：直孔段圆柱型锚固体摩阻力、扩孔段圆柱型锚固体摩阻力以及扩大头端面承载力。前两项摩阻力可由式（12-5）计算，而扩大头端面承载力目前主要运用锚定板抗拔力计算公式近似计算。

砂土中锚杆的极限锚固力计算：

$$P_u = \pi dL_1 q_s + \pi DL_2 q_s + \frac{1}{4}\pi(D^2 - d^2)\beta_c \gamma h \tag{12-5}$$

黏性土中锚杆的极限锚固力计算：

$$P_u = \pi dL_1 q_s + \pi DL_2 q_s + \frac{1}{4}\pi(D^2 - d^2)\beta_c c_u \tag{12-6}$$

式中：　　P_u——锚杆极限锚固力；

L_1，L_2，D，d——锚固体结构尺寸；

q_s——锚固体表面与周围岩土体之间的极限粘结强度标准值；

h，γ——扩大头上覆土层的厚度和土体容重；

c_u——土体不排水抗剪强度；

β_c——锚固力因数，与 h/D 呈正比例增加，当 $h/D>10$ 时，β_c 保持恒定不再随 h/D 的增加而改变。

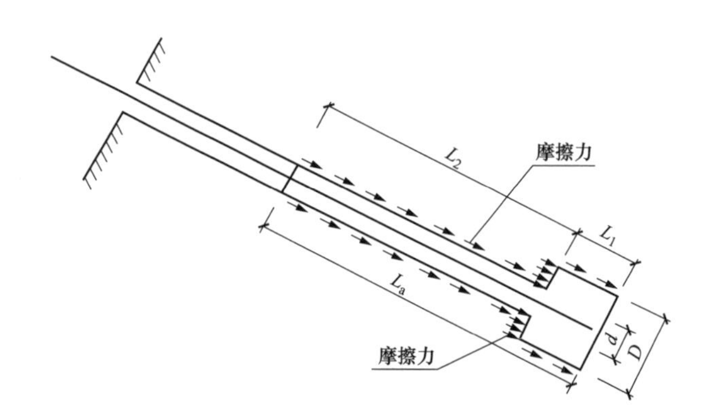

图 12-3　端部扩大头型锚杆的锚固力的计算模式

已知锚杆的承载力设计值为 N_g，则满足该承载力设计值所需的最小锚固长度可由式（12-7）和式（12-8）求得，为：

砂性土：
$$kN_g \leqslant \pi dL_1 q_s + \pi DL_2 q_s + \frac{1}{4}\pi(D^2 - d^2)\beta_c \gamma h \tag{12-7}$$

黏性土：
$$kN_g \leqslant \pi dL_1 q_s + \pi DL_2 q_s + \frac{1}{4}\pi(D^2 - d^2)\beta_c c_u \tag{12-8}$$

式中：k——安全系数；

N_g——锚杆锚固力设计值。

在实际工程设计中，为了便于计算，简化后的计算公式为式（12-9）。

$$N_g \leqslant \frac{1}{k}\pi dL_1 q_s + \frac{1}{k}\pi DL_2 q_s + \frac{1}{4}\pi(D^2 - d^2)B_c c_u \tag{12-9}$$

式中：N_g——锚杆锚固力设计值；

k——安全系数，对于临时锚杆取 1.6～1.8 对于永久性锚杆取 2.2～2.4；

B_c——扩大头承载力修正系数，对于临时锚杆取 4.5～6.5 对于永久性锚杆取 3.0～5.0；

q_s——锚固体表面与周围岩土体之间的极限粘结强度标准值。

值得注意的是：①表中 q_s 系一次常压灌浆工艺确定，适用于注浆标号 M25～M30；当采用高压灌浆时，可适当提高。②极软岩：岩石单轴饱和抗压强度 $f_p \leqslant 5$MPa；软质岩：岩石单轴饱和抗压强度 5MPa$\leqslant f_p \leqslant$30MPa 硬质岩：岩石单轴饱和抗压强度 $f_p \geqslant$ 30MPa。③表中数据用作初步设计时计算，施工时宜通过试验检验。④岩体结构面发育时，取表中下限值。

（3）锚筋与锚固砂浆间的最小握裹长度计算。

前面对于圆柱型锚杆和端头扩大型锚杆的极限锚固力计算公式是基于锚固段锚杆体与周围岩土间的极限摩阻力给出的，这种公式的应用条件是锚杆破坏首先从锚固体与周围岩土之间的界面剪切滑移，一般来讲对于土层或较软的岩石满足这种条件。对于坚硬的岩层，如果锚固体与岩层间的极限摩阻力大于锚筋与锚固砂浆之间的极限握裹力，锚杆将首先从锚筋与锚固砂浆之间开始剪切破坏，此时应根据锚筋与锚固砂浆之间的粘结强度来计算锚杆的锚固长度。极限锚固力计算公式为：

$$P_u = \pi L n d_g q_g \tag{12-10}$$

式中：L——锚固体长度；

d_g——锚筋直径；

n——锚筋数量；

q_g——锚筋与锚固砂浆之间的极限粘结强度。

锚杆锚固力设计值为 N_g，锚杆要达到锚固力设计值所需的锚筋与锚固砂浆间的最小握裹长度：

$$L_g \geqslant \frac{kN_g}{\pi n d_g q_g} \tag{12-11}$$

式中：L_g——锚筋与锚固砂浆间的最小握裹长度；

k——安全系数，对于临时锚杆取 1.5～1.8 对于永久性锚杆取 2.0～2.3；

q_g——锚筋与锚固砂浆间的极限粘结强度标准值。

12.4　工程实例

12.4.1　土质边坡锚杆支护实例

12.4.1.1　工程概况

安徽铜陵某220kV输电线路新建＃35塔毗邻山脚，塔位中心处原始地面标高约为47.3m，由于＃35塔位场地建设需要，塔位处需降基至高程约29.4m，从而形成土质挖方高边坡，边坡最大高度约为37.5m。

＃35塔位基础外缘距离坡脚约3～5m，同时坡顶上方存在10kV输电线路跨越塔(跨越长江)，跨越塔中心距离坡顶约15m，为保证边坡稳定，杆塔运营期间不因边坡滑动而产生危害，需对该段边坡进行支护设计。

12.4.1.2　岩土工程条件

(1) 地形地貌。

该塔位于铜陵市滨江大道东侧，所处区域地貌属于沿江平原，微地貌属于丘陵，塔位处于山坡下部，山坡自然地形坡度为35°～45°，局部地形较陡，坡顶相对平缓，山体最大高差约41.5m。

(2) 地层岩性。

边坡范围内地层主要是黏性土及稍密～中密状卵石土，地层自上而下分述如下：

①层粉质黏土：灰黄色、黄褐色，稍湿，可塑偏硬，局部硬塑，表层为植被土，厚度约40cm，该层在坡顶位置大部分地段均有分布。

②层卵石：灰黄色、棕黄色，稍湿～湿，稍密，局部中密，存在可塑状黏性土充填，局部夹有薄层黏性土，卵石粒径多在2～6cm之间，局部可见粒径大于20cm的漂石，磨圆度较好，分选差。该层在坡体内广泛分布。

③层黏土：棕黄色、灰黄色，稍湿～湿，可塑偏硬，局部硬塑，遇水后易软化。该层主要以夹层或透镜体形式分布在②层、④层卵石土之间，在坡体内大部分地段均有分布。

④层卵石：灰黄色，稍湿～湿，中密，局部稍密，存在可塑偏硬状黏性土充填，局部存在一定胶结，卵石粒径多在2～6cm之间，局部可见粒径大于20cm的漂石，磨圆度较好，分选差。该层在坡体内广泛分布。

根据地质勘察报告中的推荐参数，用于本次边坡工程设计的土层物理力学参数如表12-1所示。

表 12-1 地层物理力学参数表

岩土名称	重力密度 r (kN/m^3)	内摩擦角 ϕ (°)	黏聚力 C (kPa)
①层粉质黏土	19.4	14	35
②层卵石	19.6	23	14
③层黏土	19.8	14	35
④层卵石	20.5	35	25

（3）水文地质条件。

边坡区域内地下水类型主要为上层滞水，水量总体较少，由于卵石土渗透性较好，地下水含量随时间和季节变化较大，雨季时，地下水含量较多，坡面可见地下水出露。

根据地质调查结果及工程经验，地下水对混凝土结构具有微腐蚀性，对钢筋混凝土结构中的钢筋具有微腐蚀性。

（4）地震烈度。

根据 GB 18306—2015《中国地震动参数区划图》，杆塔所在地区地震动峰值加速度为 0.10g，相当于地震基本烈度为Ⅶ度。

12.4.1.3 锚杆格构设计方案

该边坡属于土质挖方高边坡，根据 GB 50330—2013《建筑边坡工程技术规范》，边坡安全等级为二级，边坡设计稳定安全系数在正常工况下取 1.30，在地震工况下取 1.10。本次进行支护结构及坡形设计时，按正常使用状态进行支护设计，并对地震工况下的边坡稳定性进行校核。

1. 支护结构选型

该边坡属于土质挖方边坡，破坏模式按圆弧滑动考虑，采用简化 Bishop 法对边坡稳定性进行分析，在未采用支护措施的情况下，边坡整体安全系数小于 1.3，且第三级至第五级边坡安全系数小于 1.3，不能达到设计稳定安全系数要求，需对边坡进行支护。

根据边坡的稳定性分析结果、地层情况及周围环境条件，并类比相似工程的支护设计情况（原＃35 塔位护坡采用锚杆格构支护），对于本工程而言，针对边坡稳定性满足设计要求的情况，推荐采用拱形骨架及浆砌块石护坡，针对边坡稳定性达不到设计要求的情况，推荐采用锚杆格构支护。

根据以上思路，边坡支护设计方案总体如下：由下至上，第一级和第二级边坡采用拱形骨架护坡，第三级和第四级边坡采用锚杆格构支护，第五级边坡采用浆砌块石护坡，在骨架护坡的转折处亦采用浆砌块石护坡。边坡支护典型剖面如图 12-4、图 12-5

所示。

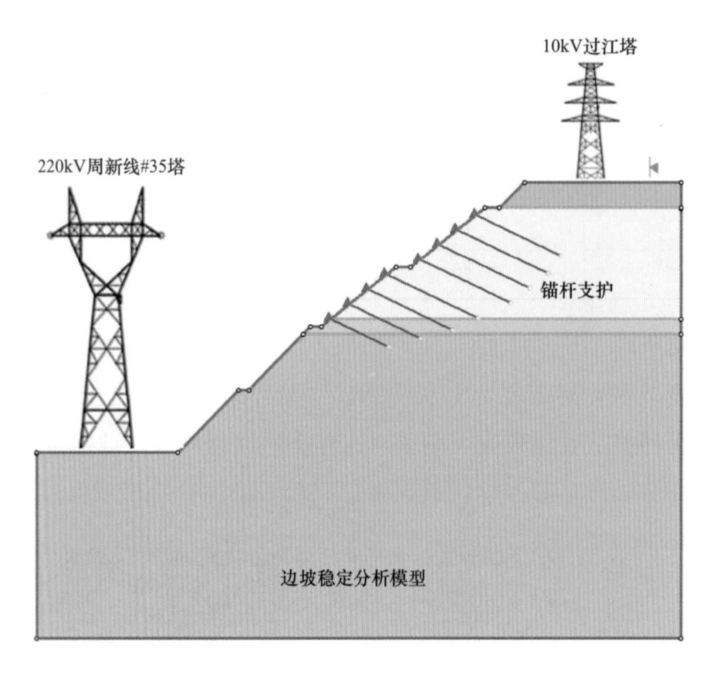

图 12－4　边坡稳定分析模型

2. 支护工程设计

(1) 拱形骨架护坡。

由下至上，第一级和第二级边坡采用拱形骨架护坡，坡率均为 1∶1，根据稳定性计算结果，下部两级边坡处于稳定状态，设计采用拱形骨架护坡。骨架护坡可以达到良好的护面效果，同时，又可以达到美观、绿化的目的。

采用截水型骨架，坡面降水可以较好地汇集、分流，并进入坡面及坡脚的排水沟中。骨架需嵌入坡体内一定深度。拱形骨架每 15m 为一个单元，两个单元之间设置伸缩变形缝。

在骨架内铺设不少于 10cm 厚度种植土用以播种草籽。为保证种植土与边坡结合牢固，在铺设前将坡面修整为锯齿台阶状，并在铺设完毕后采用尼龙网或三维植被网等固定种植土；对于草籽选择，应根据铜陵地区气候、环境等条件，选择适宜当地生长的植物品种，播种草籽时，应选择在春季或秋季进行，绿化工程应由绿化专业人员制定详尽的施工方案，同时由专人负责养护管理。

(2) 锚杆格构设计。

第三级和第四级边坡坡率均为 1∶1.3，根据边坡稳定性计算结果，该段边坡的原始安全系数小于设计稳定安全系数，故需对该段边坡进行支护。采用锚杆格构支护方案。

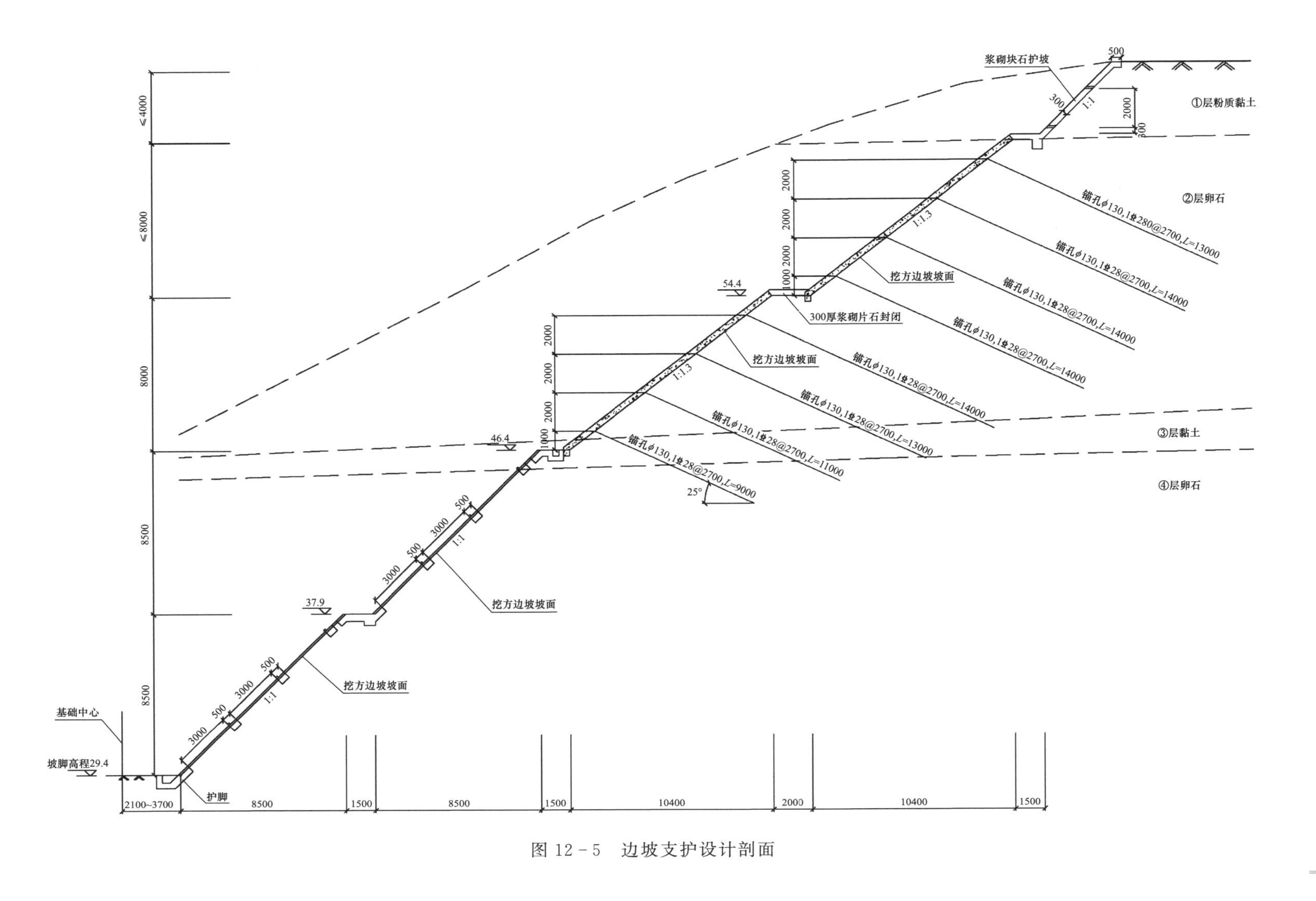

图 12－5　边坡支护设计剖面

锚杆类型为全长粘结型，锚杆倾角为25°，钻孔直径130mm。锚杆水平间距为2.7m，垂直间距为2.0m。锚杆在坡面上呈方形布置，锚杆钢筋与格构梁内纵筋焊接牢固。

格构梁采用现浇钢筋混凝土。格构梁断面尺寸300mm×300mm；边坡的顶部设置冠梁，在坡脚处设置地梁，冠梁、地梁截面尺寸及配筋同格构梁；格构梁每隔25～30m设置伸缩变形缝，缝宽2mm。

在格构梁框格内铺设不少于10cm厚度种植土用以播种草籽。

（3）浆砌块石护坡。

在第一级边坡、第二级边坡转折区域及第五级边坡区域，设计采用浆砌块石护坡，表面采用水泥砂浆勾缝。在护坡体内设置泄水孔，将坡体内地下水顺利排出。另外，马道表面采用浆砌块石封闭。

（4）排水沟设计。

在坡脚位置及第二级边坡马道内侧设立截水沟，其中，马道处截水沟中水流由两侧向中部合流，并通过坡面排水沟向下排入坡脚截水沟中。马道及坡脚截水沟沟底纵坡为0.2%。

在第一级边坡和第二级边坡坡面设置急流槽，急流槽内设置阻水坎，以降低水流速度，阻水坎采用砖砌或素混凝土制作，阻水坎表面采用20mm厚水泥砂浆抹面。第一级平台和坡脚位置设置消能池，坡脚截水沟最终接入道路边沟内，通过截水沟将坡面及坡顶降水排入市政道路排水系统。

12.4.1.4　工程效果及评述

如图12-6所示，该边坡支护工程于2016年4月竣工验收，边坡稳定性满足要求，边坡监测结果表明坡体处于稳定状态，说明本工程采用锚杆格构+拱形骨架防护的方案是适宜的。

12.4.2　岩质边坡锚杆支护实例

12.4.2.1　工程概况

安徽岳西某110kV变电站工程位于安庆市岳西县，站址区原为荒地、树木及灌木。站址区域原始地面标高为138.2～162.1m，场地设计标高为140.3m，场地挖方边坡最大高差约21.8m。该边坡区域岩体为片麻岩，属于岩质边坡，片理面与北侧边坡倾向接近，北侧边坡存在顺层结构面，需按平面滑动破坏模式计算边坡稳定性。根据边坡稳定性分析结果，需进行支护，结合本工程条件和周边环境，考虑采用锚杆格构支护方案。

图 12-6 边坡支护工程竣工后照片

12.4.2.2 岩土工程条件

1. 地形地貌

本工程站址区地貌单元属皖西山地，微地貌以山坡为主，变电站内东侧部有一小型冲沟。宽 1.5～2.5m，深 1.5～2.5m，沟底为松散砂夹碎石，局部可见岩块，本次勘测期间，站址区内现状为荒地、树木及灌木。站址围墙范围内高程 138.0～158.5m（1985 国家高程基准），地形起伏较大。

2. 地层岩性

本次在勘察深度范围内，主要揭露地层为坡积土、砂质黏性土、粉质黏土夹碎石、片麻岩，按岩土工程特性从上至下分述：

①层坡积土：灰黄色，湿，松散，富含植物根系及孔隙，偶见块石。该层厚度 0.5～1.0m，层底标高 139.95～151.20m，在站址范围内均有分布。

②$_1$ 层砂质黏性土：褐黄色、灰黄色，松散，稍湿，可塑偏软状态，局部可塑，砂

以细中砂为主，局部含量高，该层局部混碎石。该层厚度 0.5～2.8m，层底标高 138.83～149.32m，主要分布在山坡下部，坡度较缓地段。

②$_2$ 层粉质黏土（夹碎石）：灰色、灰黄色，可塑状态，局部软塑，稍湿，混角砾粗砂，偶见碎石、块石。该层厚度 0.9～1.4m，层底标高 138.55～150.40m，主要分布在洼地段底部。

③层片麻岩：灰色、灰黄色，湿，全～强风化，可见原岩结构，上部风化完全，结构基本破坏，强度较低，风化成砂土状，镐易挖。风化程度随深度增加而减弱，该层厚度 0.5～1.3m，层底标高 137.95～149.40m，在站址区内广泛分布。

④层片麻岩：灰色、褐灰色，强～中风化，变质结构，片理构造，该层上部岩石较破碎，呈碎块状，下面岩石较完整，岩芯呈短柱状、柱状，坚硬。本次勘察未揭穿，该层厚度大于 4.0m，在站址区内均有分布。

各地层的主要物理力学指标推荐值如表 12－2 所示。

表 12－2　　各地层主要物理力学指标推荐值

地层编号	岩土名称	重力密度 γ (kN/m^3)	黏聚力 C (kPa)	内摩擦角 φ (°)	压缩模量 $E_{s_{1-2}}$ (MPa)	承载力特征值 f_{ak} (kPa)
①	坡积土	17.8	/	/	/	/
②$_1$	砂质粉质黏土	18.8	20	15	5	110
②$_2$	粉质黏土（夹碎石）	19.0	20	15	10	120
③	片麻岩	20.5	/	40	≥15	250
④	片麻岩	22	/	50	微压缩性	400

3. 结构面特征

根据地质调查，本场地结构面包括岩层的片理面、不同岩性的分界面、不同风化带界面及构造节理面等。在边坡中单一存在的、规模较大的、已基本贯通的结构面有片理面或岩性分界面和风化带界面；在边坡中重复出现的、规模较小的、断续贯通的结构面有构造节理（裂隙）等，当这种结构面在边坡中有规律的重复出现和处于有利方位时，将会对边坡的破坏产生明显影响。

根据结构面调查统计，站址区内优势结构面中心较单一，主要是片理面和构造节理面，片理面和产状范围为 110°～150°∠31°～50°，节理面产状范围为 270°～280°∠30°～40°。

根据现场地质调查及钻孔内揭露的结构面发育情况，场地内结构面隙宽以 0～10mm 居多，少数结构面隙宽大于 20mm。大部分结构面平直光滑，少数有波状起伏；充填物以泥质为主，部分无充填。构造节理面间距多在 0.3～1.0m 之间，迹长一般为 5.0～15.0m。总体而言，结构面结合程度为结合差。

4. 岩体结构

根据勘察资料和地质调查，站址区边坡岩性以片麻岩为主，岩体以层状结构为主，主要为薄层、中层状。片麻岩为强风化～中等风化，属于较软岩，岩体较破碎，岩体基本质量等级以Ⅳ类为主。

5. 水文地质条件

站址区地下水类型主要分为两层。1层主要为赋存于表层中的上层滞水，2层主要为赋存于基岩中的裂隙水，水量较小，由于站址位于两山坡之间低洼处，雨天或地表水丰富时，会在此处产生汇水区，水量较大，主要由雨水、地表水渗入补给。不同季节地下水位埋深有一定变化，雨季及地表水丰富时地下水位上升，干旱季节地下水位下降，本次勘探期间正值少雨干旱天气，勘探深度内未见明显地下水位，根据以往工程经验，地下水位埋深大于5.0m。

站址位于山坡小型冲沟沟口，须根据水文地质条件设置适当的排水沟、截水沟。

站址区地下水在强透水条件下对混凝土结构具弱腐蚀性，在弱透水条件下对混凝土结构具微腐蚀性，对钢筋混凝土结构中的钢筋和钢结构具微腐蚀性。

6. 地震效应

变电站地区在50年超越概率为10%的条件下，场地地震动峰值加速度为0.05g，反应谱特征周期0.35s，相当于地震基本烈度6度；设计地震分组为第一组。

12.4.2.3　边坡稳定性分析

1. 计算参数选取

本工程场地内结构面总体属于硬性结构面、结合差，根据GB 50330—2013《建筑边坡工程技术规范》，硬性结构面、结合差情况下φ为27°～18°，C为0.09～0.05MPa。根据GB/T 50218—2014《工程岩体分级标准》，Ⅳ类岩体为24.5～22.5kN/m^3。

综上所述，选取计算参数如表12-3所示。

表12-3　　　　极限平衡法计算参数

参数 / 结构面类型	黏聚力C (kPa)	内摩擦角φ (°)	岩体重度γ (kN/m^3)
片理面	12	24	24

2. 结构面统计及分析

根据现场地质调查结果，共计测量了片理面产状数据20条，对产状数据进行统计，得出平均产状为130°∠35°。

3. 坡形选择

综合考虑工程地质、水文地质、边坡高度、环境条件、施工条件和工期等因素的影响，由于征地限制，为尽量减少征地，本次挖方边坡考虑采用支护方案，局部地段采用自稳方案，考虑如下的坡形设计方案：

（1）站址北侧边坡分为2级放坡，由下至上：

第一级边坡高度为10.0m，坡率1∶0.75，马道宽度2.0m；

第二级边坡高度为0～11.7m，坡率1∶1。

边坡采用锚杆格构支护，格构内培土植草绿化。北侧边坡坡顶设置截水沟，坡脚设置排水沟。锚杆孔径100mm，格构梁尺寸300mm×300mm。锚杆长度为6～13m。边坡剖面示意图如图12-7所示。

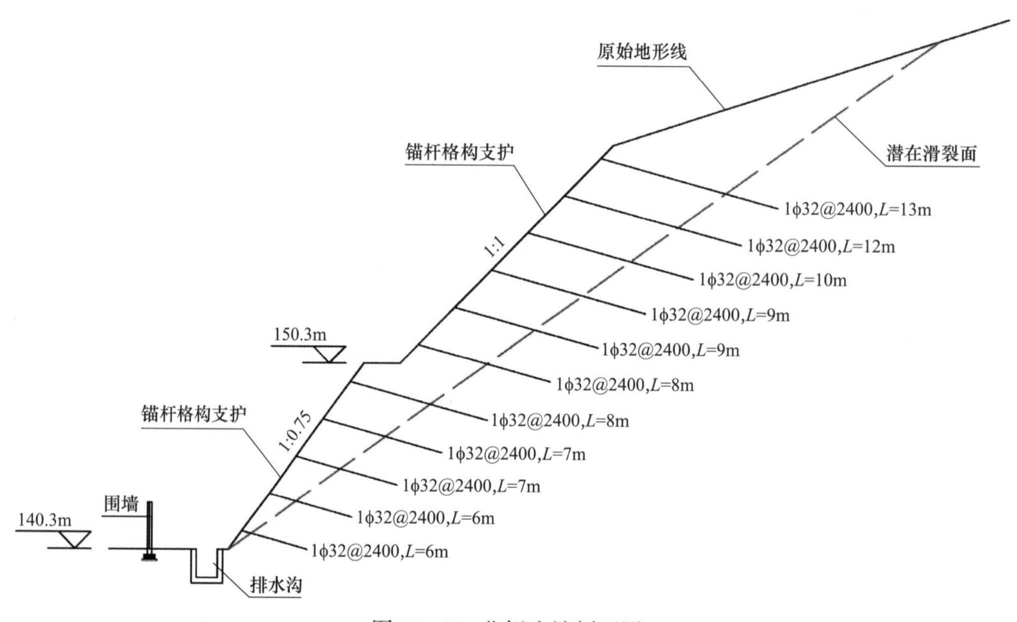

图12-7 北侧边坡剖面图

（2）站址东侧边坡分为3级放坡，由下至上：

第一级边坡高度为10m，坡率1∶1，马道宽度2.0m；

第二级边坡高度为10m，坡率1∶1.1，马道宽度2.0m；

第三级边坡高度为0～11.2m，坡率1∶1.25。

第一级边坡采用锚杆格构支护，格构内培土植草。坡脚设置排水沟。锚杆孔径100mm，格构梁尺寸300mm×300mm。锚杆长度为5～8m。第二级和第三级边坡采用客土喷播绿化。边坡剖面示意图如图12-8所示。

（3）站址西侧边坡分为2级放坡，由下至上：

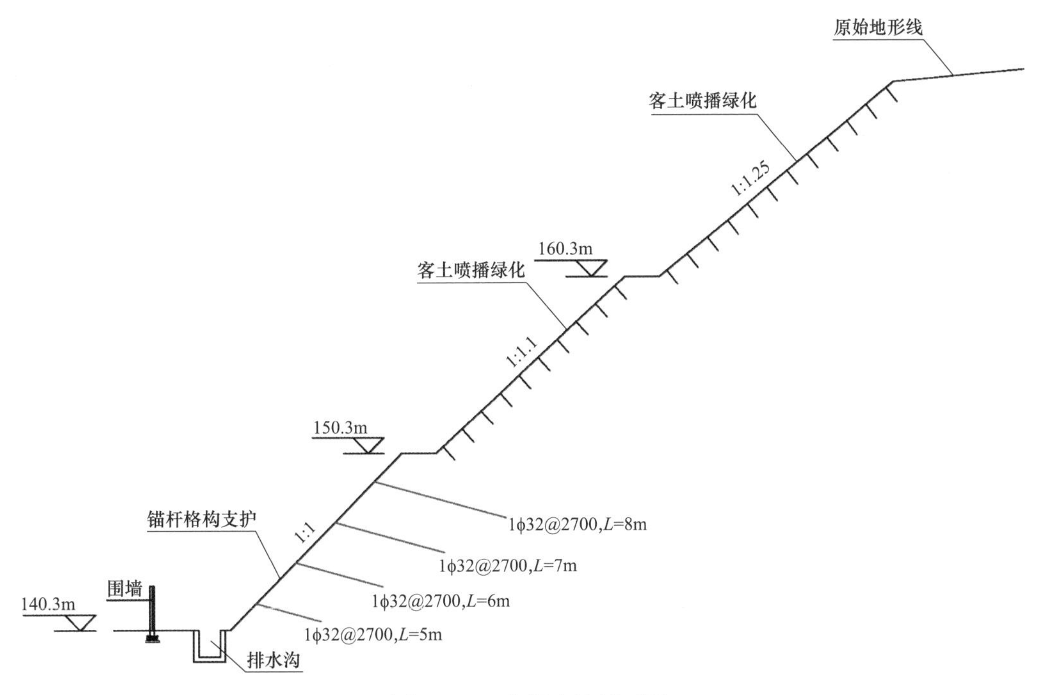

图 12-8　东侧边坡剖面图

第一级边坡高度为 10m，坡率 1∶0.75，马道宽度 2.0m；

第二级边坡高度为 10m，坡率 1∶1。

边坡采用锚杆格构支护，格构内培土植草。坡脚设置排水沟。锚杆孔径 100mm，格构梁尺寸 300mm×300mm。锚杆长度为 6～10m。边坡剖面示意图如图 12-9 所示。

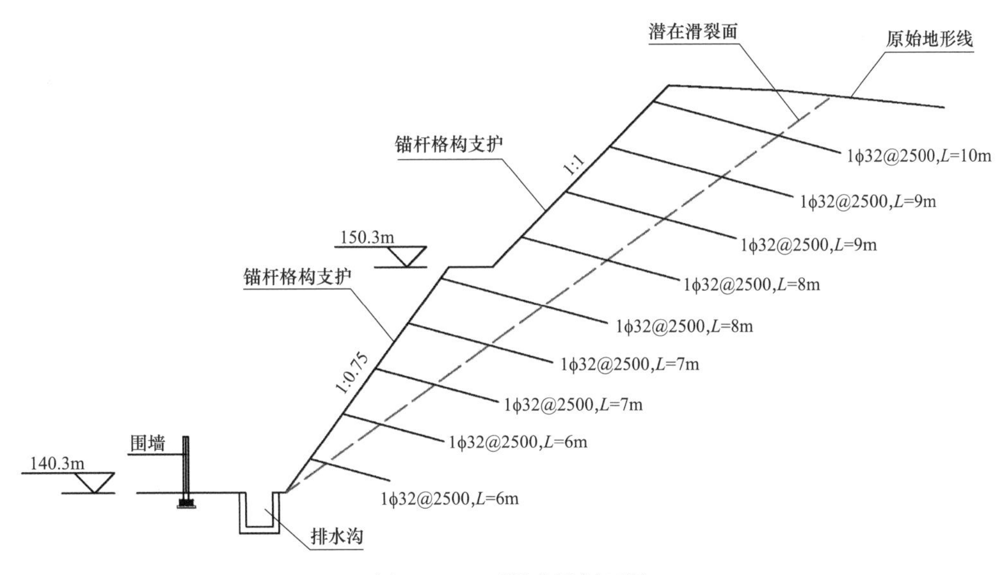

图 12-9　西侧边坡剖面图

(4) 站址南侧采用单级放坡，坡率为 1∶1.25，采用自稳方案，坡面采用客土喷播植草方案绿化。边坡剖面示意图如图 12-10 所示。

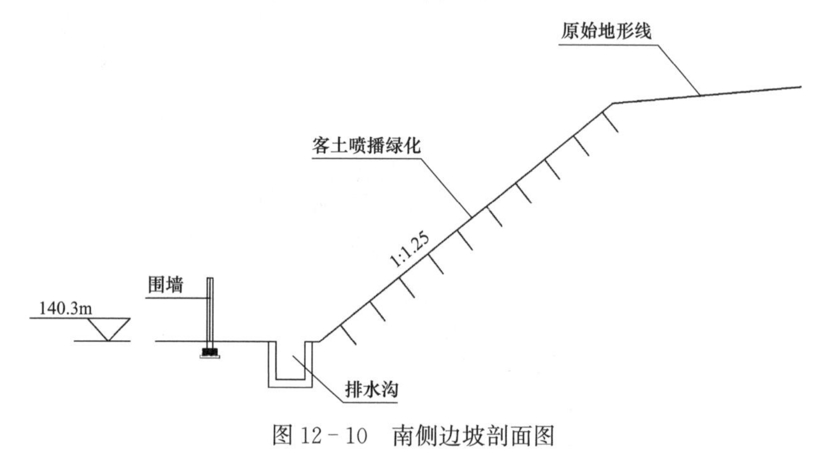

图 12-10　南侧边坡剖面图

4. 边坡稳定性计算结果

计算结果见表 12-4。

表 12-4　边坡平面滑动计算结果

坡面倾向(°)	剪出口标高(m)	滑面顶标高(m)	滑面产状	每米宽度滑体体积(m^3)	支护前边坡安全系数	支护后边坡安全系数
149	140.3	165.8	130°∠35°	122.8	0.95	1.35

根据 GB 50330—2013《建筑边坡工程技术规范》表 5.3.2 中规定：对于永久边坡而言，一级边坡一般工况下稳定安全系数取 1.35，采用锚杆格构计算的安全系数满足规范要求。

12.4.2.4　锚杆格构设计方案

锚杆类型为全长粘结型，锚杆倾角为 25°，钻孔直径 130mm。锚杆水平间距在 2.4～2.7m，锚杆水平垂直间距为 2.0m。锚杆在坡面上呈方形布置，锚杆钢筋与格构梁内纵筋焊接牢固。

格构梁采用现浇钢筋混凝土。格构梁断面尺寸 300mm×300mm；边坡的顶部设置冠梁，在坡脚处设置地梁，冠梁、地梁截面尺寸及配筋同格构梁；格构梁每隔 25～30m 设置伸缩变形缝，缝宽 2mm。

在格构梁框格内铺设不少于 10cm 厚度种植土用以播种草籽。

边坡典型支护剖面图如图 12-11 所示，锚杆大样图如图 12-12 所示，格构梁和地梁的配筋图如图 12-13 所示。

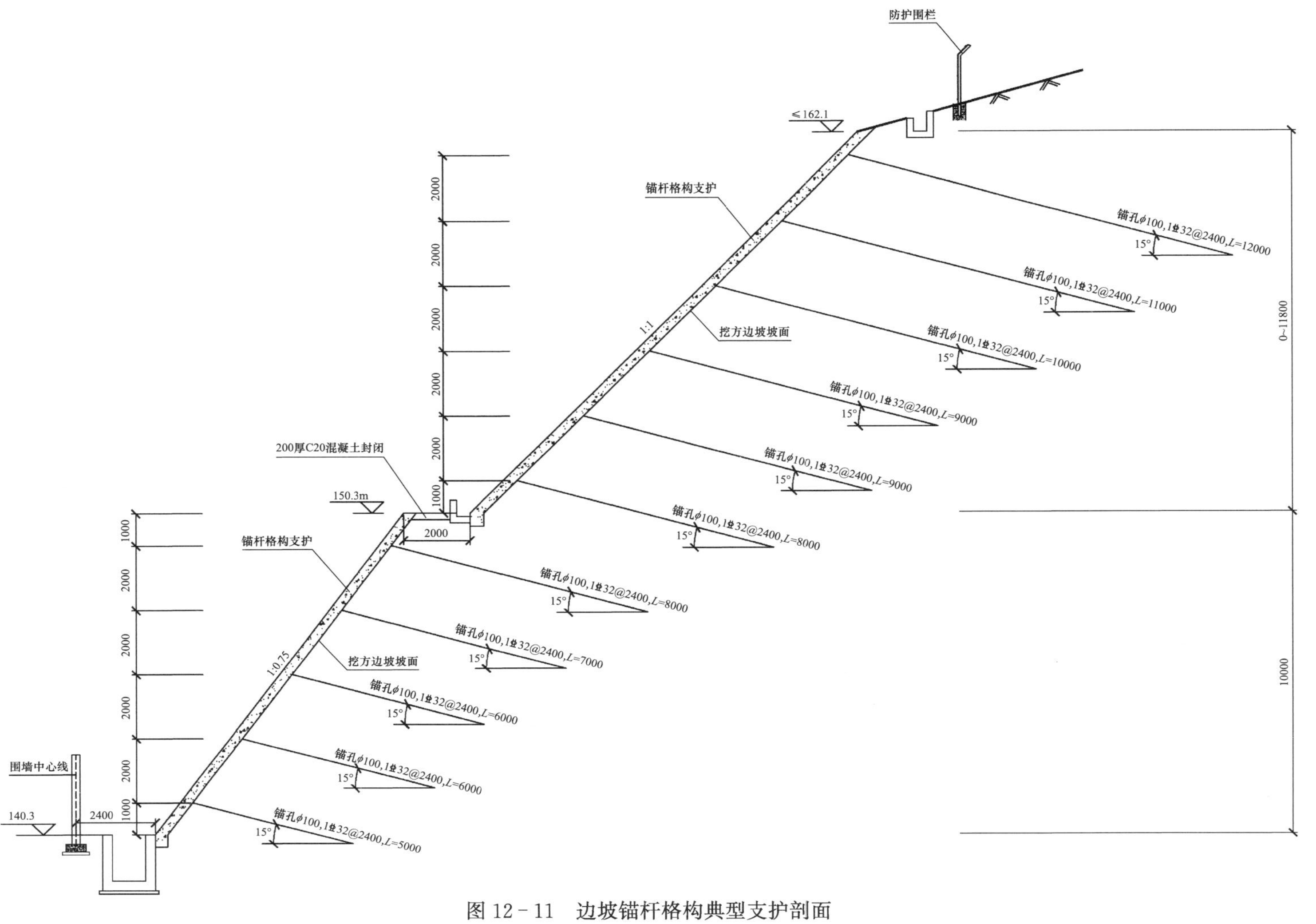

图 12-11 边坡锚杆格构典型支护剖面

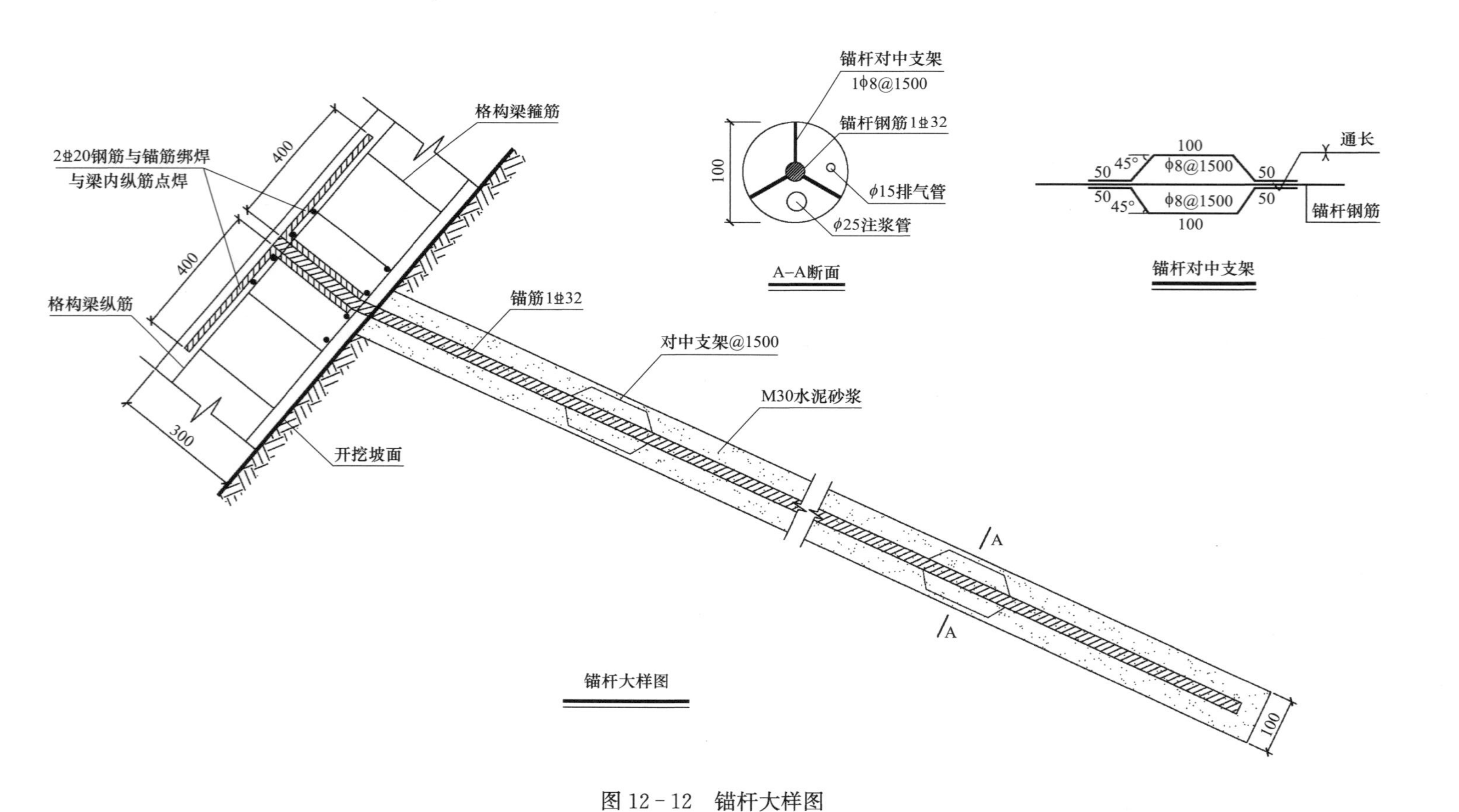

通长
锚杆钢筋
φ8@1500
φ8@1500
100
100
50
50
45°
45°
锚杆对中支架
锚杆对中支架
1φ8@1500
锚杆钢筋1⌀32
φ15排气管
φ25注浆管
A-A断面
100
A
A
M30水泥砂浆
对中支架@1500
锚筋1⌀32
格构梁箍筋
开挖坡面
400
400
300
2⌀20钢筋与锚筋绑焊
与梁内纵筋点焊
格构梁纵筋
锚杆大样图

图12-12　锚杆大样图

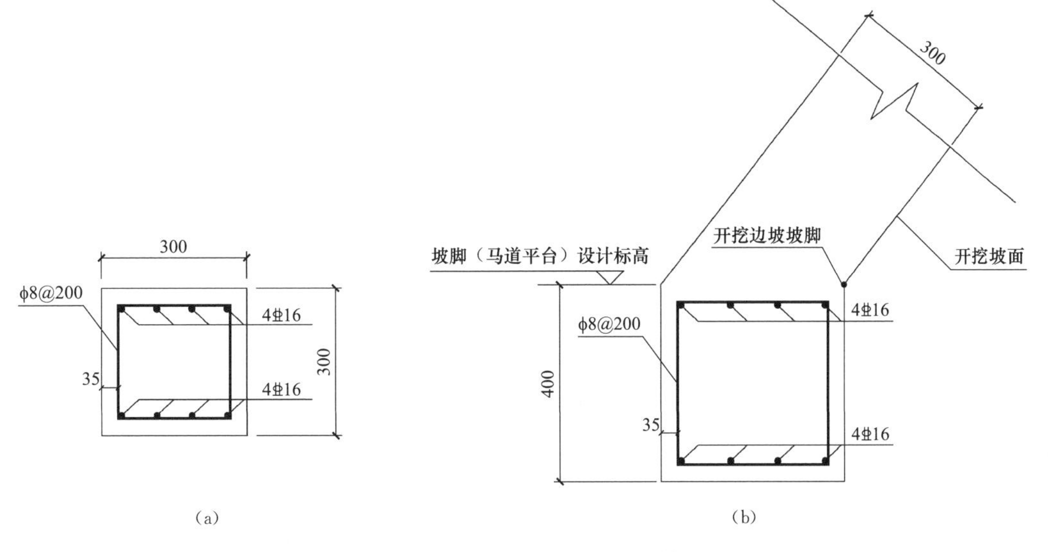

图 12-13　格构梁和地梁的配筋图

(a) 格构梁配筋图；(b) 地梁配筋图

12.4.2.5　工程效果及评述

该边坡支护工程于 2021 年 8 月竣工，边坡稳定性满足要求，边坡监测结果表明坡体处于稳定状态，说明本工程采用锚杆格构的方案是适宜的。

第十三章 抗 滑 桩

13.1 概述

桩是深入土层或岩层的柱形构件。边坡处治工程中的抗滑桩是通过桩身将上部承受的坡体推力传给桩下部的侧向土体或岩体，依靠桩下部的侧向阻力来承担边坡的下推力，而使边坡保持平衡或稳定，见图 13－1。

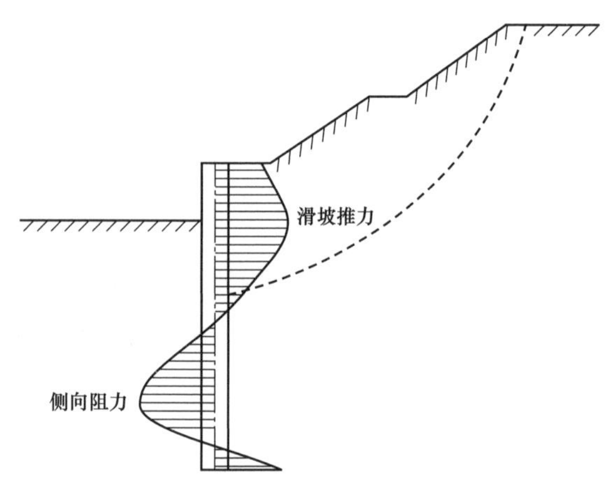

图 13－1　抗滑桩工作机理示意图

13.2 基本原理

抗滑桩与一般桩基类似，但主要是承担水平荷载。抗滑桩也是边坡处治工程中常见常用的处治方案之一，从早期的木桩，到近代的钢桩和目前在边坡工程中常用的钢筋混凝土桩，断面型式有圆形和矩形，施工方法有打入、机械成孔和人工成孔等方法，结构型式有单桩、排桩、群桩，有锚桩和预应力锚索桩等。

抗滑桩类型、特点及适用条件如下。

抗滑桩按材质分类有木桩、钢桩、钢筋混凝土桩和组合桩。

抗滑桩按成桩方法分类，有打入桩、静压桩、就地灌注桩，就地灌柱桩又分为沉管灌注桩、钻孔灌注桩两大类。在常用的钻孔灌注桩中，又分机械钻孔和人工挖孔桩。

抗滑桩按结构型式分类，有单桩、排桩、群桩和有锚桩，排桩型式常见的有椅式桩墙、门式刚架桩墙、排架抗滑桩墙（见图 13－2），有锚桩常见的有锚杆和锚索，锚杆有单锚和多锚，锚索抗滑桩多用单锚，见图 13－3。

抗滑桩按桩身断面形式分类，有圆形桩、方形桩和矩形桩、“工”字形桩等。

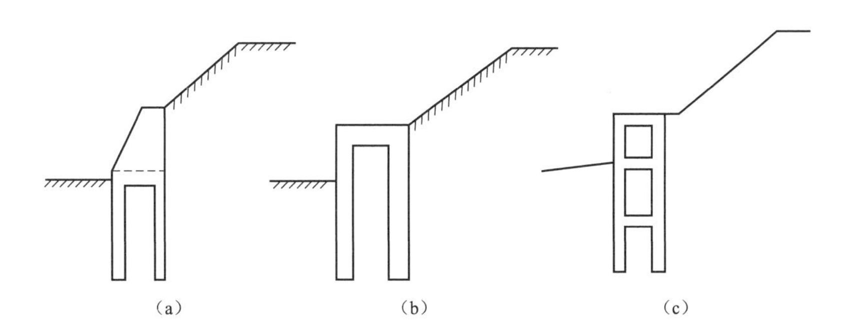

图 13-2 抗滑桩常见型式

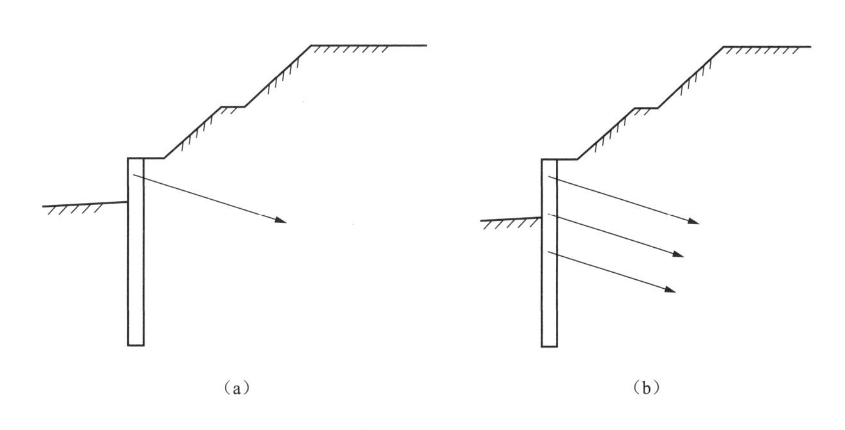

图 13-3 锚杆（锚索）抗滑桩

木桩是最早采用的桩，其特点是就地取材、方便、易于施工，但桩长有限，桩身强度不高，一般用于浅层滑坡的治理、临时工程或抢险工程。钢桩的强度高，施打容易、快速，接长方便，但受桩身断面尺寸限制，横向刚度较小，造价偏高。钢筋混凝土桩是边坡处治工程广泛采用的桩材，桩断面刚度大，抗弯能力高，施工方式多样，可打入、静压、机械钻孔就地灌注和人工成孔就地灌注，其缺点是混凝土抗拉能力有限。

抗滑桩的施工采用打入时，应充分考虑施工振动对边坡稳定的影响，一般是全埋式抗滑桩或填方边坡可采用，同时下卧地层应有可打性。抗滑桩施工常用的是就地灌注桩，机械钻孔速度快，桩径可大可小，适用于各种地质条件，但对地形较陡的边坡工程，机械进入和架设困难较大，另外，钻孔时的水对边坡的稳定也有影响。人工成孔的特点是方便、简单、经济，但速度较慢，劳动强度高，遇不良地层（如流沙）时处理相当困难，另外，桩径较小时人工作业困难，桩径一般应在 1000mm 以上才适宜人工成孔。

单桩是抗滑桩的基本型式，也是常用的结构型式，其特点是简单，受力和作用明确。当边坡的推力较大，用单桩不足以承担其推力或使用单桩不经济时，可采用排桩。排架桩的特点是转动惯量大，抗弯能力强，桩壁阻力较小，桩身应力较小，在软弱地层有较明显的优越性。有锚桩的锚可用钢筋锚杆或预应力锚索，锚杆（索）和桩共同工作，改变桩的悬臂受力状况和桩完全靠侧向地基反力抵抗滑坡推力的机理，使桩身的应力状态和桩顶变位大大改善，是一种较为合理、经济的抗滑结构。但锚杆或锚索的锚固端需要有较好的地层或岩层，对锚索而言，更需要有较好的岩层以提供可靠的锚固力。

抗滑桩群一般指在横向 2 排以上，在纵向 2 列以上的组合抗滑结构，类似于墩台或承台结构，它能承担更大的滑坡推力，可用于特殊的滑坡治理工程或特殊用途的边坡工程。

13.3　设计方法

抗滑桩设计一般应满足以下要求：

（1）抗滑桩提供的阻滑力要使整个滑坡体具有足够的稳定性，即滑坡体的稳定安全系数满足相应规范规定的安全系数或可靠指标，同时保证坡体不从桩顶滑出，不从桩间挤出；

（2）抗滑桩桩身要有足够的强度和稳定性，即桩的断面要有足够的刚度，桩的应力和变形满足规定要求；

（3）桩周的地基抗力和滑体的变形在容许范围内；

（4）抗滑桩的埋深及锚固深度、桩间距、桩结构尺度和桩断面尺寸都比较适当，安全可靠，施工可行、方便，造价较经济。

根据上述设计要求，抗滑桩的设计内容一般为：

（1）进行桩群的平面布置，确定桩位、桩间距等平面尺度；

（2）拟定桩型、桩埋深、桩长、桩断面尺寸；

（3）根据拟定的结构确定作用于抗滑桩上的力系；

（4）确定桩的计算宽度，选定地基反力系数，进行桩的受力和变形计算；

（5）进行桩截面的配筋计算和一般的构造设计；

（6）提出施工技术要求，拟定施工方案，计算工程量，编制概（预）算等。

根据上述设计要求和设计内容，抗滑桩的设计计算程序如图 13-4 所示。

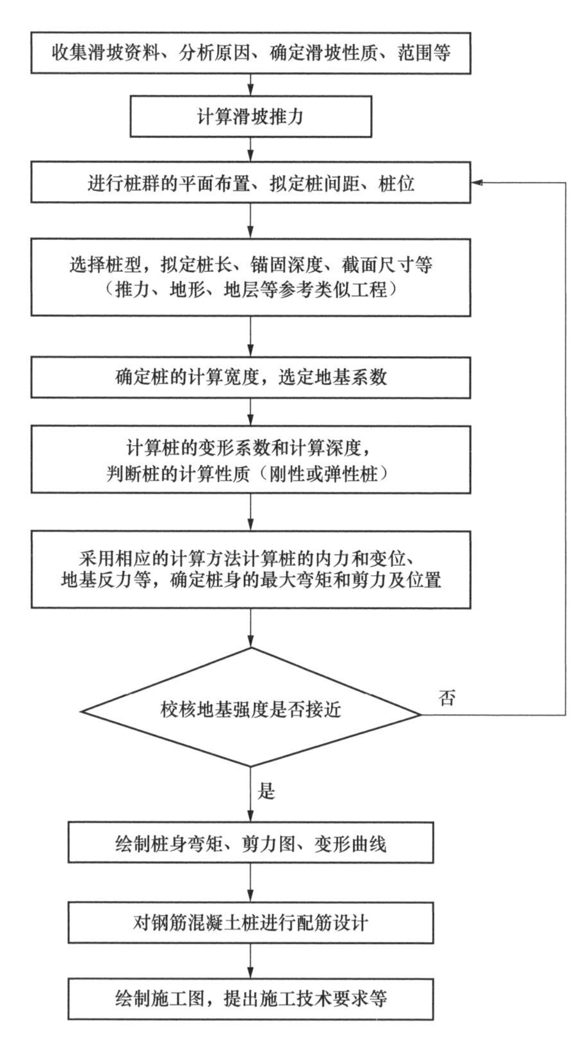

图 13－4　抗滑桩的设计计算程序

13.3.1　抗滑桩设计荷载的确定

作用于抗滑桩上的力系主要有两大部分：作用于桩上部的滑坡推力和桩周地层对桩的反力。对有锚桩，还有锚杆或锚索系统对桩上部的横向拉力和压力。

1. 滑坡推力的确定

滑坡推力作用于滑面以上部分的桩背上，其方向假定与桩穿过滑面点处的切线方向平行。滑坡推力即采用不平衡推力传递系数法计算所得的桩所在坡体坡足处的不平衡推力。通常假定每根桩所承担的滑坡推力等于两桩中心间距宽度范围内的滑坡推力，即计算所得的滑坡推力值乘以桩间距。滑坡推力在桩背上的分布和作用点位置，与滑坡的类型、部位、地层性质、变形情况及地基反力系数等因素有关。对于液性指数小，刚度较大和较密实的滑坡体，从顶层至底层的滑动速度常大体一致，假定滑面上桩背的滑坡推力分布图形呈矩形；对于液性指数较大，刚度较小和密实度不均匀的塑性滑体，其靠近滑面的滑动速度较大，而滑体表层的速度则较小，假定滑面以上桩背的滑坡推力图形呈三角形分布；介于上述两者之间的情况可假定桩背推力分布呈梯形。

2. 地基反力的确定

（1）地基反力。

当桩前土体不能保持稳定可能滑走时，不考虑桩前土体对桩的反力，仅考虑滑面以下地基土对桩的反力，抗滑桩嵌固于滑面以下的地基中，相当于悬臂桩。当桩前土体能保持稳定，此时抗滑桩按所谓的“全埋式桩”考虑，可将桩前土体（亦为滑体）的抗力作为已知的外力考虑，仍可将桩看成悬臂桩考虑。

桩将滑坡推力传递给滑面以下的桩周土（岩）时，桩的锚固段前后岩（土）体受力后发生变形，并由此产生岩（土）体的反力。反力的大小与岩（土）体的变形状态有关。处于弹性阶段时，可按弹性抗力计算，处于塑性阶段变形时，情况则比较复杂，但地基反力应不超过锚固段地基土的侧向容许承载能力。

另外，桩与地基土间的摩阻力、粘着力、桩变形引起的竖向压力一般来说对桩的安全有利，通常略去不计。为简化计算，桩的自重和桩底应力等也略去不计。

（2）地基反力系数。

桩侧岩土体的弹性抗力系数简称为地基反力系数，是地基承受的侧压力与桩在该位置处产生的侧向位移的比值。也即单位土体或岩体在弹性限度内产生单位压缩变形时所需施加于其单位面积上的力。目前常采用的有三种假设：①假设地基系数不随深度而变化，即地基系数为常数的 K 法；②假定地基系数随深度而呈直线变化的 m 法；③地基反力系数沿深度按凸抛物线增大的 C 法。

地基反力系数 K，m 应通过试验确定。一般情况下，试验资料不易获得，较完整岩层的地基系数 K 值见表 13－1，非岩石地基的 m 值，见表 13－2，可供设计时参考。

表 13－1　　较完整岩层的地基系数 K_V 值

序号	饱和极限抗压强度 R（MPa）	K_V (kN/m^3)	序号	饱和极限抗压强度 R（MPa）	K_V (kN/m^3)	序号	饱和极限抗压强度 R（MPa）	K_V (kN/m^3)
1	10	$(1\sim2)\times10^5$	4	30	4.0×10^5	7	60	12.0×10^5
2	15	2.5×10^5	5	40	6.0×10^5	8	80	$(15\sim25)\times10^5$
3	20	3.0×10^5	6	50	8.0×10^5	9	>80	$(25\sim28)\times10^5$

注　一般情况，$KH=(0.6\sim0.8)K_v$；岩层为厚层或块状整体时，$KH=K_v$。

表 13-2　　非岩地基 m 值

序号	土的名称	m（kN/m^4）	序号	土的名称	m（kN/m^4）
1	流塑性黏土（$h_L \geqslant 1$），淤泥	3000～5000	4	半坚硬的黏性土、粗砂	20000～30000
2	硬塑性黏土（$1 > I_L > 0.5$），粉砂	5000～10000	5	砾砂、角砾砂、砾石土、碎石土、卵石土	30000～80000
3	硬塑性黏土（$I_L < 0.5$），细砂、中砂	10000～20000	6	块石土、漂石土	80000～120000

当地基土为多层土时，采用按层厚以等面积加权求平均的方法求算地基反力系数。当地基土为 2 层时，有

$$m = \frac{m_1 l_1^2 + m_2(2l_1 + l_2)l_2}{(l_1 + l_2)^2} \tag{13-1}$$

当地基土为 3 层时，有

$$m = \frac{m_1 l_1^2 + m_2(2l_1 + l_2)l_2 + m_3(2l_1 + 2l_2 + l_3)l_3}{(l_1 + l_2 + l_3)^2} \tag{13-2}$$

式中：m_1、m_2、m_3——分别为第 1 层、第 2 层、第 3 层地基土的 m 值；

l_1、l_2、l_3——分别为第 1 层、第 2 层、第 3 层地基土的厚度。

其他多层土可仿此进行计算。

当采用 C 法时，地基反力系数式为 $C_x = C_x^{\frac{1}{2}}$，C 为地基反力系数的比例系数，x 为深度。研究表明，当 x 达到一定深度时，地基反力系数渐趋于常数。比例系数 C 值参见表 13-3。

表 13-3　　C 法的比例系数 C 值

序号	土　　类	C 值（MN/m$^{3.5}$）	$[y_0]$（mm）
1	$I_L > 1$ 的流塑性黏土，淤泥	3.9～7.9	≤6
2	$0.5 \leqslant I_L \leqslant 1.0$ 的软塑性黏土，粉砂	7.9～14.7	≤5～6
3	$0 < I_L < 0.5$ 的硬塑性黏土，细砂，中砂	14.7～29.4	≤4～5
4	半干硬性黏土、粗砂	29.4～49.0	≤4～5
5	砾砂、角砾砂、砾石土、碎石土、卵石土	49.0～78.5	≤3
6	块石、漂石夹沙土	78.5～117.7	≤3

注　$[y_0]$ 为桩在地面处的水平位移允许值。

（3）P-Y 曲线法。

上述的 K 法、m 法和 C 法能根据弹性地基上梁的挠曲线微分方程用无量纲系数求解抗滑。

桩的承载力、内力和变位。但当桩发展到较大的位移，土的非线性特性将变得非常突出。P－Y 曲线法则考虑了土的非线性特点，它既可用于小位移，也可用于较大位移的求解。

P－Y 曲线法是根据地基土的实验数据来绘制，目前一般采用 Matlock 建议的软黏土 P－Y 曲线绘制方法和 Resse 建议的硬黏土和砂性土的 P－Y 曲线绘制方法。在滨河、滨海的软土地基中，P－Y 曲线已得到较多的应用。

13.3.2　抗滑桩的计算方法

抗滑桩为承受水平荷载的桩，计算水平受荷桩的方法均可采用。

1. 刚性桩与弹性桩的区分

抗滑桩受到滑坡推力后，将产生一定的变形。根据桩和桩周土的性质和桩的几何性质，其变形有两种情形：一是桩的位置发生了偏离，但桩轴线仍保持原有线型，变形是由于桩周土的变形所致。另一种是桩的位置和桩轴线同时发生改变，即桩轴线和桩周土同时发生变形。前一种情况桩如刚体一样，仅发生了转动，故称其为刚性桩，后者就称为弹性桩。试验研究表明，当抗滑桩埋入稳定地层内的计算深度为某一临界值时，可视桩的刚度为无穷大，桩的侧向极限承载力仅取决于桩周土的弹性抗力大小。工程中就把这个临界值作为判断是刚性桩或弹性桩的标准。

2. 刚性桩的计算

把滑面以上抗滑桩受荷载段上所有的力均当作外力，桩前的滑体抗力按其大小从外荷载中减去，对滑面以下的桩段取脱离体，滑面以上的外荷载对滑面处桩截面产生弯矩和剪力。滑面下桩周土的侧向应力和土的抗力可由脱离体的平衡而求得，并进而计算桩的内力。

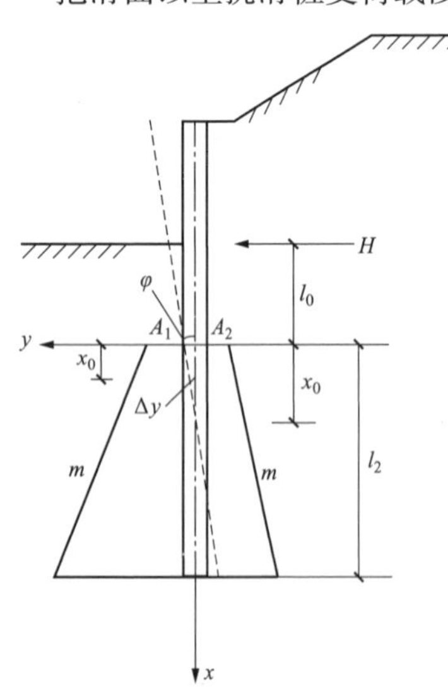

图 13－5　单一土层桩的受力分析

（1）地基土为单一土层时。

如图 13－5 所示，滑面以下为同一 m 值，桩底自由，滑面处的弹性抗力系数分别为 A_1、A_2，H 为滑坡推力与剩余抗滑力之差，x_0 为下部桩段转动轴心距滑面的距离，α 为旋转角，Z_0 为滑坡推力至滑面的距离。

（2）地基土为两种地层时。

桩身置于两种不同的地层，桩底按自由端考

虑，桩变位时，旋转中心将随地质情况变化而变化。仍采用单一土层时求静力平衡方程$\sum H=0$和$\sum M=0$的条件求解。先求解出x_0，再计算。

3. 弹性桩的计算

抗滑桩滑面以上部分所受荷载，可以将其对滑面以下桩段进行简化。此时，可根据桩周土体的性质确定弹性抗力系数，建立挠曲微分方程式，通过数学求解可得滑面以下桩段任一截面的变位和内力计算的一般表达式。最后根据桩底边界条件计算出滑面处的位移和转角，再计算出桩身任一深度处的变位和内力。弹性桩计算图式如图 13－6 所示。

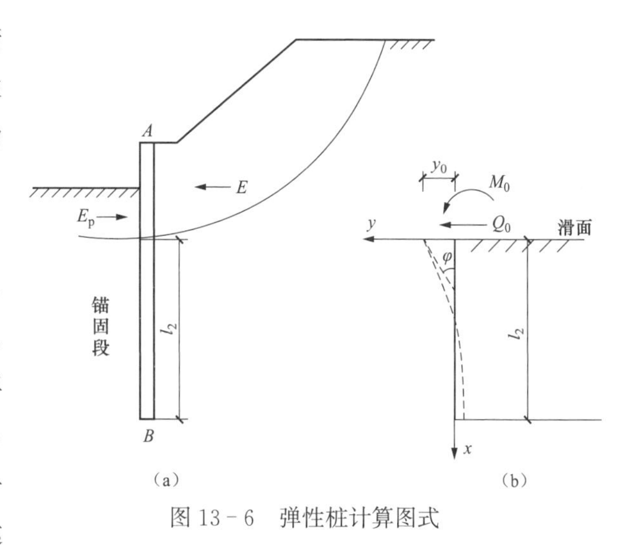

图 13－6　弹性桩计算图式

13.4　工程实例

13.4.1　工程概况

安徽宣城某 500kV 输电线路 63 号塔位于低山山脊上，因持续强降水，现该塔大号侧山体出现一定规模的滑坡。滑坡体宽度最大约 20m，长度约 40m，滑坡后缘距离山顶约 20m，靠近塔位侧的滑坡周界距离 B 腿的最小距离约 1m，部分滑坡体顺山坡已冲泄至山坡底部，冲泄影响长度超过 100m。滑坡远景图、俯视图、后缘及滑坡壁分别如图 13－7～图 13－9 所示。

图 13－7　滑坡远景图

图 13－8　滑坡俯视图

图 13－9　滑坡后缘及滑坡壁

13.4.2　地质环境条件

1. 地形地貌

塔位处宏观地貌属于丘陵，微地貌为丘坡和山脊，塔位在山脊上。山脊处坡度较缓，山脊两侧斜坡地形相对较陡，自然坡度在 30°～35°之间。山坡植被茂密，主要以松树和灌木为主。

2. 地层岩性

根据现场地质调查及勘探成果，塔位及滑坡地段的地层为第四系残积、坡积而成的碎石土和黏性土，下伏基岩为泥质砂岩。其中，塔腿所在山脊区域基岩出露。地层自上而下为：

①碎石土：灰褐色、黄褐色，湿，松散～稍密，碎石成分为泥质砂岩，棱角状，粒径 20～80mm，存在黏性土充填，局部黏性土含量较多，表现为含碎石粉质黏土。该层主要分布在冲沟地段，层厚一般为 1.0～2.5m。

②1 泥质砂岩：灰黄色，全风化，岩体较破碎，岩质较软，泥质胶结，可捏碎为砂土状。该层在塔位所在区域均有分布，层厚差异较大，一般厚度为 0.5～1.5m。

②2 泥质砂岩：灰黄色，强～中等风化，岩体为薄层～中层状，泥质胶结。节理裂隙较发育，局部地段岩体较破碎。该层在塔位所在区域均有分布，层厚大于 10.0m。

3. 水文地质条件

场地内地下水类型为上层滞水，主要受大气降水补给，通过地下径流向地势低洼处排泄。地下水含量受季节影响较大，雨季时地下水含量相对较多。

13.4.3　滑坡稳定性分析评价

1. 滑坡原因分析

滑坡区域原始地貌为山脊间小型冲沟，原始地形较陡，具有一定的汇水条件。由于近期遭遇罕见的连续强降雨天气，短时间内降雨量较大，在极端暴雨工况下，降水不断入渗至斜坡表面的覆盖层内，从而增加了覆盖层岩土体的重度，同时地下水在覆盖层与强风化砂岩的分界面附近汇集，从而导致该区域的岩土体由于雨水浸泡而发生软化，抗剪强度降低，构成一软弱层面，覆盖层的岩土体在自重作用下向下滑移，覆盖层与强风化泥质砂岩的分界面成为主滑面。因此，初步判定该滑坡属于浅表层堆积体的推移式滑坡。

根据现场调查情况，滑体的主要成分为残坡积碎石土和强风化泥质砂岩。残坡积碎石土为黏性土充填，遇水易软化；强风化泥质砂岩节理裂隙发育，特别发育有一组顺坡向的结构面，表层岩体破碎，多呈碎块状，如图 13－10 所示。

2. 滑坡现状稳定性评价

本次滑坡属于浅表层覆盖层岩土体滑塌，滑坡后缘和滑坡周界较为明显，整体轮廓呈 U 形。滑坡侧壁较陡，滑体厚度约 2.0～2.5m。滑体在雨水作用下已被搬运至山坡下部及坡脚区域。在滑坡后缘区域形成一临空面，该临空面高度约 2.0m，坡度较陡，由于卸荷后失去支撑，滑坡后缘上方的岩土体存在继续下滑的可能，如该区域岩土体继续下滑，将可能带动原始滑坡边界扩大，并扩大至塔腿所在位置。

图 13－10　强风化泥质砂岩顺层结构面

现状条件下的滑坡侧壁距离 B、C 腿较近，且塔腿附近已出现裂缝，由于滑坡侧壁相对较陡，构成潜在的不稳定临空面，在自重和雨水作用下均存在滑塌的可能。

斜坡中下部冲沟发育明显，呈 V 深切，在水流的长期冲刷、侵蚀作用下，冲沟两侧岩土体不断向冲沟内滑塌，冲沟具有溯源侵蚀特征。因此，在冲沟的不断发展作用下，B、C 腿外侧区域现有的岩土体也将可能继续下滑。

综上所述，该滑坡边界上方和两侧的岩土体仍存在继续滑塌的可能，在暴雨等不利工况下，滑坡范围将继续向外侧周边扩大，牵引周边岩土体继续发生滑塌。

13.4.4　滑坡对塔位安全的分析

根据杆塔基础明细表，63 号塔 B 腿采用桩基础，A、C 和 D 腿均采用掏挖基础，详细基础设计参数见表 13－4。

表 13－4　　杆塔基础型式概况

运行编号	塔型	基础型式	有效埋深（m）
63 号	角钢塔	A、C 和 D 腿采用掏挖基础	4.0
		B 腿采用桩基础	9.0

滑坡位于塔位的大号侧，靠近塔位侧的滑坡周界距离B腿的最小距离约1m，B腿立柱边缘已出现裂缝（图13－11），C腿距离滑坡周界的最小距离仅3m左右（图13－12），B腿和C腿基础保护范围内的部分地基土已随滑坡体滑移至坡下，滑坡周界附近的岩土体已有松动迹象，B、C腿外侧的岩土体已无法满足基础保护范围的要求。但考虑到B腿采用桩基础，埋深较大，且桩端已进入强～中风化泥质砂岩中，C腿虽采用掏挖基础，其基底也已嵌入强～中风化泥质砂岩中，而目前滑坡主要发生在覆盖层与强风化泥质砂岩的分界面上，在现状条件下，塔位发生整体失稳的可能性较小。

图13－11　B腿立柱附近裂缝

图13－12　C腿位于滑坡周界边缘

但是，由于滑坡周界已产生一定高度的临空面，其附近部分塔腿地基土已有裂缝产生，且近期降水仍将持续，滑坡有进一步扩大的可能性，将进一步威胁杆塔基础的安全。因此，需要对滑坡进行专项勘测和处治设计。

13.4.5　滑坡处理方案

1. 应急处治措施

考虑到近期强降水仍将持续，进一步的滑坡专项勘测及处治设计工作需要一段时间才能完成，为保证杆塔期间安全，建议采取以下措施对杆塔进行应急保护：

（1）采用防雨布覆盖B腿和C腿附近的山体，防止雨水进一步渗入地基土，滑坡后缘覆盖至外侧5m，小号侧覆盖至山脊分水岭，防雨布需牢固固定在坡面上。

（2）应对B腿和C腿进行变形监测，监控其变形发展情况，如发现异常变形情况及时预警。另外，如滑坡后缘地面有裂缝出现，应对该裂缝宽度进行监测。

2. 永久处理措施

根据本次滑坡情况，结合常用的滑坡治理措施，提出以下处理建议，供滑坡治理设计时参考，具体方案如下。

（1）塔腿基础保护范围恢复。

由于现状条件下，B、C腿外侧的岩土体无法满足基础保护范围的要求，建议进行原始地形恢复工作，将已滑塌的岩土体进行回填压实。回填的岩土体进行支挡，常用的支挡措施包括重力式挡土墙、悬臂式和扶壁式挡土墙、桩板墙等，由于现场地形相对较陡，结合地层条件，推荐采用桩板墙方案，在B、C腿外侧一定范围外设置抗滑桩，抗滑桩需嵌固至下部稳定地层中，并出露地表一定高度，在桩间设置挡土板，挡土板后进行土方回填，采用级配良好的碎石土回填。

（2）滑坡后缘支挡。

目前滑坡后缘处上方岩土体存在临空面，后缘上方岩土体存在继续下滑的可能，如滑塌范围扩大，将可能影响到塔腿的安全稳定，因此，为防止后缘岩土体继续下滑，建议设置桩板墙对后缘岩土体进行支挡。

（3）植被绿化护坡。

本次滑坡范围内地表植被已完全破坏，为减少坡面雨水冲刷对斜坡表面的不利影响，并考虑水土保持要求，建议对滑坡区域进行植被绿化护坡。可考虑栽种易生根的低矮灌木或景观树等。

3. 详细滑坡处治设计方案

在受滑坡影响的B腿和C腿基础保护范围外侧以及滑坡后壁下侧设置桩板式挡土墙，既保证边坡的稳定性，也可恢复桩板墙内侧地基土，消除滑坡对基础承载力的影响。在桩板墙下坡方向，对受本次滑坡影响的塔位基础附近的坡体进行植物护坡，以防止坡面冲刷及水土流失，植物护坡采用1.5m株距，树种选择栽种易生根的松树。

桩截面尺寸为1.3m×1.5m，桩间距3～5m，桩长均为10m；桩间采用现浇挡土板，板厚0.3m，桩间挡板两侧伸入抗滑桩内侧0.4m，挡板底端进入稳定地层0.3m。其中，Z5～Z6段位弧形挡土板，内圆弧半径为2.45m，其余均为直线挡土板，Z1～Z3转折处增加混凝土楔，其应与挡土板整体浇筑。

抗滑桩平面位置依据其中心坐标和方位角进行放样，桩孔位置的地面高程以实际放样为准，但放样高程与图纸给定高程相差不超过0.5m时。抗滑桩相关示意图如图13-13～图13-18所示。

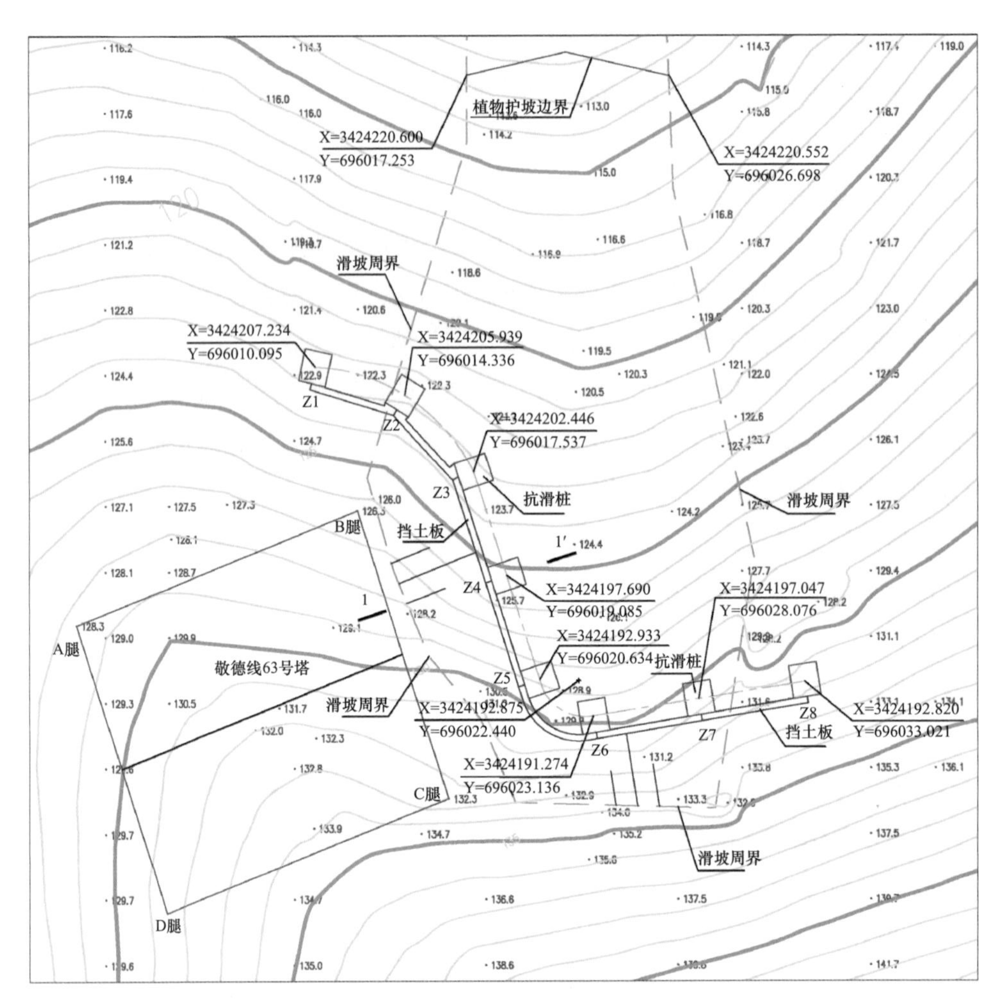

图 13－13　抗滑桩支护平面布置图

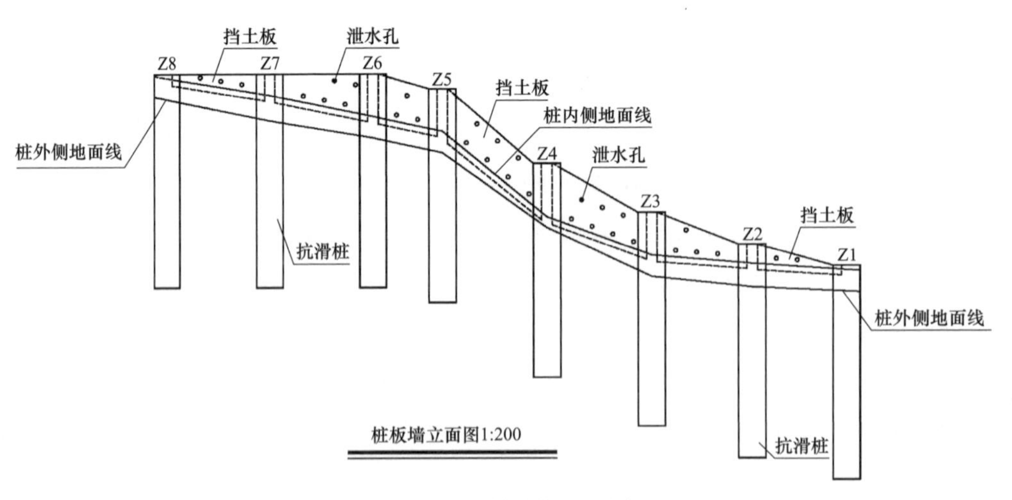

图 13－14　抗滑桩立面图

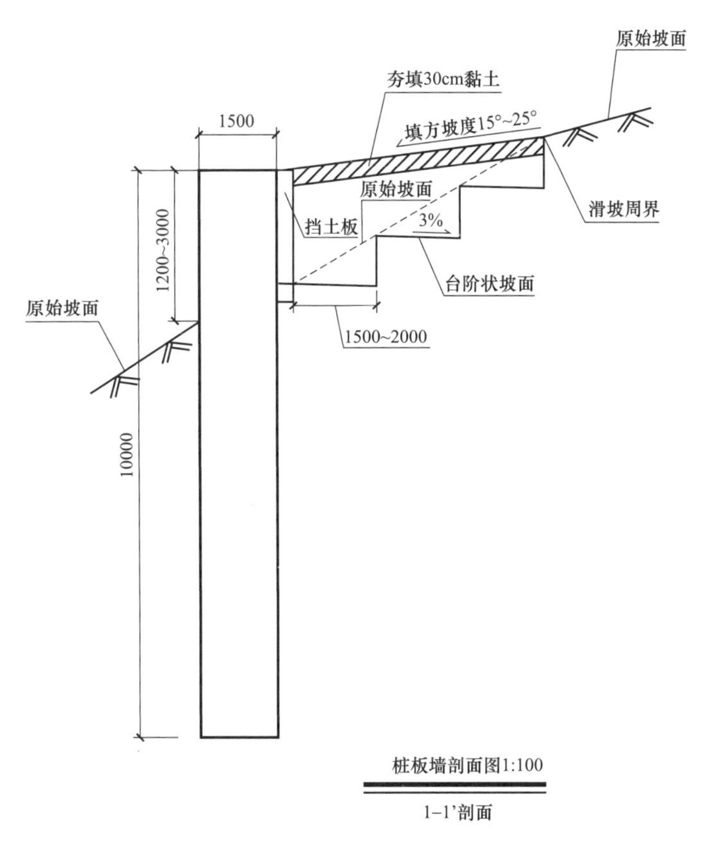

图 13-15 抗滑桩典型剖面图

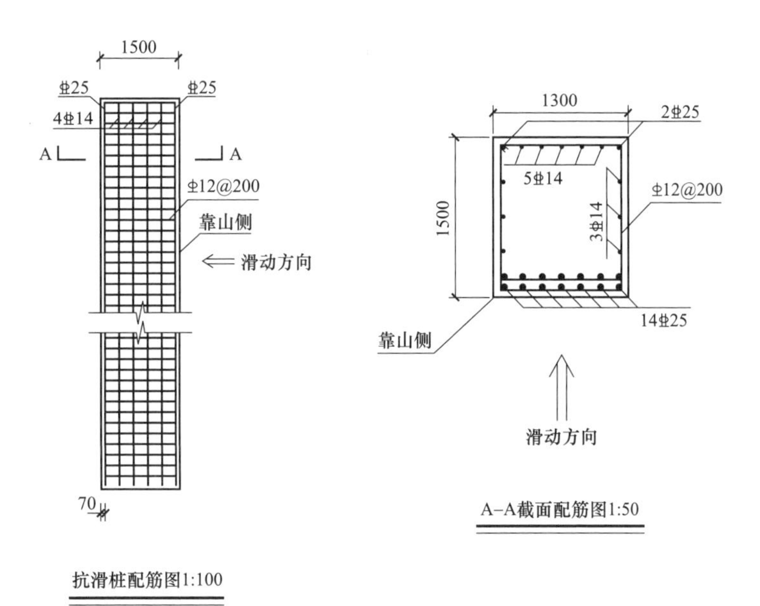

图 13-16 抗滑桩配筋详图

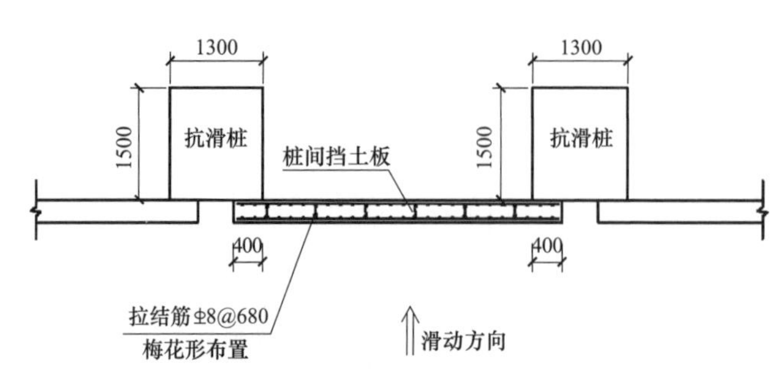

图 13－17　抗滑桩挡土板横剖面图

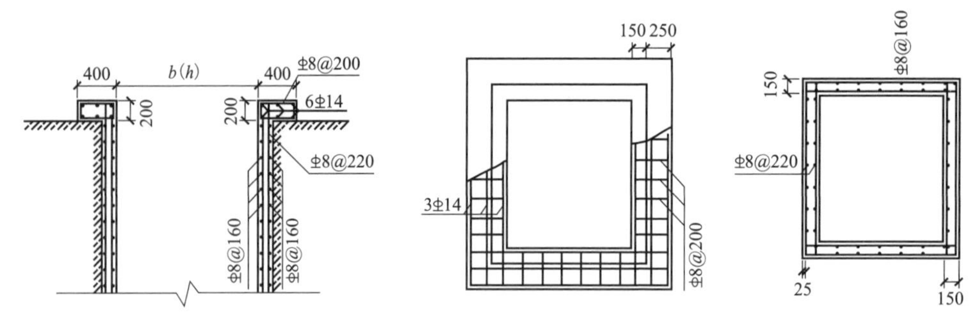

图 13－18　抗滑桩锁口及护壁详图

4. 其他要求

（1）抗滑桩施工应从滑坡两端向主轴方向分段间隔施工，施工前，应进行受滑坡影响的松动土体的清理工作，平整桩孔位置场地；需要切坡时，应自上而下、分段跳槽方式施工，严禁通长大断面开挖，必要时应采取临时支护及防排水措施以保证抗滑桩施工安全。桩孔开挖形成的碎石经过处理后可作为回填原料，其他弃渣应堆放在滑坡影响范围外的稳定地带，不得随意堆放在滑坡体内或滑坡推力段，以免诱发坡体滑动或引起新的滑坡。

（2）挡土板上需设置泄水孔，第一排泄水孔设置在地面以上 0.3m，其他泄水孔按竖向及水平均间距 1.5m，在墙面上呈梅花形布置，泄水孔孔径 90mm，外倾坡度按 5%，在泄水孔进水口设置反滤包。

（3）墙背回填时应清除表层耕土及受滑坡影响已松动的表土，回填土应采用级配良好的碎石土，最大粒径不超过 20cm；边坡自然地面横坡坡度大于 1∶5，填方前，要将原坡面挖成台阶状，台阶宽度 1.5～2.0m；板后 2m 范围内，应采用人工摊铺，人工或小型压实机械进行分层压实，分层厚度≤300mm，压实系数要求不小于 0.95。回填边坡表面夯填 30cm 厚黏土，再进行植草绿化。

（4）滑坡处治工程采用动态设计、信息化施工，滑坡监测主要包括施工过程监测和防治效果监测，所布网点可供长期监测利用。在滑坡处治施工过程中，应对支护结构以及滑坡关键部位（如坡顶和塔腿等）的位移和变形情况以及周围环境条件等，进行各种观测、监测和记录。施工监测宜采用连续自动定时观测方式进行监测。防治效果监测宜结合施工安全和长期监测进行，以了解工程实施后滑坡体的变化特征，监测时间不应少于一个水文年。具体边坡监测方案应由具备资质的监测单位编制，经设计、监理和业主等共同认可后实施。

（5）施工过程中，应对抗滑桩及墙后填土等关键施工环节按照相关规范要求进行进行检测，检测合格后方能继续进行下一道工序施工。其中，抗滑桩必须进行桩身完整性检测。

5. 滑坡处理后情况

如图 13－19 所示，该项目于 2016 年 10 月顺利竣工，自竣工后一直处于稳定状态，有效保证了 63 号塔安全稳定运行。

图 13－19　63 号塔抗滑桩支护竣工照片

第十四章

加筋土边坡

14.1 概述

加筋土是一种在土体中加入土工合成材料来提高土体强度、增强土体稳定性的复合土，在土体中加入土工合成材料使整个土工系统的力学性能得到改进和提高的加固技术称为土工加筋技术，形成的结构称之为加筋土结构。加筋土结构因造型美观，施工方便，造价低廉，适用性强等优点越来越多的用于土木工程中，加筋土技术逐渐的完善成熟起来。

14.2 基本原理

在土体中加入土工合成材料以后，土体的强度和稳定性都得到了提高。为了解释其中的原因，Henri Vidal 等人分别进行了大量的三轴试验和现场试验，提出了多种假说来解释和阐述筋土之间的相互作用机理。目前，主要有两种观点来说明加筋土的加筋机理：摩擦加筋原理、准黏聚力原理。

1. 摩擦加筋原理

摩擦加筋原理的分析如下：

根据加筋土结构中筋土之间的基本构造，取出一段微元体进行分析。如图 14-1 所示，微元体长为 dl，拉筋左截面受力为 T_1，右截面受力为 T_2，筋材法向应力为 σ。

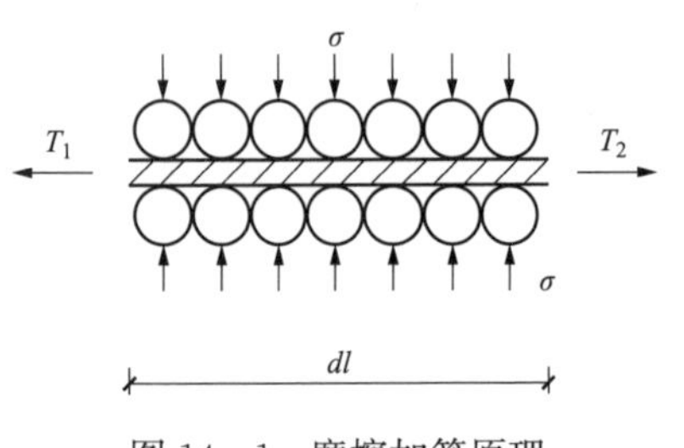

图 14-1 摩擦加筋原理

设拉筋与土粒之间的摩擦系数为 f，筋带宽度为 b，同时忽略微元体重量。

由于土的水平推力在该微元段所引起的拉力为 dT，$dT=T_1-T_2$。设 dF 为土粒与拉筋在该微元段上产生的总摩擦力，则 $dF=2\sigma fb\cdot dl$ 。

根据该微元体的受力分析，如果 $dF>dT$ 则筋土之间就不会产生相互错动。对于加筋土结构，如果每一层加筋均能满足 $dF>dT$，则加筋土结构可以保持稳定。

摩擦加筋原理由于概念明确、简单，因此在加筋土的实际工程中，特别是加筋土边坡和挡墙工程中得到较广泛的应用。

但是，摩擦加筋原理忽略了加筋在力作用下的变形，也未考虑土是非连续介质、具有各向异性的特点。所以，对高模量的加筋材料，如金属加筋材料比较适用，对加筋材料本身模量较小、相对变形较大的合成材料，则是近似的。

2. 准黏聚力原理

根据摩尔-库伦破坏准则，土体内部任意微小单元，即任意点处于主动极限平衡状态时，其应力状态满足式（14－1）的要求。

$$\sigma_{1f}=\sigma_{3f}\tan^2\left(45°+\frac{\varphi}{2}\right)+2c\tan\left(45°+\frac{\varphi}{2}\right) \tag{14-1}$$

分析素土与素土加筋后的三轴试验，如图 14－2 所示。

对于素土而言，保持围压不变，轴向压力逐渐增加，当轴向压力增加大一定程度时，土体将发生剪切破坏，土体将要发生剪切破坏的状态为极限破坏状态，如图 14－2 中圆 1 所示，轴向为大主应力 σ_1，围压方向为小主应力 σ_3。素土加筋以后，由于拉筋的侧向约束作用，当大主应力增加到 σ_1 时，土体不会发生破坏，继续增加轴向压力，当大主应力增加到 σ_{1f} 时，加筋土体达到极限破坏状态，如图 14－2 中圆 2 所示。根据前人所做的素土与素土加筋后的三轴试验，其强度包络线几乎平行，可以认为素土和素土加筋后土体的内摩擦角 φ 保持不变，加筋后土体相当于增加了黏聚力 Δc ，这一增加的黏聚力 Δc 被称为准黏聚力或似黏聚力。加筋土体中任意点处于主动极限平衡状态时，其应力状态应满足式（14－2）的要求，即：

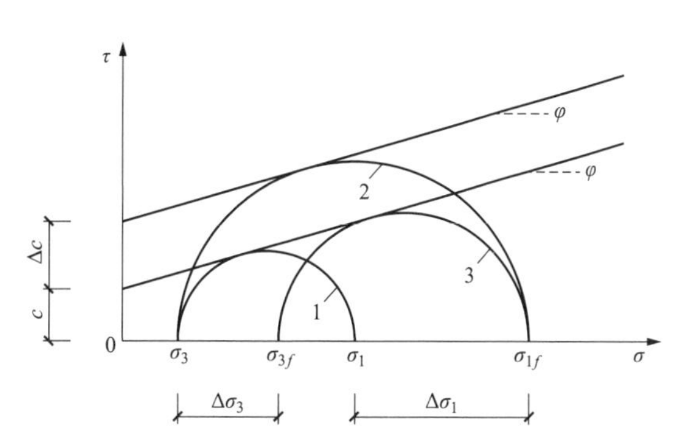

图 14－2　黏性土与加筋黏性土的应力圆分析

1—素土极限平衡；2—加筋土极限平衡；3—等效极限平衡

$$\sigma_{1f}=\sigma_3\tan^2\left(45°+\frac{\varphi}{2}\right)+2(c+\Delta c)\tan\left(45°+\frac{\varphi}{2}\right) \tag{14-2}$$

素土加筋后，拉筋的侧向约束作用也可以理解为增加了围压，即相当于 σ_3 增加了 $\Delta\sigma_3$，此时加筋土体极限破坏状态的等效应力圆与素土强度包络线相切，如图 14－2 中圆 3 所示，其等效应力状态也可以用式（14－3）表示，即：

$$\sigma_{1f}=(\sigma_3+\Delta\sigma_3)\tan^2\left(45°+\frac{\varphi}{2}\right)+2\tan\left(45°+\frac{\varphi}{2}\right) \tag{14-3}$$

联立式（14－2）、式（14－3）可以得到准黏聚力 Δc 与 $\Delta\sigma_3$ 的关系式，即：

$$\Delta c=\frac{1}{2}\Delta\sigma_3\tan\left(45^\circ+\frac{\varphi}{2}\right) \tag{14-4}$$

$\Delta\sigma_3$ 为等效应力增量，是由加筋土体中加筋引起的，无法直接量取。

根据加筋土结构的特点，选取三轴试验加筋土破裂时的一段结构单元为研究对象，如图 14-3 所示。

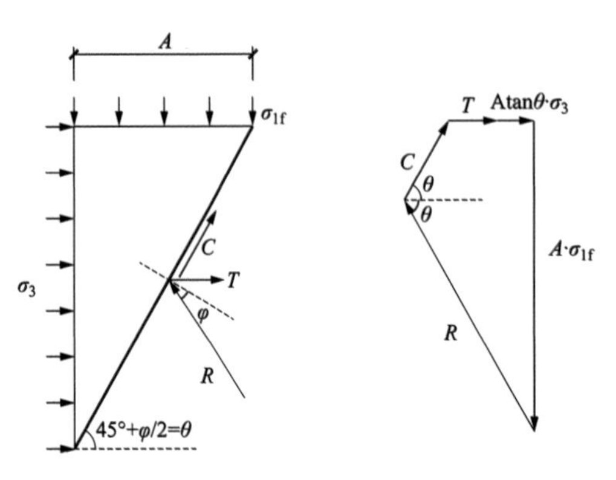

图 14-3　加筋黏性土结构单元的静力平衡分析

结构单元所受的轴向应力为极限破坏时的 σ_{1f}，水平应力为 σ_3，加筋的拉力为 T，破裂面上土体黏聚力所产生的抗力为 $C=cA/\cos\theta$，破裂面上土体的反作用力 R。破裂面与水平面的夹角为 $\theta=45^\circ+\varphi/2$，$R$ 与破裂面法向的夹角为 φ，设 A 为结构单元的截面积。

根据加筋土结构单元水平向和竖直向静力平衡条件，有：

$$\sigma_3 A\tan\theta+\frac{cA}{\cos\theta}\cos\theta+T=R\cos\theta \tag{14-5}$$

$$\frac{cA}{\cos\theta}\sin\theta+R\sin\theta=A\sigma_{1f} \tag{14-6}$$

联立式（14-5）、式（14-6）可以得到：

$$\sigma_{1f}=\sigma_3\tan^2\theta+2c\tan\theta+\frac{T}{A}\tan\theta \tag{14-7}$$

联立式（14-2）、式（14-7），可以得到准黏聚力 Δc 的表达式，即：

$$\Delta c=\frac{T}{2A} \tag{14-8}$$

下面进行加筋的拉力 T 的求解。

加筋土体破坏时，加筋可能发生拉断破坏，也可能由于筋土之间摩擦力的不足造成加筋拔出的情况。此处只对第一种情况进行加筋的拉力 T 的求解，对于第二种情况将在本文下面章节进行讨论。

设加筋材料的极限抗拉强度为 σ_s，加筋的水平布置间距为 S_x，加筋的竖向布置间距为 S_y，加筋材料的截面积为 A_s。加筋土结构单元体的竖直向的截面积为 $A\tan\theta$，则：

$$T=\frac{\sigma_s A_s A\tan\theta}{S_x S_y} \tag{14-9}$$

将 $\theta=45^\circ+\varphi/2$、式（14-9）代入式（14-8），有：

$$\Delta c=\frac{\sigma_s A_s \tan\left(45°+\frac{\varphi}{2}\right)}{2S_x S_y} \tag{14-10}$$

式中：σ_s——加筋材料的极限抗拉强度，kPa；

A_s——加筋材料的截面积，m^2；

S_x——加筋的水平布置间距，m；

S_y——加筋的竖向布置间距，m。

式（14－10）即为加筋未发生拔出情况下准黏聚力的表达式，这是基于三轴试验分析的结果。实际加筋土挡墙和土坡的情况以及由于筋土之间摩擦力的不足造成加筋拔出的情况将在本文下面章节中予以讨论。

14.3　设计方法

加筋土挡墙属于较为特殊的加筋土边坡（坡度陡立），本文以加筋土挡墙为例介绍其设计方法。在我国已建加筋土挡墙中，主要是按“0.3H 法”设计理论设计的，个别以“塑性区转移法”。“0.3H 法”具有设计理论简便，计算方便等特点，受到广泛的应用；但“塑性区转移法”对破裂面发展趋势解释的强说服性与实践性，及配筋布置方式的经济性愈来愈受到人们的关注。同时，综合内摩擦角 φ、筋条与填料间的摩擦系数 f、填土容重 γ，这些设计参数对筋条长的影响规律也是值得探索的问题。

14.3.1　“0.3H 法”设计理论

1. 破裂面形状

破裂面假定为折线滑面，如图 14－4 所示。

计算筋长为：

$$L_i=L_a+L_b \tag{14-11}$$

式中，L_i 为计算筋长；L_a 为持力筋长；L_b 为锚固筋长。

2. 土压力计算

填土自重产生的土压力如图 14－5 所示，其水平土压力为

$$\sigma_{hi1}=K_0\gamma h_i \tag{14-12}$$

$$\sigma_{hi1}=0.5K_0\gamma H \tag{14-13}$$

式中，σ_{hi1} 为填料水平土压力，kPa；γ 为填料重度，kN/m^3；H 为墙高，m；h_i 为墙顶距第 i 层墙面板高度，m；K_0 为静止土压力系数，可采用 $K_0=1-\cos\varphi$。

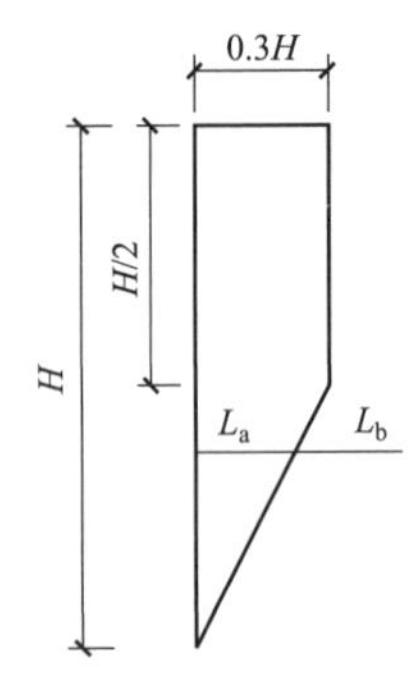

图 14-4　折线滑面

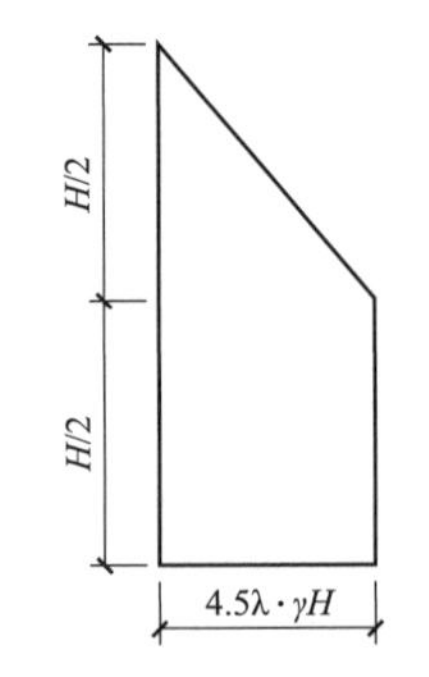

图 14-5　自重土压力

荷载产生的水平土压力为

$$\sigma_{hi2}=\frac{\gamma h_0}{\pi}\left[\frac{bh_i}{b^2+h_i^2}-\frac{h_i(b+L_0)}{h_i^2(b+L_0)^2}\right]+\operatorname{arctg}\frac{b+l_0}{h_i}-\operatorname{arctg}\frac{b}{h_i} \tag{14-14}$$

式中，σ_{hi2} 为荷载水平土压力，kPa；b 为荷载内边缘至墙背的距离，m；h_0 为荷载换算土柱高，m；L_0 为荷载分布宽度，m。

拉筋的拉力为

$$T_i=K\sigma_i S_x S_y \tag{14-15}$$

式中，T_i 为距墙顶高度第 i 层拉筋的计算拉力，kN；K 拉筋拉力峰值附加系数，可采用1.5～2.0；S_x、S_y 为拉筋之间水平及垂直间距，m。

拉筋的摩擦力为

$$S_f=2\sigma_{vi}aL_bf \tag{14-16}$$

式中，S_f 为拉筋摩擦力，kN；a 为拉筋宽度，m；L_b 为拉筋的锚固长度，m；f 为拉筋与填料间的摩擦系数；σ_{vi} 为第 i 层拉筋长总的垂直压力，kPa。

构造要求：每层筋长，在 $H>3.0$m 时，要求 $L_i\geqslant0.8H$，同时满足 $L_i\geqslant5.0$m。

14.3.2　"塑性区转移法"设计理论

1. 滑面形状

如图 14-6 和图 14-7 所示，ABCD 为压密区，ACD 为剪胀区，CD 为对数螺旋线。

2. 筋条最大拉力 P_i 计算

（1）压密区土压力以朗金理论计算；

（2）假定筋条最大拉力随深度分布与剪涨区 ACD 相似；

（3）取 ACD 脱离体，对 A 点取矩，由 A 点力矩平衡，求各层筋条的最大拉力：

$$\sum M_A=M_{EX}+M_{EY}+M_W-M_C-M_A=0 \tag{14-17}$$

式中，M_{EX}、M_{EY} 为土压力水平、竖向力矩；M_W 为 ACD 土体重力对 A 点力矩；M_C 为

黏聚力 C 对 A 点力矩；M_A 为$\sum(P_iH_i)$ 各层筋条最大拉力对 A 点力矩；

$$P_{i上}=H_i\tan\theta P/S_y$$
$$P_{i下}=H_i\tan(\theta-\theta_i)P/S_y \qquad (14-18)$$

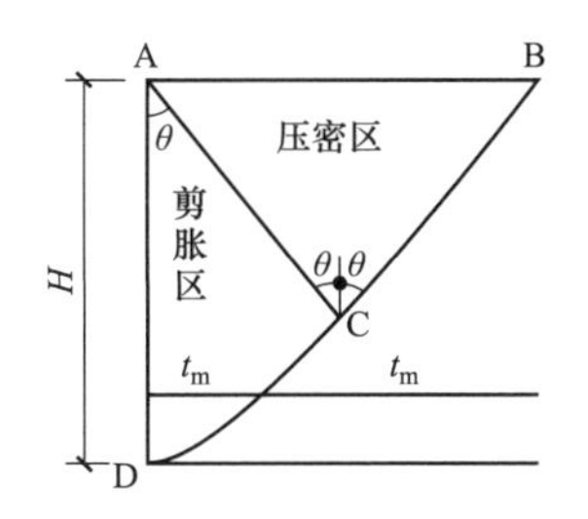

图 14－6 “塑性区法”破裂面

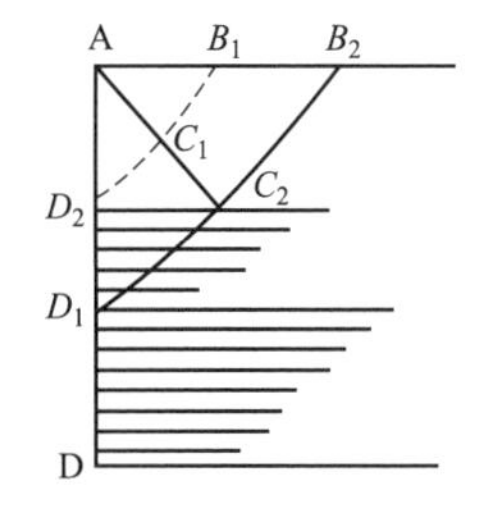

图 14－7 剪胀区转移配筋

3. 筋长计算

计算筋长为

$$L_i=L_{ai}+L_{bi} \qquad (14-19)$$

式中，L_i 为计算筋长；L_{ai} 为持力筋长；L_{bi} 为锚固筋长。

$$H\leqslant H_1\ L_{ai}=R_i\tan\theta+2(H_2-H_3)$$
$$H>H_1\ L_{ai}=R_i\tan(\theta-\theta_i)$$
$$H_1=H_i/\mathrm{EXP}(\theta\tan\varphi)$$

光面筋条时，锚固段长度 L_{bi} 为

$$L_{bi}=1.5P_i/R_i \qquad (14-20)$$

单位长抗拔力为

$$R_i=2\sigma_{vi}(a+\lambda_{0b})/f\Omega \qquad (14-21)$$

式中，Ω 为σ_{vi}、f 的修正系数，$\Omega=[1+\exp(-H)]/1.5$。

4. 塑性区转移步骤

如图 14－6、图 14－7，加筋土挡墙破裂面的产生是自下而上逐渐扩展起来的，只要底部得到加强，最危险破裂面的起始点就不会产生，随后的破裂面也不会发展。如果再产生破裂面只有在加强部位以上，即塑性区移到新的位置上去了。

14.3.3 对比分析

（1）“0.3H 法”在筋条的长度与布置上都偏于保守，而“塑性区转移法”比较经济。同种规格的筋条，相同面板面积，相同筋条横竖间距，“塑性区转移法”的计算筋长比“0.3H 法”要节约 28.3%，而设计筋长在“0.3H 法”中各层筋条要同时满足 $L_i\geqslant 0.8H$，和 $L_i\geqslant 5.0$m，在“塑性区转移法”中只需满足墙高范围内筋条类型尽量少的

要求。故“塑性区转移法”的设计筋长比“0.3H法”节约28.8%。

(2) 在筋条的布置形式上，“0.3H法”在墙高 $H \leqslant 3.0$m 采用上下等长布置形式，在墙高 $H > 3.0$m 由于构造的要求也往往采用上下等长布置形式，但已有实验观察，加筋土的破坏，其破坏面是自下而上逐渐扩展起来，开始时发生在底部，随后向上扩展，因而如果加强了破裂面发展的起始点，那么破裂面就不会在该处产生，而转移到未加筋的土中，这一观察结果为塑性区逐段配筋提供了依据，减少了压密区的无效筋长，比“0.3H法”配筋有明显的经济效益。其上下短中间长的布量形式符合破裂起始点逐渐加强发展的规律。

14.4 工程实例

14.4.1 工程概况

安徽宁国某500kV变电站位于安徽省宁国市，站址区属丘陵、剥蚀残丘地貌，原始地形相对高差达30m。站址西侧场地平整标高为80.2m，平整后，在站址区西南侧将形成最高约17m的填土边坡，由于该处征地条件限制，无法采用常规的自然放坡方案，需考虑采用边坡支护方案。由于原始地形存在一定起伏，如采用钢筋混凝土挡墙方案，则基础开挖需修筑台阶，且挡墙高度相对较大，施工难度相对较大，经过技术经济对比，最终采用加筋土边坡方案。

14.4.2 岩土工程条件

1. 地形地貌

场区内地形起伏较大，相对高差约30m，地势总体呈北东高、南西低的趋势。各丘陵坡度较缓，大多在20°以下。在长区南约400m处为东津河河漫滩，地形平坦，地面标高为55.0～59.0m。

场址区地貌单元主要有低山丘陵、坳谷和河漫滩三种，具体如下：

低山丘陵：为场地主要工程区，丘顶浑园，丘坡较缓，分布标高60～96m，坡度10°左右，组成岩性为奥陶系上统新岭组（O_{3x}）粉砂质页岩、页岩、细粒砂岩。

河漫滩：分布于拟建工程区外围约南部和西部，属东津河及其支流河漫滩，地形平坦，地面标高为55.0～59.0m，组成物质为第四系全新统冲积粉质黏土、砂砾卵石。

坳谷：位于拟建工程区南东及西部。冲沟地面标高61.24～80.68m，组成物质为第四系上更新统洪坡积含碎石粉质黏土。

2. 地层岩性

拟建站址上部分布的地层为奥陶系上统页岩，以及第四系残积黏土层，局部冲沟内为冲积黏土层。地层岩性自上而下划分为：

①1 杂填土：杂色，以大量碎石及粉质黏土组成，个别区域局部分布。

②1 黏土：黄褐色、棕黄色、黄色、灰黄色，可塑～硬塑，含少量铁锰质氧化物，一般下部混有砾石，局部含有碎石，厚度约 0.1～2.0m，局部覆盖层厚的区域及冲沟内厚度在 3.5～6.3m，冲沟内该层土较山坡上残积的稍软。该层一般都有分布，仅在基岩裸露处该层缺失，标准贯入试验击数约 13 击，重型动力触探击数约 10 击。

③1 角砾：棕黄色、黄色，密实，稍湿，在山丘顶部区域局部分布，砾石粒径一般在 2～50mm，厚度约 0.4～4.3m，重型动力触探击数约 11 击。

④1 全风化页岩：黄色、灰黄色，粉粒结构，薄层构造，大部分风化成土，但层理结构仍清晰可见，该层局部有分布，厚度约 0.1～1.6m，在 PC01 孔位置该层很厚，达 19.7m，重型动力触探击数约 4 击。

④2 强风化页岩：黄色、灰黄色，坚硬，粉粒结构，薄层构造，节理裂隙发育，泥质充填，局部分化成土夹碎石，该层部分区域分布，局部缺失，厚度约 1.3～2.7m。

④3 中风化页岩：黄色、灰黑色，坚硬致密，粉粒结构，薄层构造，节理裂隙发育，泥质充填，饱和单轴抗压强度标准值 11.4MPa。勘察未钻穿。

拟建站址区内各土层的物理力学性质指标推荐值见表 14-1。

表 14-1　各土层的物理力学性质指标推荐值

岩土编号	岩土名称	天然含水量 ω	重力密度 γ	天然孔隙比 e	液限 ω_L	塑限 ω_p	塑性指数 I_P	液性指数 I_L	压缩模量 $E_{s_{0.1-0.2}}$	三轴 UU 黏聚力 C_c	三轴 UU 内摩擦角 ϕ_c	标贯击数 N	饱和单轴抗压强度
		%	kN/m³	—	%	%	—	—	MPa	kPa	°	击	MPa
②1	黏土	25.8	18.5	0.826	40.6	21.5	19.4	0.28	7.27	36.4	10.5	13	
④3	中风化页岩												11.4

基岩裂隙水：为水量贫乏的基岩裂隙水，含水地层为奥陶系上统（O3）泥质页岩、粉砂质页岩，地下水主要赋存于风化裂隙及构造裂隙中，由于构造裂隙不发育，地下水富水性差，泉流量一般均小于 0.1L/s，拟建工程区地下水的补给为大气降水；地下水的径流与地表水的径流方向基本一致，大致为南东向北西；地下水的排泄，以泉水及溪水的方式排泄于地表水系中，而地下水的开采也是地下水的排泄方式之一。勘察期间地下水位埋深在 0.8～16.0m。

3. 计算

（1）安全系数要求。

根据 GB 50330—2013《建筑边坡工程技术规范》中规定：一级边坡按照圆弧滑动法计算安全系数取 1.35。加筋土坡在稳定性计算和设计时，边坡安全系数取 1.35。

（2）计算所需参数。

填土选择开挖边坡得到的黏土、角砾和全风化～强风化页岩。填土以及地基岩土体计算参数如表 14－2 所示。

表 14－2　　计算所需参数

土层 \ 参数	r (kN/m³)	C (kPa)	φ (°)
人工填土	21	15	29
强风化泥页岩	21	20	23
中风化泥页岩	23	100	34

主动土压力计算按照库仑土压力理论获得；被动土压力计算按照朗肯理论计算。

14.4.3 加筋土坡方案设计

如图 14－8 所示，填方边坡分为 2 级，由上至下，第一级坡高为 8m，坡率为 1∶0.66，第二级坡高为 10m，坡率为 1∶0.66，马道宽度 2m，筋条长度为 14m，最顶面筋材位于设计±0.0m 以下 1m，上部 1.2m 筋材间距为 400mm，其余部分筋材间距为 600mm。

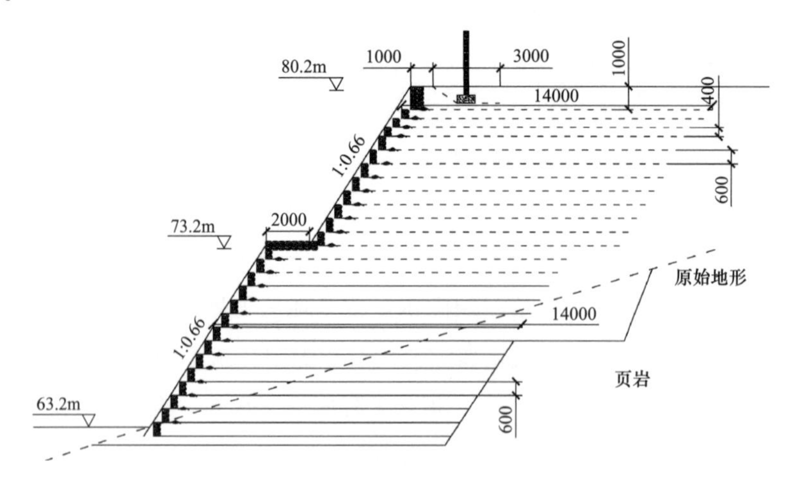

图 14－8　加筋土边坡设计剖面

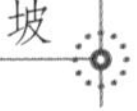

14.4.4 整体稳定性验算

计算边坡典型坡面地面标高 63.2m，坡顶高 80.2m，台阶边坡坡率为 1∶0.66，马道宽 2m；计算整体稳定性时规定如下：外部推力计算坡形如图 14－9 所示，坡高 17m，坡形起点为底部台阶拉筋端点连线与地面标高线的交点，坡形终点为上部台阶拉筋端点连线与坡顶的交点，水平距离约为 13.6m，如图 14－9 所示。

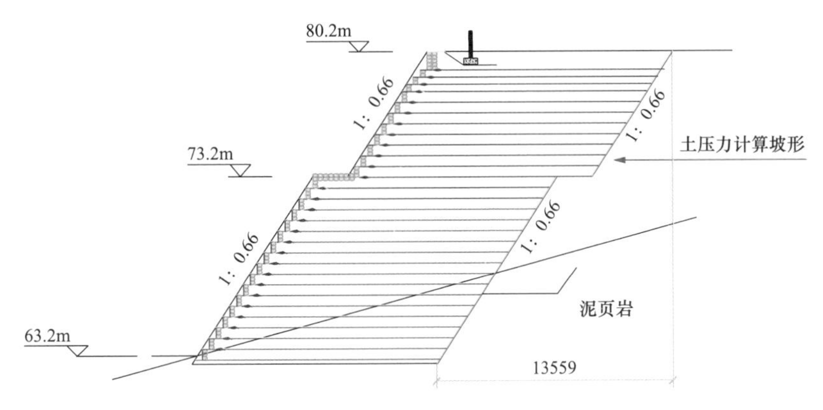

图 14－9 实际典型剖面坡形

1. 作用在墙背上的土压力计算

主动土压力计算：$E_a=\psi_c \cdot r \cdot H^2 \cdot K_a/2$，其中，其中，$\psi_c$ 为主动土压力增大系数，由于计算坡形高达 17m，可取 $\psi_c=1.3$；r 为土的容重，取 21kN/m³；H 为坡高，取 17m；K_a 为主动土压力系数，具体表达式见《建筑地基基础设计规范》附录 L，算得 $E_a=568.4$kN。

$E_{ax}=E_a \cdot \cos(\rho+\delta)=568.4\times0.72=409.2\text{kN}\cdot\text{m}$；

$E_{az}=E_a \cdot \sin(\rho+\delta)=568.4\times0.7=397.9\text{kN}\cdot\text{m}$；方向向下

静止土压力计算：取静止土压力系数为 0.5，

$$E_0=\frac{1}{2}\cdot\gamma\cdot H^2\cdot K_0=\frac{1}{2}\times21\times17^2\times0.5=1517.3\text{kN};$$

$$E_{0x}=E_0\cdot\cos\rho=1517.3\times0.91=1380.7\text{kN}\cdot\text{m};$$

$$E_{0z}=E_0\cdot\sin\rho=1517.3\times0.41=622.1\text{kN}\cdot\text{m};\text{方向向上}$$

被动土压力计算：

$$E_p=\frac{1}{2}\cdot\gamma\cdot H^2\cdot K_p+2\cdot C\cdot H\cdot\sqrt{K_p}$$

$$=\frac{1}{2}\times21\times17^2\times\tan^2(45+29/2)+2\times15\times17\times\tan(45+29/2)$$

$$=9611.4\text{kN}$$

$E_{px}=E_p \cdot \cos(\rho-\delta)=9611.4$kN；$E_{pz}=E_p \cdot \sin(\rho-\delta)=576.7$kN，方向向上

计算认为作用在墙背上的力距离墙踵 1/3 墙高，墙背倾角 $\rho=24°$，墙背与墙后土摩擦角 $\delta=0.7\phi=20.3°$。方向向上。

2. 稳定性计算

按照加筋的长度，加筋土体可分为两个部分，各部分面积分别 $A_1=147.0\text{m}^2$，$A_2=98\text{m}^2$，距离坡形起点分别为 $s_1=10.5$m，$s_2=18.2$m，具体对象如图 14－10 所示。

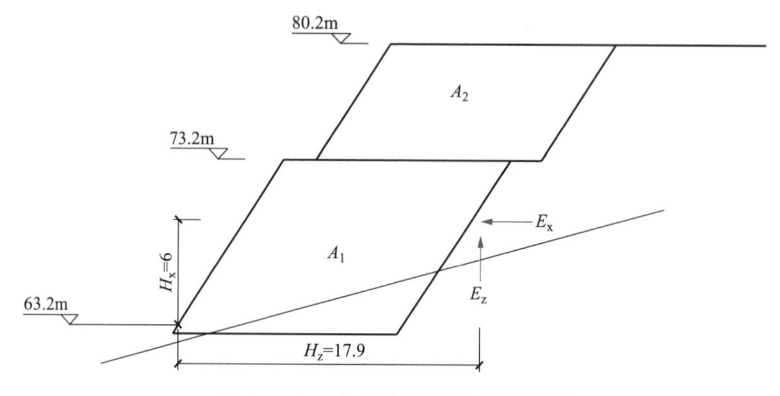

图 14－10　加筋土挡墙重力计算图

抗倾覆验算

抗倾覆安全系数 $K=\dfrac{M_z}{M_x}=31.4$，满足规范安全系数不小于 1.6 要求。

抗滑移验算（取加筋土挡墙和基底摩擦系数为 0.35）。

$K=\dfrac{\mu \cdot \sum G}{F_1}=4.7$，满足规范安全系数不小于 1.35 要求。

偏心距验算

当以静止土压力计算反方向力矩时：$M_{x1}=1380.7\times6+622.1\times17.9=19419.8\text{kN}\cdot\text{m}$

$$x_1=\frac{M_z-M_{x1}}{\sum G}=\frac{69896.1-19419.8}{147\times21+98\times21-622.1}=\frac{50476.3}{4522.9}=11.2\text{m}$$

$$e_1=14/2-11.2=-4.2m<-B/4$$

当以被动土压力计算反方向力矩时：$M_{x2}=9611.4\times6+576.7\times17.9=67991.0\text{kN}\cdot\text{m}$

$$x_2=\frac{M_z-M_{x2}}{\sum G}=\frac{69896.1-67991}{147\times21+98\times21-576.7}=\frac{1905.1}{4568.3}=0.4\text{m}$$

$$e_2=14/2-0.4=6.6m>B/4$$

上面两个偏心距表明土压力介于静止土压力和被动土压力之间，故土压力能够保证挡墙偏心距为 0。

考虑最大偏心距为 $B/6$ 时，$p_{max}=\dfrac{147\times21+98\times21}{14}\times2=735\text{kPa}$

所以 $f_a>\dfrac{735}{1.2}=612.5\text{kPa}$

不考虑偏心荷载，取基底宽度为 14m 时，基底平均压力计算如下：

$$p=\frac{147\times21+98\times21}{14}=367.5\text{kPa}$$

将坡面挖成台阶状，最浅处挖深 1m，最深处 5m，平均 2.5m 以上，根据 2m 以下地基承载力为 800kPa 的条件，地基承载力能够满足要求。

14.4.5 内部稳定性验算

（1）格栅强度验算。

《土工合成材料应用技术规范》规定每层筋材均应进行强度验算，第 i 层单位墙长筋材承受的水平拉力可按下式计算：

$$T_i=[(\sigma_{vi}+\sum\Delta\sigma_{vi})K_i+\Delta\sigma_{hi}]s_{vi}/A_r$$

《建筑基坑支护技术规范》规定在设计土钉墙时，单根土钉受拉荷载标准值可按下式计算：

$$T_{jk}=\xi e_{ajk}s_{xj}s_{zj}/\cos\alpha_j$$

式中：ξ——荷载折减系数，$\xi=\tan\dfrac{\beta-\varphi_k}{2}\left\{\dfrac{1}{\tan\dfrac{\beta+\varphi_k}{2}}-\dfrac{1}{\tan\beta}\right\}/\tan^2(45-\varphi/2)$，$\beta$ 为坡面与水平面的夹角；

e_{ajk}——第 j 个土钉处的水平荷载标准值；

s_{xj}、s_{zj}——第 j 个土钉与相邻土钉的平均水平、垂直间距；

α_j——第 j 个土钉与水平面的夹角。

结合上述两个规范，验算采用公式 $T_i=[(\sigma_{vi}+\sum\Delta\sigma_{vi})K_i+\Delta\sigma_{hi}]s_{vi}/A_r$ 并乘以折减系数 ξ 来验算单宽格栅所受拉力。

验算时取 $K_i=K_a$，K_a 为朗肯主动土压力系数；格栅在整个墙长范围内满铺，垂直间距 0.6m，坡高 17m，$\beta=56°$。

计算结果如下：

1～14 层筋材的设计强度为 20kN/m；14～29 层筋材设计强度为 40kN/m，所以筋材的安全系数大于 1，满足《土工合成材料应用技术规范》的要求，且计算中考虑了坡顶 15kPa 的竖向附加荷载，存在一定的安全余量。此外由于筋材的变形率较大，强度不能全部发挥，建议筋材的极限抗拉强度分别为 80kN/m 和 160kN/m，设计强度应和延伸率 1%～1.5%时对应的拉力相近。

（2）格栅抗拔出验算。

根据《土工合成材料应用技术规范》，假设破裂面与水平面夹角 45°，如图 14－11 所示，验算采用公式如下：

$$T_{pi}=2\sigma_{vi}\cdot B\cdot L_{ei}\cdot f$$

式中：σ_{vi}——筋材上的有效法向应力；

B——单宽筋材宽度（m），从 Tensar 样品量得为 0.32m；

L_{ei}——破裂面以外筋材长度；

f——筋材与土的摩擦系数，由 Tensar 格栅厂提供的为 0.95tanφ。

且因为坡形不是竖直的，结果应该再乘以折减系数 ξ，要求得到的 $\xi\cdot T_{pi}$ 必须满足式 $F_s\leqslant\xi\cdot T_{pi}/T_i$，$F_s$ 为工程要求的安全系数。

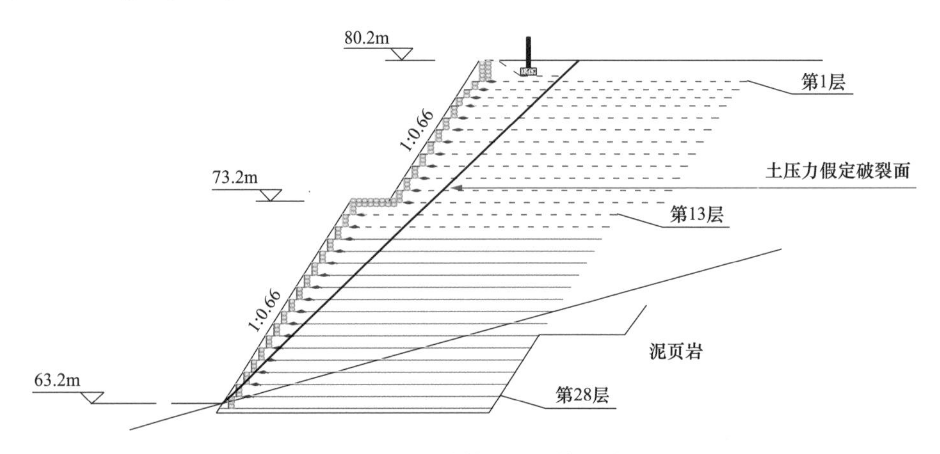

图 14－11　加筋体抗拔验算示意图

根据坡形和加筋长度可确定，只要第 1 层、第 13 层、第 28 层（编号从上往下，共 29 层）筋材满足式 $F_s\leqslant\xi\cdot T_{pi}/T_i$，则其余层位筋材也应满足该式，对应的锚固段长度分别为 9.6m、10.1m 和 13.8m，由于坡顶附加荷载对抗拔出有利，故计算中不予考虑，只考虑填土自重。

$$\xi\cdot T_{p1}=0.288\times2\times21\times1\times0.32\times9.6\times0.95\tan29=19.5\text{kN}$$

$$\xi\cdot T_{p13}=0.288\times2\times21\times7.6\times0.32\times10.1\times0.95\tan30=156.4\text{kN}$$

$$\xi\cdot T_{p28}=0.288\times2\times21\times16.6\times0.32\times13.8\times0.95\tan29=466.4\text{kN}$$

结合表 14－2，算得 $\frac{\xi\cdot T_{p1}}{T_1}=\frac{19.5}{6.1}=3.2>1.5$；$\frac{\xi\cdot T_{p13}}{T_{13}}=\frac{156.4}{17.8}=8.8>1.5$；$\frac{\xi\cdot T_{p28}}{T_{28}}=\frac{466.4}{37.1}=12.6>1.5$，所以，筋材长度满足 $F_s\leqslant\xi\cdot T_{pi}/T_i$，符合《土工合成材料应

用技术规范》的要求，需要注意的是，由于筋材强度的限制，筋条是不可能产生如此大的摩阻力的，也就是说实际安全系数没有这么高，但从另一方面来说，就单层格栅而言，它们的抗拔稳定性是满足要求的。

14.4.6　内部抗滑计算

《土工合成材料应用技术规范》规定边坡设计应按照圆弧滑动模式进行；《建筑基坑支护技术规范》要求对于土钉墙必须进行圆弧滑动整体稳定性验算。本次计算原理为费纽伦斯法和毕肖普法。

同 4.2.1 节公式，单位长度筋材提供得阻滑力按照公式 $T_{i}=2\cdot\xi\cdot\sigma_{vi}\cdot B\cdot f$ 计算，各符号意义同上，计算地质剖面由勘察结果获得，如图 14－12 所示，考虑 6 级地震强度。

由于强风化泥页岩厚度在 2m 左右，故认为在开挖台阶边坡的时候已被全部换填，计算时只考虑填土和中风化泥页岩，计算模型见图 14－12，考虑坡顶作用 15kPa 的荷载，作用位置距离坡顶 4m，作用宽度 4m。

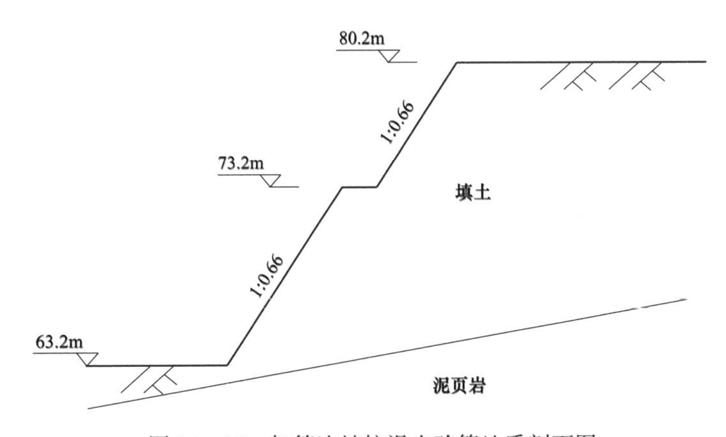

图 14－12　加筋边坡抗滑出验算地质剖面图

加筋后，圆弧滑动不同标高剪出口的安全系数计算结果见表 14－3，坡角剪出的费纽伦斯法安全系数为 1.36 的滑弧图见图 14－13。

表 14－3　　圆弧滑动计算结果

剪出口标高	滑弧顶部标高	最小安全系数	
		Fellenius 法	Bishop 法
63.2	88	1.36	1.45
73.2	88	2.79	2.63

此外，由于底部中风化泥页岩强度相对较大，圆弧绕过加筋体发生深层圆弧滑动的

稳定性实际上不需要计算，但仍将结果算出如下：图 14－14 表示剪出口距离坡角较远的弧形滑动，整体深层滑动的费纽伦斯法安全系数为 1.43，毕肖普法为 1.48，都满足工程要求的 1.35 的安全系数。

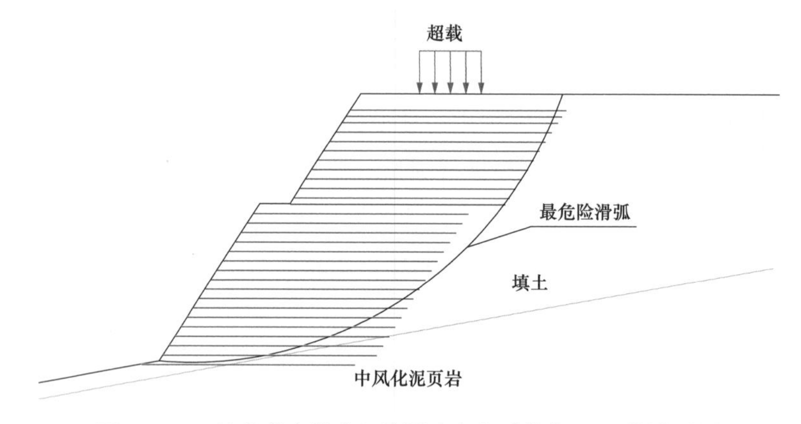

图 14－13　坡角剪出的费纽伦斯法安全系数为 1.36 的滑弧图

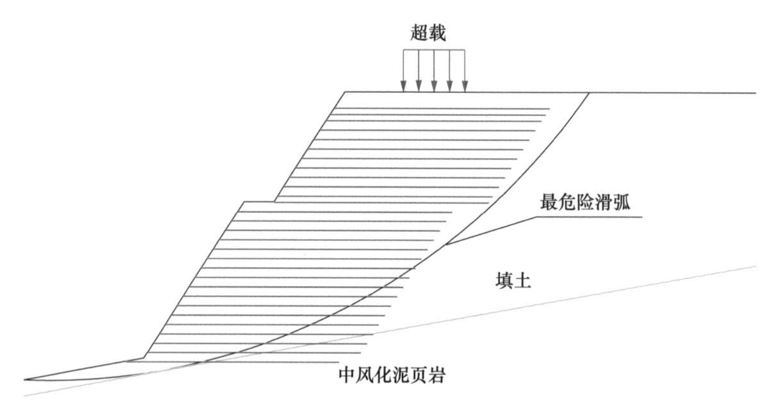

图 14－14　剪出口较远的深层滑动

14.4.7　工程效果述评

该项目筋材选用高密度聚乙烯（HDPE）土工格栅，为了避免格栅在施工中受到损伤，在碾压土方时，机械履带与格栅之间保持有 150mm 厚的填土层。在距离坡面 1m 范围内采用轻型机械压实。该工程于 2008 年竣工投运，已稳定运行 13 年，边坡的稳定性和变形情况均满足设计要求，有效节省占地面积约 1000m²，工程效果良好。

第十五章

坡　面　防　护

15.1　概述

坡面防护是指为保持自然边坡和人工边坡的稳定，防止和延缓坡面出现冲蚀、风化、剥蚀以及掉块等现象，所采取的防护工程措施。采取坡面防护的目的，是为了保护环境、防止水土流失从而保证边坡长期的稳定和安全。

坡面防护起源较早，目前该类在电力工程边坡处理工程中应用广泛。

15.2　基本原理

坡面防护形式可分为三种，第一种是工程防护，是通过采用砂石、水泥、石灰等土工矿物材料对坡面进行防护的一种形式，该类防护无植被参与，属于无机防护。第二种是植物防护，是通过种草、植草、和植树灌木等方式，属于有机防护。第三种使通过采用工程防护与植物防护相结合的方式对边坡进行防护的形式。

15.2.1　工程防护

工程防护从类别上分主要分为骨架防护、喷护、挂网喷护、砌石防护以及柔性网等类型。

1. 骨架防护

边坡使用混凝土、浆砌片石以及锚杆框架梁形成的框架式构筑物，以防止路基边坡溜坍的防护形式。该类防护形式适用于各种土质边坡、全风化岩石边坡、高度较高或岩土性质较差、较潮湿、含水量较高、易发生溜滑坍塌或存在较为严重的坡面冲刷现象的边坡。该类型工程设计要求边坡坡比不宜陡于1∶1，高度不限制。

2. 喷护

喷护是借助喷射机械，利用压缩空气将按一并比例配合的浆体经管道输送并以高速喷射到边坡表面形成硬化护坡面的防护形式。喷护的浆体一般两种，一种是混凝土或砂浆，另一种是水泥土。其中混凝土或砂浆喷护适用于易风化但未遭强风化以及全风化岩石边坡，采用此类工程治理方式的边坡要求地下水不发育或若发育、坡面较为干燥，边坡坡率不宜陡于1∶0.5，对边坡高度不限制。水泥土喷护可用于易受冲刷的土质边坡，要求边坡坡率不宜陡于1∶0.75，地下水不发育，对边坡高度不限制。

此方法对于塑性岩石（软岩、土体）的边坡。由于喷浆外壳呈脆性，其变形特性和被其覆盖的塑性岩石不相协调，常造成喷浆外壳剥落。

3. 挂网喷护

挂网喷护是为提高喷浆外壳的塑性和强度，在喷浆前在边坡上铺设钢丝网，然后喷浆，形成挂网喷浆壳，通过钢丝网与混凝土或砂浆联合作用形成一个整体，并能承受少量的破碎体所产生的侧压力。本方法主要适用于强风化～弱风化的岩石边坡，且岩石切割较为破碎的边坡，要求边坡坡率不宜陡于1∶0.5，地下水不发育或弱发育，坡面干燥，对边坡高度不要求。

此方法整体对岩质边坡的防护较好，抗风化能力也较强，但本身承受岩体侧向压力的能力较差、美观性较差，常与锚杆结合使用。

4. 砌石防护

砌石防护主要包括干砌片石、浆砌片石以及护面墙三种防护形式。

干砌片石通过选用大片石堆砌，使片石间错缝相挤紧密，不松动，依靠石块与石块之间的嵌挤力对边坡表面进行防护的方法。主要是针对土质、软岩及易风化、破坏较严重的边坡，该类防护可防止雨、雪冲刷并能适应冻胀严重和变形较大的边坡。该类防护要求边坡坡率不宜陡于1∶1.25，坡高小于10m。

浆砌片石是采用砂浆与片石砌筑的砌体结构，用水泥砂浆将片石间隙填满使其成为一个整体，以保护坡面不受外界因素的侵蚀，所以比于砌片石有更高的强度和稳定性。在片石缺乏的地区，可采用块石或形状不规则的毛石。在缺乏石料的地区可采用混凝土预制块防护，如混凝土板、方形、菱形或六角形混凝土空心块等。该类防护适用于易风化的岩质及土质边坡，要求边坡坡率不宜陡于1∶1，坡高小于10m。

护面墙是采用浆砌片石结构，覆盖在各种软质岩层和较破碎的挖方边坡，使之免受大气影响而修建的墙体。以防止坡面继续风化，在缺乏石料的地区，也可以采用现浇混凝土或预制凝土块砌筑，混凝土强度不应低于C15。砌筑用砂浆强度不应低于M5，寒冷地区不应低于M7.5，护面墙除自重外，不担负其他荷载，也不考虑承受墙后的土压力。主要用于易风化的岩质及土质边坡，要求边坡坡率不宜陡于1∶0.5，坡高小于10m。

5. 柔性网

柔性网是利用柔性金属网（钢丝绳网、特种钢丝格栅、铁丝格栅）为主要构成部分，以覆盖（主动防护）和拦截（被动防护）两大基本类型，防治崩塌落石、浅层滑坡、溜滑、风化剥落、泥石流等斜坡坡面地质灾害，以及岸坡冲刷，爆破飞石和雪崩等的柔性安全防护系统技术和产品。该技术于20世纪50年代由瑞士研究开发并逐渐推广应用。

主动防护网：主动防护系统是用以钢丝绳网或高强度钢丝格栅为主的各类柔性网覆盖或包裹在需防护的斜坡或危石上，以限制坡面岩土体的风化剥落或破坏以及危岩崩塌（加固作用），或者将落石控制在一定范围内运动（围护作用）。主动防护网主要适用于浅表层岩层掉块、落石、风化剥落、岸坡冲刷、爆破飞石以及滑动体小于3m的小型滑坡体。对边坡高度及坡率无要求。

被动防护网：被动防护系统是一道被动式拦截系统，是将以钢丝绳网或环形网为主的柔性栅栏设置在斜坡上一定位置处，用于拦截斜坡上的滚落石（或落物），落石冲击到钢绳网时，其冲击能量很快通过钢绳网的各个节点传递到系统钢柱。因系统钢柱是一活动铰，绝大部分能量通过钢柱上端传递给支撑绳和设置在岩体上的钢绳锚杆，该部分能量主要通过设置在支撑绳上的减压环的伸缩使钢柱及钢绳网一起做往复运动进行消减，能量消减后剩余小部分能量通过钢绳锚杆传递给岩土体，以避免其破坏保护对象。被动网防护主要适用于有零星掉块及落石的岩土质边坡，也可用于部分小型泥石流临时拦挡、部分小型滑坡拦挡等。对边坡高度及坡率无要求。

15.2.2 植物防护

植物防护是一种较为简便、经济和有效的坡面防护措施。植物能覆盖表土，防止雨水冲刷、调节土壤湿度，防止裂缝产生、固结土壤、防止坡面风化剥落，同时还能起到绿化、美化环境的作用。

植物防护一般包括播撒（喷播）草籽、植草、喷播植草、草灌结合、客土喷播，植生带绿化、垂直坡面绿化等。

1. 播撒（喷播）草籽

在边坡上直接播撒草种或借助机械播撒草种使坡面恢复植被的技术，主要针对于土质边坡及全风化岩石边坡。要求边坡坡率不宜陡于1∶1.25，高度不宜超过10m。

2. 植草

主要采用移植草皮的方式对边坡进行绿化防护。适用于土质边坡、全风化及强风化岩质边坡，要求边坡坡率不宜陡于1∶1，边坡高度不宜超过8m。

3. 草灌结合

在坡面上同时播撒（喷播）草种并种植灌木或树木的方式，主要针对土质边坡及全风化岩石边坡，要求边坡坡率不宜陡于 1∶1.5，高度不宜超过 10m。

4. 客土喷播

通过在边坡坡面上铺设或置换一定厚度适宜植物生长的土壤（或混合料）作为种植土（客土），然后植草的方法。该方式适用于表层土不适宜植物生长的边坡。要求边坡坡率不宜陡于 1∶1，高度不宜超过 8m。

5. 植生带

采用带（毯、袋）状纤维材料将促进植物出苗、生长的绿化辅料（含草种、灌木种、培养料、保水剂、溶岩剂和肥料等）固定于边坡上，从而起到防护作用的方式。该方式适用于各类性质边坡，要求边坡坡率不宜陡于 1∶0.75，高度不宜超过 10m。

6. 垂直坡面绿化

采用播种或移植攀缘性植物和垂吊性植物，以遮蔽硬质岩陡坡和挡土墙、锚定板等圬工砌体，从而达到美化环境的绿化方法。目前垂直绿化技术除种植藤蔓植物外，还包括在垂直坡面上利用起伏区域修筑平台、穴槽，或利用打锚支挡平台，内填土壤然后栽种植物，从而实现垂直绿化的方式。该方式适用于坡度较陡边坡，高度无要求。

15.2.3　工程与植物结合防护

该类防护是目前使用最多的坡面防护措施，不仅满处了对边坡加固处理的目的，保证了边坡稳定，同时也对边坡进行了景观化再造，满足了生态环境保护以及的需要。

工程与植物结合防护主要包括骨架护坡绿化、空心砖内植草护坡、土工合成材料与植被复合防护、挂网喷护、被动防护网植被再造等。

1. 骨架护坡绿化

该类防护指在浆砌片石骨架、混凝土骨架、锚杆框架梁内采用植草、喷播、空心砖内植草、植生带、客土喷播、土工合成材料与植被复合等方式进行防护。该类方法适用多数类型边坡。植草、喷播、客土喷播的边坡坡率要求不宜陡于 1∶1，空心砖内植草、植生带、土工合成材料与植被复合要求高度不宜陡于 1∶0.75。高度不限制。

2. 空心砖内植草护坡

在平整好的坡面满铺预制空心砖，然后再空心砖内填土种草的方式。该方法适用于适合草种生长的土质边坡、客土 5～10cm 后的砂类土及碎石土边坡、强风化～全风化的岩石边坡。边坡坡率要求不宜陡于 1∶0.75。高度不要求，当边坡较高或土质较差时，可与土工格栅加筋形式结合使用。

3. 土工合成材料与植被复合防护

土工合成材料是指土工格网（垫）、土工格栅、三维植被网、土工格室等人工合成

材料。通过土工合成材料内植草、客土喷播、土工格栅加筋后植草等方式对坡面进行防护。其中土工合成材料内植草、客土喷播适用于各种土质边坡及全风化岩质边坡。要求边坡坡率不陡于1∶1，高度无要求。土工格栅加筋后植草适用于边坡较高、填料性质较差的土质回填边坡，要求边坡坡率不宜陡于1∶1.5。

4. 挂网喷播

边坡挂网防护后再进行喷播植草的方式，适用于边坡较高且坡率大于1∶1的强风化～弱风化岩石边坡。

5. 被动防护网植被再造

主要针对采用柔性被动防护网的边坡，柔性防护网虽保证了边坡的稳定及安全，但缺乏绿化及景观效应。因此柔性防护网上通过客土喷播或垂直坡面绿化等方式对边坡进行绿化。该方式适用于坡率大于1∶1的岩石边坡以及存在表层溜滑、风化剥落的土质、类土质边坡。对边坡坡率、高度无要求。

15.3 设计方法

边坡坡面防护的种类和方法多种多样，但不论采用哪种方法，防护工程都应遵循以下原则：因地制宜，结合边坡的地形地貌、水文地质条件，根据实际情况确定适宜的防护措施；就地取材，在选用防护材料及草种、灌木时，尽量利用当地材料，就地采集；经济适用，在力求节省工程费用和其它开支的同时要达到经济耐久以及养护工作量最小的要求；兼顾景观，坡面防护的意义不仅局限于保护边坡，还应当与环境相衬，合理美观。

15.3.1 工程防护设计

1. 骨架防护设计

(1) 混凝土与浆砌片石骨架。

混凝土与浆砌片石骨架防护根据边坡的岩土质情况、边坡高度及坡率、水文地质等条件，骨架内可采用植草、空心砖内植草或客土喷播、干砌片石、喷浆、三维植草等防护措施。对于适宜草皮胜场和铺填5～10cm厚客土后草皮能够很好生长的砂类土、碎石类土等土质贫瘠的边坡，骨架内宜采用植草或客土喷播；对于当地雨量多且集中、冲刷严重的边坡宜采用带排水槽的骨架内植草或空心砖植草；对于有少量地下水渗出或比较潮湿，含水量比较大、易发生塌滑或存在比较严重坡面冲刷的边坡，且当地石料来源较丰富时，骨架内可采用干砌片石防护；易风化的强风化～弱风化的岩石挖方边坡，不宜植物生长且岩体切割破碎、地下水不发育、坡面较干燥的边坡，骨架内宜采用客土喷播、干砌片石、喷浆或喷混凝土等防护。

1）骨架内植草护坡的边坡坡率不陡于 1∶1，单级边坡高度不宜大于 10m；超过 10m 的边坡应设置边坡平台，宽度不小于 2m；

2）骨架内的草种及灌木应因地制宜选用；

3）骨架应嵌入坡面一定深度，在雨量大且集中的地区，骨架可做成截水形式，以分流排出地下水；

4）浆砌片石骨架一般采用拱形、人字形、方格形等形式，骨架及顶部和两侧 0.5m 及底部 1.0m 范围内镶边加固均应用不低于 M7.5 水泥砂浆砌筑；

5）拱形骨架和人字形骨架均由主骨架和支骨架组成，拱形骨架与边坡水平线垂直，间距宜 2～6m，支骨架呈弧形，垂直边坡线方向间距 2～6m。人字形骨架的主骨架与边坡水平线垂直，间距 3～8m，支骨架与主骨架成 45°，按人字形铺设，垂直边坡线方向间距 2～5m。方格形骨架与边坡水平线成 0°或 45°，左右相互垂直铺设，方格间距 2～5m。

6）混凝土骨架应采用不低于 C20 浇筑。

（2）锚杆框架梁设计。

该方法主要与锚杆配合使用。受力锚杆设计见本书第三章。

1）对于非受力锚杆，其与水平面的夹角应为 15°～20°，采用非预应力全长砂浆粘结型锚杆，其间距、长度应根据边坡的地质情况确定，一般可采用 6、8m 两种，采用一次性注浆，砂浆采用 M30 及以上。

2）非结构受力钢筋混凝土框架梁应采用构造配筋，采用 C20 混凝土砌筑，尺寸大小由地层情况及边坡高度确定。

3）框架梁埋深应不小于 0.1m，框架内根据边坡地质情况采用植草、客土喷播等防护。

2. 喷护设计

（1）对于易风化且风化程度尚未达到强风化的岩石边坡，采用喷浆及喷射混凝土护坡时，边坡坡率不宜陡于 1∶0.5；

（2）喷浆厚度不少于 5cm，喷混凝土厚度不少于 8cm，沿边坡纵向间隔 5～10m 设伸缩缝一道，缝宽 2cm，视坡面的潮湿程度，间隔 1～3m 设置泄水孔；

（3）喷浆或喷射混凝土防护的四周与未防护坡面的衔接处应严格封闭；

（4）坡脚岩石风化较严重时应作高 1～2m、宽 0.3～0.5m 的浆砌片石或混凝土护裙。

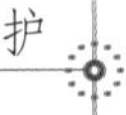

3. 挂网喷护设计

（1）对于风化破碎、节理裂隙较发育或较高陡的岩石边坡，采用挂网喷浆护坡，边坡坡率不陡于 1∶0.5。

（2）挂网可为预制铁丝网、机编铁丝网或土工格栅，采用锚杆将网固定在边坡上，锚杆深度不低于 2m，锚杆直径 $\phi16\sim\phi25$，一般每平方米设一根锚杆，对于岩层较破碎地段须加设随机锚杆。根据边坡岩石性质和风化程度确定挂网类型和锚固深度。铁丝网间距一般为 20～25cm，采用土工格栅时网孔孔径不得小于 4cm。

（3）喷浆厚度不小于 5cm，当采用土工格栅时喷浆厚度不小于 8cm，分 2～3 批喷射；喷混凝土厚度不小于 8cm。沿边坡纵向间隔 10～15m 设置一道伸缩缝，缝宽 2cm；根据坡面的潮湿程度，沿上下左右间隔 1～3m 设置一个泄水孔。

（4）防护工程周边与未防护坡面衔接处应严格封闭。采用预制铁丝网时，封闭措施同喷浆或喷射混凝土护坡。采用机编铁丝网或土工格栅时，坡面两侧边缘可采用锚固深度 0.5m、锚杆间距 0.5m 的封闭锚杆封闭。边坡顶部可采用厚 0.3m 的 M7.5 水泥砂浆砌片石或采用不低于 C15 混凝土封闭。

（5）坡脚岩石风化较严重时应作高 1～2m、宽 0.3～0.5m 的浆砌片石或混凝土护裙。

4. 砌石防护设计

（1）干砌片石设计。

1）在石料丰富地区，对于易受地表水冲刷的土质填方边坡和经常由少量地下水渗出的挖方边坡，采用干砌片石护坡可防止边坡滑塌变形并又有利于排出地下水，从而保证边坡的稳定，在石材难以获取地区可采用预制混凝土板进行干砌，其边坡坡率不宜陡于 1∶1.25。

2）干砌片石护坡厚度不宜小于 0.3m，并在其下部设不小于 0.1m 厚的碎石或沙砾垫层。干砌片石护坡基础宜采用较大块石砌筑。

3）砌筑石料的强度等级不应低于 MU30。

（2）浆砌片石设计。

1）在石料丰富地区，对于各种易风化的岩石边坡和土质边坡，可采用浆砌片石护坡，其边坡坡率不宜陡于 1∶1。浆砌片石护坡分为等截面护坡和肋式护坡两种，一般采用等截面护坡，当进行大面积边坡防护时，未增加其稳定性可采用肋式护坡。

2）护坡厚度视边坡高度和坡度而异，一般为 0.3～0.5m。边坡过高时应分级设置平台，每级高度不宜超过 10m，平台宽度视上级护坡基础的稳定性而定，一般不小于 2.0m。

3）在大面积采用浆砌块石防护时，应在坡面适当位置设台阶形踏步，以利于养护维修。

4）挖方边坡的浆砌片石护坡基础应埋置在场地标高以下不小于1m，当地基为冻胀土时，应埋置在冻结深度以下不小于0.25m。

（3）护面墙设计。

1）对于各种土质边坡及易风化剥落的岩石边坡，采用浆砌片石或混凝土护墙时，边坡坡率不应陡于1∶0.5。浆砌片石护墙分为实体护墙、空窗护墙、肋式护墙和拱式护墙。

2）等截面护墙厚度50cm，当墙面坡率为1∶0.5时，单级护面墙高度不宜超过6m，当墙面坡率缓于1∶0.5时，单级护面墙的高度不宜超过10m。变截面护面墙顶宽40～50cm，底宽视墙高而定，单级护墙的高度不宜超过12m。

3）等截面护墙的墙背坡率n与墙面坡率m相同，墙底倾斜度$x=0.2$。变截面护面墙的$n=m-1/20$，墙底倾斜度采用$x=0.2$及$x=m$两种。当为土层（包括碎石土、黄土等）地基时采用$x=0.2$的护面墙，当为岩石地基时可采用$x=0.2$或$x=m$，拱式护面墙基底倾斜度采用$x=m$。

4）护面墙应采用M7.5水泥砂浆砌片石砌筑或不低于C20混凝土砌筑，其中浆砌片石石料最低石料强度为MU30。

5）上下级护面墙之间应设平台，平台宽度决定于上级护墙能修筑在坚实牢靠的地基上，勿使其压力传递至夏季护墙为原则，但为了方便养护维修，一般不宜小于2.0m，平台面设4%～5%的排水坡，台缘（即下级护面墙顶宽范围内）采用平坡，以增进工务养护维修的安全，平台厚度均采用40cm。

6）为增加护面墙的稳定性，凡高于8m的护面墙，于墙背中部设置耳墙一道，墙背坡率$n\leqslant0.55$时，耳墙底宽采用50cm，墙背坡率$n>0.55$时，耳墙底宽采用100cm。

7）护面墙墙顶设置厚30cm的墙帽，并使其嵌入边坡20cm，以防雨水灌入墙背。

8）在土质地基上护面墙的基础应埋置在路肩线以下不小于1m。

9）封闭式护面墙应留10×10cm（或直径10cm的圆孔）的泄水孔，排水坡4%～5%，若墙后排水不良或有冻胀现象时，可在其后0.5m×0.5m范围内设置窝状反滤层。一般情况下泄水孔是上下左右间隔1～3m交错设置，当地下水发育时，再酌情增加。反滤层可采用砂砾石或土工合成材料填筑。

10）护面墙每隔10～20m设置伸缩缝一道，缝宽2cm。护面墙高度大于或等于6m，应设置检查梯和拴绳环，多级护墙还需再上下检查梯之间的平台上设安全栏杆。

5. 柔性网设计

（1）主动网与被动网属于定型产品，系统部件为标准化部件，其技术性能GB/T 3089规定。

（2）被动防护网施工工程中有关钢筋、混凝土、锚杆等工程，除应按本规范执行

外，可参照 GB 50204、GB 50086 等规范执行。

15.3.2 植物与绿化设计

1. 播撒（喷播）草籽设计

（1）进行一般土质边坡及全风化岩石边坡防护时，边坡坡率不宜陡于 1∶1.25，且边坡不宜过高，一般不超过 10m。

（2）草种应根据当地气候、土壤条件和草种的适应性，因地制宜选用。

（3）播种草籽一般在春、秋两季，以雨季来临前 10～15 天较好，有条件采用人工降雨时，可不在雨季播种。当预计雨量较大，对边坡易形成冲刷时则宜在雨季前 3 个月播种。

（4）播种草籽分单播和混播，撒种量取决于种子质量、混合组成、土壤状况和工程性质等。

（5）填方边坡的坡顶和挖方边坡的顶缘应埋入与坡面齐平的、宽 0.2～0.3m 的带状草皮。

2. 植草设计

（1）采用铺设草皮进行一般土质边坡及全风化岩石、强风化软质岩石边坡访华时，边坡坡率不宜陡于 1∶1，且边坡高度不宜过高，一般不超过 8m。

（2）草皮草种应根据当地气候、土壤条件和草种的适应性，应因地制宜选用，切取的草皮规格宜大小一致、薄厚均匀、不松不散、便于搬运。草皮宜为人工草皮，如为天然草皮则应符合有关环保要求。草皮铺种施工应自下向上顺铺。挖方边坡应铺过边坡顶部不少于 1m，草皮端部应嵌入地面。

（3）铺设草皮一般应在春季或初夏进行，气候干燥地区则应在雨季进行。草皮铺种后应立即浇灌，加强保护和管理，草皮应与坡面紧贴，块与块之间留有一定间隔。草皮宜用竹（木）钉与坡面固定。

3. 草灌结合设计

（1）采用种植灌木进行一般土质边坡及全风化岩石边坡防护时，边坡坡率不宜陡于 1∶1.5，且边坡高度不宜过高，一般不超过 10m。对经常浸水、盐渍土及经常干涸的边坡不宜采用。

（2）树种应选用适合当地气候和土壤条件、根系发达、枝叶茂盛、并能迅速生长的低矮灌木。

（3）灌木分布形式有梅花型、斜列型、斜线型和方格型四种，其防护效果以梅花型最佳，斜列次之，在选用斜线型和方格型时，带间应种草防护。

（4）一般灌木的坑深为 0.25m，直径 0.2m，应当在当地植树季节栽种。

4. 客土喷播设计

（1）客土喷播边坡坡率不宜陡于 1∶1，且边坡高度不宜高于 8m。

（2）客土应尽量破碎均匀，最大粒径应小于 30mm，客土应含有植物生长必需的平衡养分及矿物元素，且应具有保水、保温和便于养护等性能。客土作为类似表土的表层结构，是植物生长的基础，且对维持自然生态起到举足轻重的作用。

（3）客土厚度应视边坡岩土质、高度、坡率以及草种等条件确定，一般不宜小于 5cm，铺设或置换客土应与边坡面紧贴相连，必要时应采取措施增加坡面的粗糙度，从而保证客土的稳定且不滑动。

（4）草种的选择及播种要求参见播撒（喷播）草籽设计。

5. 植生带设计

（1）植生带（毯、袋）属于工业制品，可根据实际需要购置。

（2）铺装植生带（毯、袋）前，先需平整坡面，然后将植生带（毯、袋）自然的平铺在坡面上，将植生带（毯、袋）拉直、方平，但不要外力张拉。植生带（毯、袋）的接头处，应重叠 5～10cm，植生带上下两端应置于矩形沟槽，并填土压实。用 U 形钉固定植生带（毯、袋），钉长为 20～40cm，钉的间距一般为 90～150cm（包括搭接处）。

6. 垂直坡面绿化设计

（1）藤蔓植物设置间距宜 0.5～1m。

（2）藤蔓植物类型应根据当地气候、土壤条件和草种的适应性，应因地制宜选用。

15.3.3　工程与植物结合防护设计

1. 骨架护坡绿化设计

骨架护坡绿化设计参见骨架设计及植物绿化设计。

2. 空心砖内植草护坡设计

（1）空心砖内植草护坡的效果与植草护坡相近，其边坡坡率不陡于 1∶1，边坡高度一般不大于 12m。空心砖的材料类型可根据当地建筑材料来源等情况选择采用混凝土或固化剂黏土砖成型件，草种应因地制宜选用。

（2）空心砖一般做成六棱形，其尺寸根据当地的雨量大小和边坡冲蚀及抗风化能力确定。

（3）空心砖强度不宜低于 C10 混凝土。一般可采用水泥、粗砂、细砂和水配制，也可以采用其他材料，如土壤固化剂、土、石屑、工业废渣等配置。

（4）空心砖护坡时，边坡坡脚用 M7.5 水泥砂浆砌片石或干砌片石加固。砖的空心部分用土回填，坡面播撒种草或喷播植草防护。

（5）对于边坡较高，或当地雨量多且集中、边坡冲刷较严重，或边坡土质较差时，可采取实心砖、边坡加筋或在边坡上设带排水槽的浆砌片石或混凝土骨架与空心砖内植草护坡相结合使用。

3. 土工合成材料与植被复合防护设计

（1）土工格网、垫、格栅、三维网、格室设计。

1）土工网、垫、格栅、三维网、格室植草护坡时边坡坡率不宜陡于1∶1，边坡高度宜大于8m，当边坡土质较差或易被冲刷时可低至4m。

2）草种应因地制宜选用。

3）土工合成材料应顺坡面铺设，搭接宽度：土工网不小于0.1m，其他不小于0.02m，搭接部分每隔1～1.5m采用U形钉固定。

4）用于回填边坡时，土工合成材料伸入两侧边界不小于0.8m，坡脚处埋入地面以下不小于0.4m，坡脚有脚墙时应埋入脚墙内侧宽0.6m范围内，深度不小于0.4m。用于挖方边坡时，在坡顶外0.1m设三角形封闭槽，槽深0.4m，土工网埋入封闭底槽，封闭槽内用M7.5水泥砂浆砌片石回填或夯填土，坡脚埋入坡脚线以下不小于0.4m。

5）植草可采用撒播或喷播方式进行，草种应因地制宜选用，播种时间选择在雨季前3～4个月进行，确保草有一定的生长时间。

（2）土工格栅加筋与坡面植草设计。

1）边坡土工格栅加筋与坡面植草复合防护利用分层铺设的土工格栅与填土之间的摩擦力，增强回填边坡的稳定性，防止坡面溜滑和冲沟的发生，是对边坡较高且填料性质较差的各种土质或易风化的软岩挖方边坡的较好的植物绿化防护形式。一般边坡坡率不宜陡于1∶1.5，其中边坡高度小于10m时，坡面可采用一般植草防护，当边坡高度大于或等于10m时，可用土工网、土工网垫与植草结合防护或在适当位置设边坡平台，平台宽不小于1.0m。

2）草种应因地制宜选用。

3）根据填料性质和当地气候条件等确定铺设土工格栅的宽度和层距，土工格栅的最小铺设宽度不应小于2.5m，每层土工格栅的间距不宜小于一层填土的修小厚度，也不宜大于1.0m。

4）应采用双向土工格栅，其允许抗拉强度应大于或等于25kN/m。

4. 挂网喷播设计

挂网喷播前提是边坡稳定，对于软质岩和强风化硬质岩边坡，边坡较高陡或岩体切割较破碎时，应先采用锚杆挂网加固以稳定岩床，挂网喷播的边坡坡率不宜陡于1∶0.5。锚杆和挂网的要求参见挂网喷浆或喷射混凝土；喷播及草种要求参见喷播草种护坡设计。

5. 被动防护网植被再造设计

被动防护网植被再造设计参见垂直绿化设计及喷播草种护坡设计。

15.4　工程实例

15.4.1　挂网客土喷播防护实例

15.4.1.1　工程概况

安徽黄山某110kV变电站位于黄山市黟县。本工程为室外变电站，围墙内尺寸70m×67m，包括配电装置室、1～3号主变压器、电容器、二次设备室、检修间及工具间、事故油池、构架和进所道路等。站址场地设计标高为226.0m（1985国家高程基准）。

15.4.1.2　岩土工程条件

站址的地层情况如下：

①砂质黏性土：灰黄色，稍湿～湿，结构松散，含有植物根系，主要成分为花岗闪长岩风化产物，混少量碎石。该层整个场地均有分布，层厚0.6～0.8m，平均厚度0.69m，层底标高222.5～231.4m。

②砂质黏性土：褐黄、灰白色，湿，松散，主要成分为花岗闪长岩风化产物，含长石风化的黏、粉粒和石英颗粒，遇水易软化、崩解。该层整个场地均有分布，层厚1.3～5.3m，平均厚度2.9m，层底标高220.2～230.1m。

③花岗闪长岩：褐黄、灰白色，全风化，矿物结构已破坏，原岩结构较清晰，主要矿物成分为长石、石英，部分云母及少量暗色矿物。长石、云母等易风化矿物已完全风化成土，岩芯呈坚硬土状。该层遇水易软化、崩解。该层整个场地均有分布，层厚2.0～4.8m，平均厚度3.52m，层底标高218.0～223.4m。

④花岗闪长岩：褐黄、灰白色，强风化，组织结构大部分破坏，矿物成分显著变化，风化裂隙发育，岩体破碎，干钻不易钻进，属于极软岩，岩体质量等级Ⅴ级。该层整个场地均有分布，未揭穿，最大揭露厚度4.6m，最大揭露深度12.6m。

站址区浅层地下水主要为赋存于残积土和花岗闪长岩中的潜水，地下水主要受大气降水及地表水的补给，实测静止地下水位埋深2.0～2.5m，不同季节地下水位埋深变化较大，常年稳定地下水位埋深1.5～3.0m。

15.4.1.3　边坡开挖情况

工程场地北侧、西侧、南侧和东侧区域开挖形成长约240m、最高约17.5m的人工挖方边坡，挖方边坡岩土体主要以砂质黏性土和花岗闪长岩全风化～强风化为主，边坡上部残积土为松散状，下部花岗闪长岩为全风化～强风化状态，属于岩土质混合挖方高边坡。场地北侧开挖边坡如图 15－1 所示。

图 15－1 场地北侧开挖边坡

15.4.1.4 边坡坡面防护方案

边坡平面图如图 15－2 所示，根据边坡高度以及土体性质，该边坡防护方案采用挡土墙＋放坡＋客土喷播＋截排水沟方案，具体如下：

（1）AC 段采用仰斜式挡土墙方案，挡土墙采用 C20 现浇混凝土。

（2）BD 段采用挡土墙＋放坡方案，挡土墙采用仰斜式挡土墙，挡土墙采用 C20 现浇混凝土，边坡坡率 1∶1.4，采用挂网客土喷播绿化方式护坡，如图 15－3 所示。

（3）DE 段采用挡土墙＋放坡方案，分为二级放坡，坡脚设置挡土墙，挡土墙采用 C20 现浇混凝土。由下至上，第一级边坡坡率为 1∶1.2，分级高度为 6.3m；第二级边坡坡率为 1∶1.4，分级高度不超过 8.0m，采用挂网客土喷播绿化方式护坡。马道宽度 2.0m。BD 段边坡与 DE 段边坡在 D 点附近坡率由 1∶1.4 渐变过渡至 1∶1.2。

（4）EF 段、GH 段和 HI 段采用放坡方案，坡率为 1∶1.4，采用挂网客土喷播方式护坡。DE 段边坡与 EF 段边坡在 E 点附近按照圆弧形连接，坡率由 1∶1.2 渐变过渡至 1∶1.4。GH 段边坡和 HI 段边坡在 H 点附近按照圆弧形连接。

（5）FG 段采用放坡方案，坡率为 1∶2，采用挂网客土喷播方式护坡。该段边坡在 F 点、G 点分界附近坡率由 1∶1.4 渐变过渡至 1∶2。

（6）进站道路路堤边坡坡率为 1∶1.4，采用挂网客土喷播方式护坡。

（7）在边坡的坡顶后缘、坡脚设置截排水（洪）沟，将边坡范围之外和边坡范围内的地表汇水顺利排出。

坡面挂网和挂网后客土喷播如图 15－4、图 15－5 所示。

15.4.1.5 边坡处理效果评价

边坡采用挡土墙＋放坡＋客土喷播＋截排水沟后，整体边坡保持稳定，通过变形监测，该边坡未见有变形迹象。整体治理效果较好。客土喷播绿化竣工照片如图 15－6 所示。

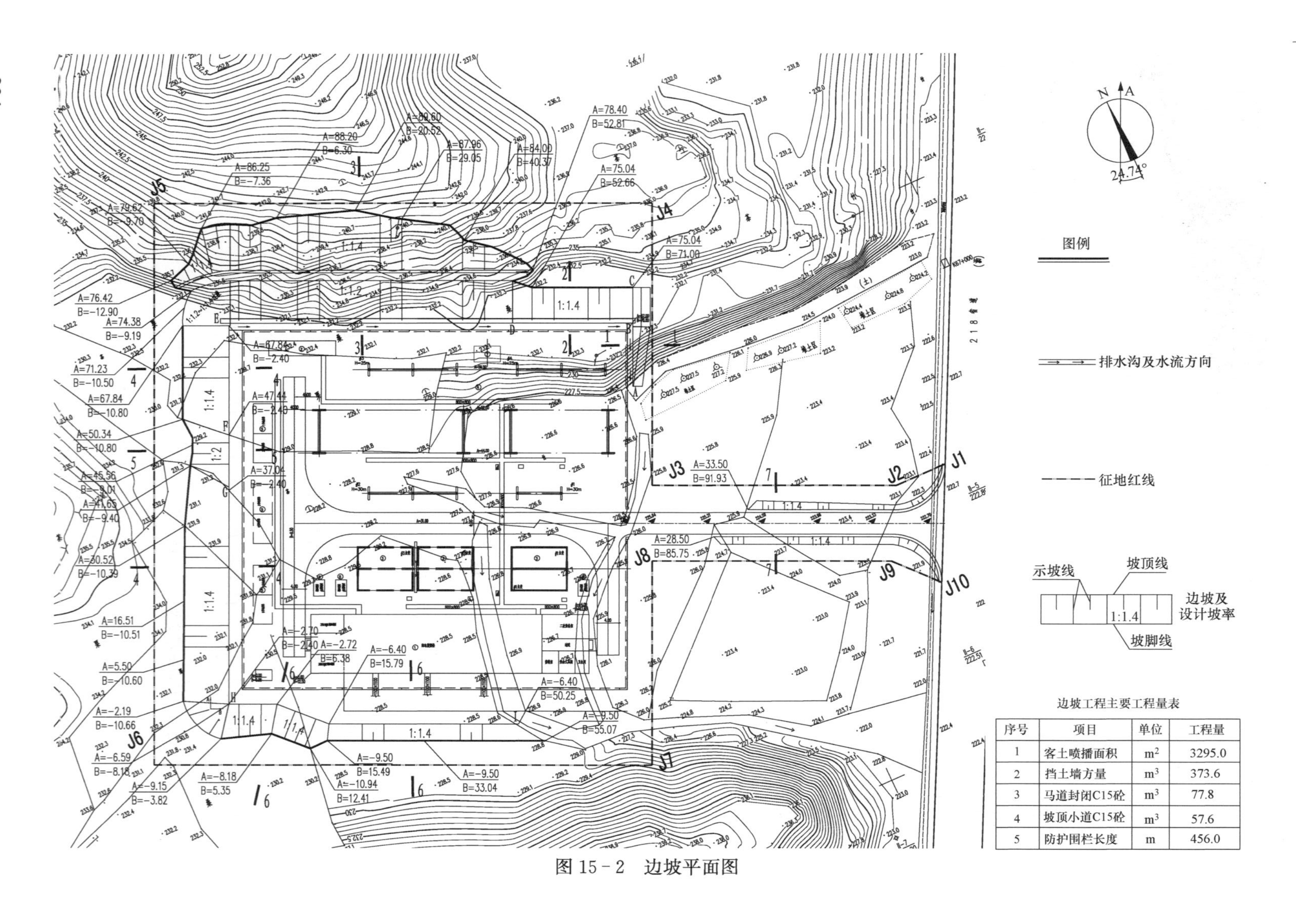

边坡工程主要工程量表

序号	项目	单位	工程量
1	客土喷播面积	m^2	3295.0
2	挡土墙方量	m^3	373.6
3	马道封闭C15砼	m^3	77.8
4	坡顶小道C15砼	m^3	57.6
5	防护围栏长度	m	456.0

图 15 - 2　边坡平面图

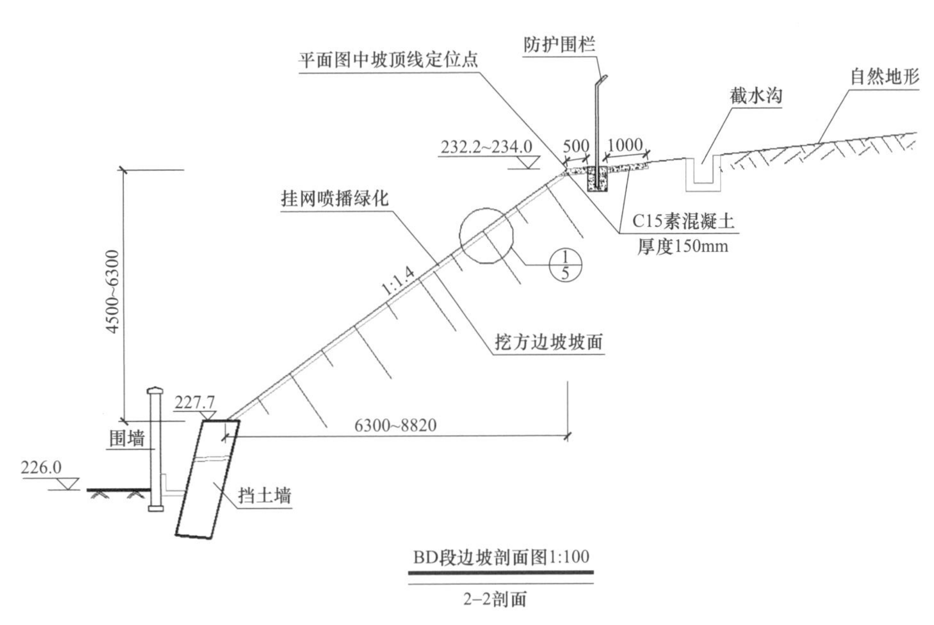

图 15－3 边坡剖面设计图

图 15－4 坡面挂网

图 15－5 客土喷播（挂网后）

图 15－6 客土喷播绿化竣工照片

15.4.2 预制实心砖坡面防护实例

15.4.2.1 工程概况

安徽芜湖某 110kV 变电站位于芜湖市南陵县，站址区地貌单元属沿江丘陵，微地貌为丘陵。场地北侧、南侧和东侧区域形成长约 185m、最高约 14m 的人工挖方边坡。

15.4.2.2 岩土工程条件

场地地基土层主要由第四系填土、碎石土和第三系砾岩构成。地层分布情况自上而下分层表述如下：

①层填土：杂色，松散～稍密，湿～稍湿，主要成分以碎石、黏土为主，为修山路形成；该层在站址区内局部分布。

②层碎石土：灰黄、褐黄色，稍湿，中密～密实，主要以碎石、砾石为主，呈亚圆状，黏性土充填，该层在站址区内广泛分布。

③层全风化砾岩：灰黄、褐黄色，风化强烈，组织结构已完全破坏，矿物成分已完全变化，呈土状、砂土状。该层未揭穿，该层在站址区均有分布。

站址区浅层地下水类型主要为上层滞水，仅在低洼处可见积水，地下水位主要受大气降水和地表水的入渗补给，水位波动较大，其他区域未见地下水。

15.4.2.3 边坡开挖情况

工程场地北侧、南侧和东侧区域开挖形成长约 185m、最高约 14m 的人工挖方边坡，挖方边坡岩土体主要以碎石土和砾岩全风化为主，边坡上部残积土为松散状，下部砾岩为全风化状态，属于岩土质混合挖方边坡。

15.4.2.4 边坡坡面防护方案

边坡平面图如图 15－7 所示，根据边坡高度以及土体性质，该边坡防护方案采用挡土墙＋放坡＋正六边形实心砖护坡＋截排水沟方案，边坡设计剖面图如图 15－8 所示，具体如下：

（1）AB 段采用直立式挡土墙方案。

（2）CD 段采用单级放坡方案，边坡坡率为 1∶1.2。

（3）DE 段采用放坡方案，分为二级放坡，由下至上，第一级坡率为 1∶1.2，分级高度为 6.0m；第二级坡率为 1∶1.2，分级高度不超过 6.0m，马道宽度 2.0m。

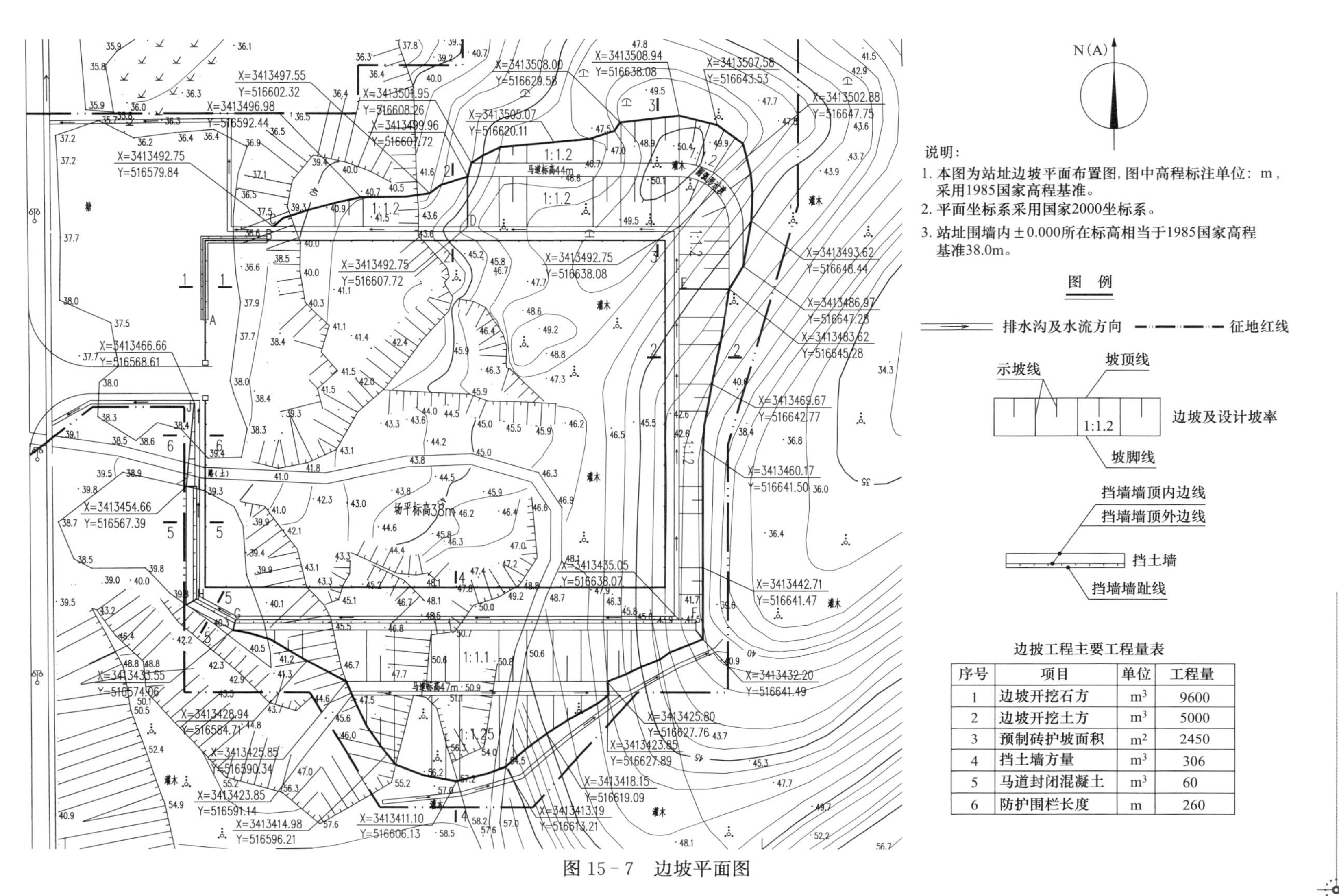

边坡工程主要工程量表

序号	项目	单位	工程量
1	边坡开挖石方	m^3	9600
2	边坡开挖土方	m^3	5000
3	预制砖护坡面积	m^2	2450
4	挡土墙方量	m^3	306
5	马道封闭混凝土	m^3	60
6	防护围栏长度	m	260

图15－7　边坡平面图

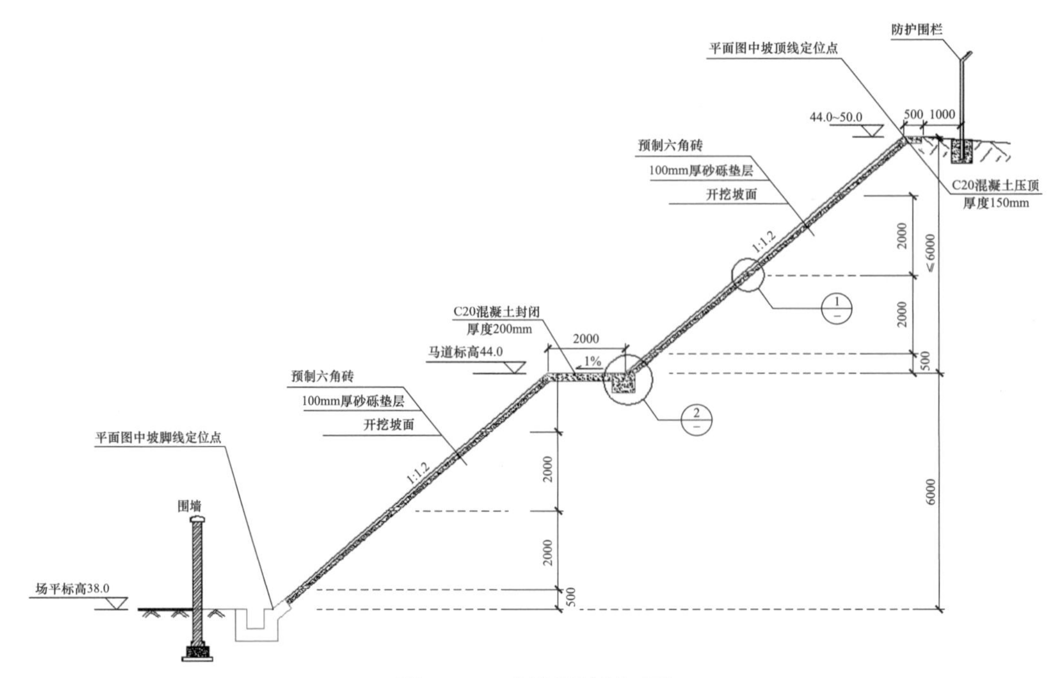

图 15－8　边坡设计剖面图

（4）EF 段采用单级放坡方案，边坡坡率为 1∶1.2。

（5）FG 段采用挡土墙＋放坡方案，坡脚设置仰斜式挡土墙，上部分为二级放坡，由下至上，第一级边坡坡率为 1∶1.1，分级高度为 7.0m，第二级坡率为 1∶1.25，分级高度不超过 10m，马道宽度 2.0m。

（6）GH 段、HI 段采用仰斜式挡土墙方案。

（7）IJ 段采用放坡方案，边坡坡率为 1∶1.2。

（8）以上各段挖方边坡均采用预制正六边形实心砖护坡。马道采用 C20 混凝土封闭。

（9）在挖方边坡的坡顶后缘以及坡脚设置排水沟，将边坡范围之外和边坡范围内的地表汇水顺利排出。排水沟内表面和顶面采用 1∶2 防水砂浆抹面，排水沟连接部位需保持平顺，排水沟中水流最终排入站址外道路边沟内。

图 15－9　边坡治理后效果

15.4.2.5　边坡处理效果评价

边坡采用挡土墙＋放坡＋正六边形实心砖护坡＋截排水沟后，整体边坡保持稳定，通过变形监测，该边坡未见有变形迹象。整体治理效果较好，治理后效果如图 15－9 所示。

参 考 文 献

[1] 龚晓南. 地基处理手册 [M]. 北京：中国建筑工业出版社，2008.

[2] 汤连生，宋晶. 地基处理技术理论与实践. 北京：科学出版社，2020.5.

[3] 纪成亮，李仁杰，张勇. 灰土挤密桩处理西宁某电厂湿陷性黄土的研究 [J]. 山西建筑，2018.

[4] 中华人民共和国住房和城乡建设部.《劲性复合桩技术规程》(JGJ/T 327—2014)，中国建筑工业出版社，2014.

[5] 尉希成，周美玲. 支挡结构设计手册 [M]. 北京：中国建筑工业出版社.

[6] 赵明阶，何光春，王多垠. 边坡工程处治技术 [M]. 北京：人民交通出版社.

[7] 陈忠达. 公路挡土墙设计. 北京：人民交通出版社，1999.

[8] 蔡剑波，谢振安. 土质边坡坡率法设计 [J]. 山西建筑，2010，36 (18)：106-107.

[9] 申震，王成保. 坡率法在边坡中的应用 [J]. 黑龙江交通科技，2014，37 (10)：43-44.

[10] 刘兴远. 坡率法边坡实例分析 [J]. 重庆建筑，2015，14 (06)：32-34.

[11] 刘磊. 公路路堑高边坡坡率优化设计探讨 [J]. 河南大学学报 (自然科学版)，2008，38 (06)：653-657.

[12] 中华人民共和国住房和城乡建设部.《建筑边坡工程技术规范》(GB 50330—2013). 北京：中国建筑工业出版社.

[13]《水电水利工程边坡设计规范》(DL/T 5353—2006). 北京：中国电力出版社.

[14] 深圳市市场监督管理局. 边坡生态防护技术指南，2010.

[15] 中国地质灾害防治工程行业协会.《坡面工程防护施工技术规程 (试行)》.

[16] 蒋鹏飞，等. 公路边坡防护技术 [M]. 北京：人民交通出版社，2011.